After Effects
后期特效合成项目式教程

王超英 ◎ 编著

清华大学出版社
北京

内 容 简 介

本书由 11 个项目构成，详细介绍 After Effects CC 2019 的重要功能和完整工作流程，项目内容涉及时尚 Show、中国风、卡通天地、生活在线、徽风皖韵、节目预告、VDE 影像社宣传等片头制作，以及爱护环境广告制作、MG 动画制作等。本书中项目的素材和源文件可扫二维码，也可在网上（www.tup.com.cn）下载，方便学习使用。

本书采用"项目引领"的方式进行编写，集实用性和技巧性于一体，有利于读者对基础知识的掌握和实际操作技能的提高。本书通俗易懂、循序渐进，不仅可以作为高职高专计算机多媒体及相关专业的教材，也可以作为影视、广告、特效行业的培训教材，同时还可以供有兴趣的读者自学、查阅使用。

本书封面贴有清华大学出版社防伪标签，无标签者不得销售。
版权所有，侵权必究。举报：010-62782989，beiqinquan@tup.tsinghua.edu.cn。

图书在版编目（CIP）数据

After Effects 后期特效合成项目式教程 / 王超英编著. —北京：清华大学出版社，2020.9
（2023.1 重印）
ISBN 978-7-302-56498-0

Ⅰ．①A… Ⅱ．①王… Ⅲ．①图像处理软件—高等职业教育—教材 Ⅳ．①TP391.413

中国版本图书馆 CIP 数据核字（2020）第 183149 号

责任编辑：邓　艳
封面设计：刘　超
版式设计：文森时代
责任校对：马军令
责任印制：朱雨萌

出版发行：清华大学出版社
网　　址：http://www.tup.com.cn，http://www.wqbook.com
地　　址：北京清华大学学研大厦 A 座　　　邮　编：100084
社 总 机：010-83470000　　　　　　　　　 邮　购：010-62786544
投稿与读者服务：010-62776969，c-service@tup.tsinghua.edu.cn
质量反馈：010-62772015，zhiliang@tup.tsinghua.edu.cn

印 装 者：三河市龙大印装有限公司
经　　销：全国新华书店
开　　本：185mm×260mm　　印　张：19.75　　字　数：468 千字
版　　次：2020 年 9 月第 1 版　　　　　　　印　次：2023 年 1 月第 3 次印刷
定　　价：65.00 元

产品编号：088240-01

前 言

After Effects CC 2019 是 Adobe 公司基于桌面操作的优秀视频制作软件，它是应用最广泛的影视后期软件之一，它不仅可以制作神奇的视觉特效，还提供了很多影视编辑技术，在影视后期处理、电视节目包装、网络动画制作等诸多领域应用普遍，并以其强大的特效功能著称。

本书融合先进的教学理念，采用项目化的形式来组织教学内容。本书的创新之处在于项目引领、结果驱动，将要完成的项目结果呈现在读者面前，让读者明确每个项目要完成的实际工作任务；用项目引领知识、技能，让读者在完成项目的过程中学习相关知识，训练相关技能。通过对项目制作流程的剖析和项目基础知识的讲解，使读者全面掌握 After Effects CC 2019 的重要功能和完整工作流程，启发读者的想象力，并将设计理念融汇其中，使读者能够举一反三，扩展思路。

本书内容丰富，结构清晰，讲解由浅入深且循序渐进，涵盖面广且描述清晰细致，具体章节内容介绍如下。

项目 1：主要概括讲述了数字视频的基础知识和 After Effects CC 2019 的操作界面及非线性编辑的操作流程。

项目 2～项目 11：通过时尚 Show、中国风、卡通天地、生活在线、爱护环境、徽风皖韵、节目预告、VDE 影像社宣传等栏目的片头设计以及 MG 动画制作，让读者掌握图层的层操作、关键帧动画制作、高级运动控制、遮罩和抠像、形状图层和木偶工具、三维空间合成、光线跟踪渲染、文字动画、基本特效的应用、表达式的操作、运动追踪与运动稳定等典型应用以及渲染基础知识和如何渲染不同要求的影片等内容。

为方便教与学，本书中项目的素材和源文件可扫二维码，也可在网上（www.tup.com.cn）下载。由于本书项目均基于 After Effects CC 2019 版本软件制作和编写，所以读者需要使用 After Effects CC 2019 或以上版本方可打开下载的文件。

本书由王超英编著，此外，谢志伟参与编写了本书的项目 1，吴海棠参与编写了本书的项目 6，袁金玲参与编写了本书的项目 11，潘尚瑶参与了本书的图片整理工作；而且在编写过程中得到了清华大学出版社的大力支持，同时也得到了许多专家及朋友的热情支持与指导，在此一并表示衷心的感谢。

作为本书的编者，并身为高校教师，我们深知编书助教的责任之重，所以，我们为此书的编写竭尽全力、精益求精，但即便如此，由于水平所限，书中难免会有错漏之处，殷切希望广大读者、同仁批评指正。

编　者

目 录

项目 1 *初识* After Effects 1
  1.1 After Effects 简介 1
  1.2 After Effects 的应用 2
  1.3 数字视频基础知识 5
  1.4 非线性编辑操作流程 7
  1.5 使用辅助功能 8
  1.6 After Effects CC 2019 界面简介 12
    1.6.1 项目窗口 13
    1.6.2 时间线窗口 14
    1.6.3 素材窗口 18
    1.6.4 图层窗口 18
    1.6.5 工具面板 19
    1.6.6 时间控制面板 20

项目 2 《时尚 Show》栏目片头制作 21
  2.1 项目描述及效果 21
  2.2 项目知识基础 22
    2.2.1 素材的导入 22
    2.2.2 素材的管理 25
    2.2.3 层的管理 26
    2.2.4 关键帧的设置 31
    2.2.5 图层属性设置 32
    2.2.6 混合模式 36
    2.2.7 轨道遮罩图层 43
  2.3 项目实施 45
    2.3.1 导入素材、创建合成 45
    2.3.2 第 1 个画面 46
    2.3.3 第 2 个画面 47
    2.3.4 第 3 个画面 48
    2.3.5 第 4 个画面 49
    2.3.6 定版 Logo 49
  2.4 项目小结 50
  2.5 扩展案例 50

项目 3	《中国风》栏目片头制作	53
3.1	项目描述及效果	53
3.2	项目知识基础	54
3.2.1	关键帧插值	54
3.2.2	动态草图	56
3.2.3	平滑运动和速度	56
3.2.4	为动画增加随机性	57
3.2.5	父子链接	58
3.3	项目实施	58
3.3.1	导入素材、创建合成	58
3.3.2	第 1 组分镜头	59
3.3.3	第 2 组分镜头	60
3.3.4	第 3 组分镜头	61
3.3.5	合成影片	62
3.4	项目小结	65
3.5	扩展案例	65
项目 4	《卡通天地》栏目片头制作	68
4.1	项目描述及效果	68
4.2	项目知识基础	69
4.2.1	创建蒙版	69
4.2.2	编辑蒙版	74
4.2.3	使用 Roto 笔刷工具调整蒙版	80
4.3	项目实施	82
4.3.1	导入素材、创建合成	82
4.3.2	背景的合成	82
4.3.3	条框文字的合成	84
4.3.4	卡通图像的合成	88
4.4	项目小结	89
4.5	扩展案例	89
项目 5	《生活在线》栏目片头制作	93
5.1	项目描述及效果	93
5.2	项目知识基础	94
5.2.1	三维动画环境	94
5.2.2	操作 3D 对象	96
5.2.3	灯光的应用	99
5.2.4	摄像机的应用	104
5.3	项目实施	108

		5.3.1	导入素材 108
		5.3.2	舞台素材准备 109
		5.3.3	正方体素材准备 111
		5.3.4	文字制作 112
		5.3.5	定版画面制作 114
		5.3.6	最终合成 115
	5.4	项目小结 120
	5.5	扩展案例 120

项目 6 《爱护环境》公益广告制作 123

  6.1 项目描述及效果 123
  6.2 项目知识基础 124
      6.2.1 CC Simple Wire Removal 125
      6.2.2 颜色差值键 125
      6.2.3 颜色范围 128
      6.2.4 差值遮罩 130
      6.2.5 提取 131
      6.2.6 内部/外部键 132
      6.2.7 Keylight 134
      6.2.8 线性颜色键 136
      6.2.9 抠像清除器和高级溢出抑制器 137
      6.2.10 颜色键 138
  6.3 项目实施 139
      6.3.1 导入素材 139
      6.3.2 图片素材准备 139
      6.3.3 最终合成 141
  6.4 项目小结 144
  6.5 扩展案例 144

项目 7 《徽风皖韵》宣传片头制作 147

  7.1 项目描述及效果 147
  7.2 项目知识基础 148
      7.2.1 路径文本 148
      7.2.2 文字的高级动画 150
      7.2.3 三维文本动画 157
      7.2.4 文本图层转换为 Mask 或 Shape 158
  7.3 项目实施 159
      7.3.1 导入素材 159
      7.3.2 场景一的制作 159

  7.3.3 其他场景的制作 163
  7.3.4 定版画面制作 164
 7.4 项目小结 166
 7.5 扩展案例 166

项目 8　片花制作 169
 8.1 项目描述及效果 169
 8.2 项目知识基础 170
  8.2.1 人偶工具 170
  8.2.2 形状图层 178
 8.3 项目实施 188
  8.3.1 导入素材 188
  8.3.2 卡通动画制作 188
  8.3.3 文字板的制作 189
  8.3.4 片花最终合成 195
 8.4 项目小结 196
 8.5 扩展案例 196

项目 9　《节目预告》栏目制作 200
 9.1 项目描述及效果 200
 9.2 项目知识基础 201
  9.2.1 常用基础效果 201
  9.2.2 常用基础效果实例应用 203
  9.2.3 表达式控制动画 213
 9.3 项目实施 216
  9.3.1 导入素材、背景制作 216
  9.3.2 旋转球体制作 217
  9.3.3 节目板制作 222
  9.3.4 最终合成 224
 9.4 项目小结 227
 9.5 扩展案例 227

项目 10　《VDE 影像社》宣传片头制作 231
 10.1 项目描述及效果 231
 10.2 项目知识基础 232
  10.2.1 时间控制 232
  10.2.2 常用外挂插件 234
  10.2.3 运动跟踪 255
  10.2.4 运动跟踪实例 259

    10.2.5　3D摄像机跟踪 ... 265
    10.2.6　变形稳定 ... 267
  10.3　项目实施 ... 269
    10.3.1　导入素材 ... 269
    10.3.2　镜头一制作 ... 269
    10.3.3　镜头二制作 ... 273
    10.3.4　定版画面制作 ... 276
  10.4　项目小结 ... 280
  10.5　扩展案例 ... 280

项目 11　MG 动画制作 ... 285
  11.1　项目描述及效果 ... 285
  11.2　项目知识基础 ... 286
    11.2.1　调整渲染顺序 ... 286
    11.2.2　渲染工作区的设置 ... 286
    11.2.3　渲染输出 ... 287
    11.2.4　输出不同要求的影片 ... 292
  11.3　项目实施 ... 295
    11.3.1　制作光线效果 ... 295
    11.3.2　制作合成效果 ... 296
    11.3.3　渲染输出 ... 299
  11.4　项目小结 ... 300
  11.5　扩展案例 ... 300

项目 1

初识 After Effects

1.1 After Effects 简介

After Effects 是一款功能强大的视频非线性编辑及后期合成软件,能够让我们使用快捷、精确的方式制作出具有视觉创新革命的运动图像和特效,适用于从事设计和视频特技的机构,包括电视台、动画制作公司、后期制作工作室以及多媒体工作室。

After Effects 的主要功能如下。

1. 图形视频处理

Adobe After Effects 软件可以帮助用户高效且精确地创建无数种引人注目的动态图形和震撼人心的视觉效果。

2. 强大的路径功能

就像在纸上画草图一样,使用 Motion Sketch 可以轻松地绘制动画路径,或者加入动画模糊。

3. 强大的特技控制

After Effects 使用多达 85 种的软插件修饰增强图像效果和动画控制。

4. 同其他 Adobe 软件的结合

After Effects 在导入 Photoshop 和 IIustrator 文件时,保留图层信息。

5. After Effects 提供多种转场效果选择

可自主调整效果,让剪辑者通过较简单的操作就可以打造出自然衔接的影像效果。

6. 高质量的视频

After Effects 支持从 4×4 到 30000×30000 像素分辨率，包括高清晰度电视（HDTV）。

7. 无限层电影和静态画术

使用 After Effects 可以实现电影和静态画面无缝的合成。

8. 高效的关键帧编辑

After Effects 中，关键帧支持具有所有图层属性的动画，After Effects 可以自动处理关键帧之间的变化。

1.2　After Effects 的应用

After Effects 的功能强大，适合于很多行业领域的应用。熟练掌握 After Effects 的应用，可以让我们打开很多设计大门，在就业方面就有更多的选择空间。目前，After Effects 的应用行业主要分为电视栏目包装、影视片头、宣传片、广告设计、MG 动画、UI 动效等。

1. 电视栏目包装

电视栏目包装是对电视节目、栏目、频道、电视台整体形象进行的一种特色化、个性化的包装宣传。After Effects 非常适合制作电视栏目包装设计，如图 1-1 所示。

图 1-1

项目1　初识 After Effects

2．影视片头

每部电影、电视剧、微视频等作品都会有片头及片尾，为了给观众更好的视觉体验，通常都会有极具特点的片头片尾动画效果。其目的既能使观众有好的视觉体验，又能展示该作品的特色镜头、特色剧情、风格等。

3．宣传片

After Effects 在婚礼宣传片、企业宣传片、活动宣传片等宣传片中发挥着巨大的作用，如图 1-2 所示。

图 1-2

4．广告设计

广告设计的目的是为了宣传商品、活动、主题等内容。其中，新颖的构图、炫酷的动画、舒适的色彩搭配、虚幻的特效是广告的重要组成部分，如图 1-3 所示。

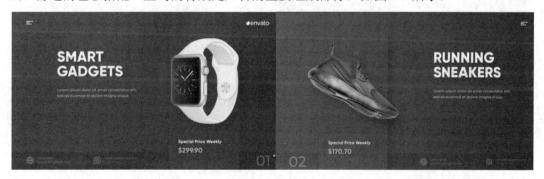

图 1-3

图 1-3（续）

5. MG 动画

MG 动画即动态图形或图形动画,是近几年超级流行的动画风格。如今 MG 动画已经发展成为一种潮流的动画风格,扁平化、点线面、抽象简洁设计是它最大的特点,如图 1-4 所示。

图 1-4

6. UI 动效

UI 动效主要是针对手机、平板电脑等移动端设备上运行的 APP 动画设计效果。随着硬件设备性能的提升,动效已经不再是视觉设计中的奢侈品。UI 动效可以提高用户对产品的体验、增强用户对产品的理解、可使动画过渡更平滑舒适、增加用户的应用乐趣、提升人机互动感,如图 1-5 所示。

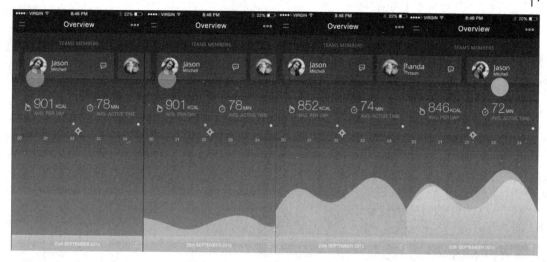

图 1-5

1.3 数字视频基础知识

1. 帧和帧速率（FPS）

电影和动画是通过一连串快速的连续画面在人眼中产生视觉暂留现象，从而使人感觉画面在动。连续播放的视频中每一个静止的画面称为"帧"。也就是说，帧是视频（包含动画）内的单幅影像画面，相当于电影胶片上的每一格影像。帧速率（Frames Per Second，FPS）是指画面每秒传输的帧数。

2. 宽高比

在电视机、计算机显示器及其他相类似的显示设备中，像素是显示器或电视上的"图像成像"的最小单位。像素宽高比是指一个像素的长、宽比例，目前电视画面的宽高比通常为 4∶3，高清数字电视信号 HDTV 为 16∶9。而帧宽高比是指图像的一帧的宽度与高度之比，具体比例由视频所采用的视频标准所决定。

某些视频输出使用相同的帧宽高比，但使用不同的像素宽高比。例如，某些 NTSC 数字化压缩卡产生 4∶3 的帧宽高比，使用方形像素（1.0 像素宽高比）及 640×480 分辨率；PAL D1/DV 采用 5∶4 的帧宽高比，但使用矩形像素（1.09 像素宽高比）及 720×576 分辨率。如图 1-6（a）所示为 1∶1 像素宽高比，图 1-6（b）为 0.9 像素宽高比。注意，如果在一个显示方形像素的显示器上不做处理地显示矩形像素，则会出现变形现象。

3. 电视的制式

电视信号的标准也称为电视的制式。世界上主要使用的电视广播制式有 PAL、NTSC、SECAM 这 3 种，在中国的大部分地区都使用 PAL 制式，日本、韩国及东南亚地区与美国等欧美国家则使用 NTSC 制式，而俄罗斯使用的是 SECAM 制式。制式的区分主要在于其帧频的不同、分辨率的不同、信号带宽及载频的不同、色彩空间的转换关系不同等。

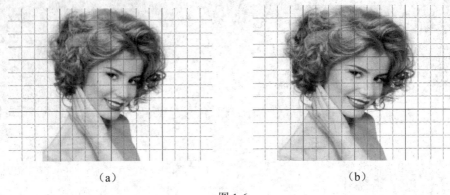

（a） （b）

图 1-6

（1）NTSC 制式

正交平衡调幅（National Television Systems Committee，NTSC）制式是 1952 年由美国国家电视标准委员会指定的彩色电视广播标准，采用正交平衡调幅的技术方式，故也称为正交平衡调幅制。美国、加拿大等大部分西半球国家以及日本、韩国、菲律宾等国和中国台湾均采用这种制式。

符合 NTSC 制式的视频播放设备至少拥有 525 行扫描线，分辨率为 720×480 电视线，工作时采用隔行扫描方式进行播放，帧速率为 29.97fps，因此每秒约播放 60 场画面。

（2）PAL 制式

正交平衡调幅逐行倒相（Phase Alternative Line，PAL）制式是西德在 1962 年指定的彩色电视广播标准，采用逐行倒相正交平衡的技术方法，克服了 NTSC 制式相位敏感造成色彩失真的缺点。中国大陆、英国、新加坡、澳大利亚、新西兰等地采用这种制式。

PAL 制式也采用了隔行扫描的方式进行播放，共有 625 行扫描线，分辨率为 720×576 电视线，帧速度为 25fps。

（3）SECAM 制式

行轮换调频（Sequential Coleur Avec Memoire，SECAM）制式是顺序传送彩色信号与存储恢复彩色信息制式，由法国在 1956 年提出，1966 年制定的一种新的彩色电视制式。它克服了 NTSC 制式相位失真的缺点，采用时间分隔法来传送两个色差信号。采用这种制式的有法国、俄罗斯和东欧的一些国家。

SECAM 制式同样采用了隔行扫描的方式进行播放，共有 625 行扫描线，分辨率为 720×576 电视线，帧速率则与 PAL 制式相同。

4. 场的概念

场是视频的一个扫描过程，有逐行扫描和隔行扫描。对于逐行扫描，一帧即是一个垂直扫描场；对于隔行扫描，一帧由两个隔行扫描场（奇数场和偶数场）表示。

在采用隔行扫描方式进行播放的显示设备中，每一帧画面都会被拆分开进行显示，而拆分后得到的残缺画面即称为"场"，如图 1-7 所示。也就是说，视频画面播放为 30fps

的显示设备，实质上每秒需要播放 60 场画面；而对于 25fps 的显示设备来说，每秒需要播放 50 场画面。

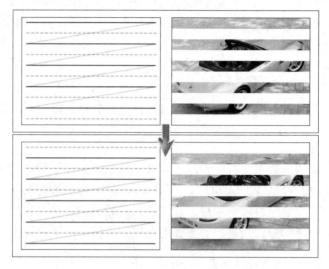

图 1-7

后期制作的过程是在计算机上进行的，而结果是在电视或专业的监视器上播放，计算机的显示器是逐行扫描的，而电视和监视器是隔行扫描的。在后期制作过程中如果将隔行扫描的视频当成逐行扫描的视频来处理，每一帧都会丢失一半的图像信息，从而造成画面的质量下降。所有的 NTSC 制式、PAL 制式和 SECAM 制式的视频信号都是以场为基础的，而不是以帧为基础，这意味着每一帧都是由两个交错的场组成的。一个场含有奇数行扫描线，另一个场含有偶数行扫描线。含有第一行扫描线的场叫上场，组成一帧的另一场称为下场。在回放或输出时要正确设置场，如果设置不正确，将导致画面中运动元素的边缘出现锯齿并闪动。

5．视频时间码

一个视频片段的持续时间与它的开始帧和结束帧通常用时间单位和地址来计算，这些时间和地址被称为时间码。"动画和电视工程师协会"采用的时间码标准为 SMTPE，其格式为：小时:分钟:秒:帧，如一个 PAL 制式的素材片段表示为 00:02:20:15，表示持续 2 分钟 20 秒 15 帧，换算成帧单位就是 3515 帧。如果播放的帧速率为 30 帧/秒，那么这段素材可以播放约 1 分钟 57 秒。

1.4 非线性编辑操作流程

一般非线性编辑的操作流程可以分为导入、编辑处理和输出影片三大部分。由于非线性编辑软件的不同，又可以细分为更多的操作步骤。以 After Effects CC 2019 为例，可以分为 5 个步骤。

1．总体规划和准备

在制作视频作品前，首先要清楚自己的创作意图和表达的主题，应该制作一个分镜头稿本，即一个简单的创意文案，由此确定作品的风格。主要包括素材的取舍、各个片段持续时间、片段之间的连接顺序和转换效果，以及片段需要的视频特效、抠像处理、运动设置等。

确定了创作意图和表达的主题后就需要准备各种素材，包括静态图片、动态视频、序列素材、音频文件等，并可以利用相关软件对素材进行处理，以达到需要的效果。

2．创建项目并导入素材

前期准备工作完成后即可以制作影片了。首先根据需要设置影片的参数，如编辑模式是使用 PAL 制式还是 NTSC 制式的 DV、VCD 或 DVD；设置影片的帧速率和视频画面的大小等参数，创建一个新项目。新项目创建完成后，根据需要可以创建不同的文件夹，并分类导入不同的素材，如静态素材、动态视频、序列素材、音频素材等。

3．影片的合成

完成项目创建并导入素材后，就可以开始制作。根据分镜头稿本将素材添加到时间线进行剪辑，进行相关的特效处理，如视频特效、运动特效、抠像特效、视频转场特效等，制作完美的视频作品，然后添加字幕效果和音频文件，完成整个影片的制作。

4．保存和预演

保存影片是将影片的源文件保存起来，默认的保存格式为.aep 格式，便于以后对其中的内容进行修改。保存影片源文件后，可以对影片的效果进行预演，以此检查影片的各种实际效果是否达到设计的目的，以免在输出成最终影片时出现错误。

5．影片的输出

预演只是查看效果，并不生成最后的输出文件，要制作出最终的影片效果，就需要将影片输出成一个可以单独播放的最终作品，或者转录到录像带、DV 机上。After Effects CC 2019 可以生成的影片格式有很多种，如静态素材 BMP、GIF、TIF、TGA 等格式的文件，也可以输出 Animated GIF、AVI、QuickTime 等视频格式文件，还可以输出像 Windows Waveform 音频格式的文件。常用的是 AVI 文件，它可以在很多种多媒体软件中播放。

1.5 使用辅助功能

在进行素材的编辑时，合成窗口下方有一排功能菜单和按钮，如图 1-8 所示，它们的许多作用与"视图"菜单中的命令相同，主要用于辅助编辑素材，包括设置显示比例、安全框、网格、参考线、标尺、快照、通道和区域预览等。

项目 1　初识 After Effects

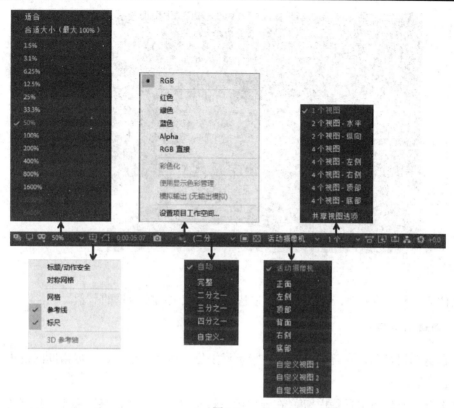

图 1-8

1. 应用缩放功能

在素材编辑过程中，为了能更好地查看影片的整体效果或细微之处，往往需要对素材做放大或缩小处理，这时需要应用缩放功能。缩放素材可以使用以下 3 种方法。

- 单击工具栏中的 按钮，或按 Z 键，选择该工具后在合成窗口中的素材上单击，即可放大显示区域；如果按住 Alt 键单击，可以缩小显示区域。
- 单击合成窗口下方的 100% 按钮，在弹出的下拉菜单中选择合适的缩放比例，即可按所选比例对素材进行缩放操作。
- 按 "<" 或 ">" 键缩小或放大显示区域。

如果想让素材快速返回到原来尺寸 100% 的状态，可以直接双击 按钮。

2. 安全框

如果制作的影片要在电视上播放，由于显像管不同，造成显示范围也不同，这时要注意视频图像及字幕的位置。因为在不同的电视机上播放时会出现少许的边缘丢失，为了防止重要信息的丢失，可以启用安全框，通过安全框来设置素材。

单击合成窗口下方的 按钮，从弹出的下拉菜单中选择"标题"|"动作安全"命令，即可显示安全框，如图 1-9 所示。通常，重要的图像要保持在运动安全框内，而动态的字幕及标题文字应该保持在字幕安全框以内。

图1-9

按住Alt键，然后单击 按钮，可以快速启动或关闭安全框的显示。

3. 网格的使用

在素材编辑过程中，需要精确地进行素材定位和对齐，这时就可以借助网格来完成。

（1）启用网格

单击合成窗口下方的 按钮，在弹出的下拉菜单中选择"网格"命令，或者按Ctrl+' 快捷键，可以显示或关闭网格。

（2）修改网格设置

为了方便网格与素材的大小匹配，可以对网格的大小及颜色进行设置，选择菜单栏中的"编辑"|"首选项"|"网格和参考线"命令，在网格选项组对网格的间距与颜色进行设置。

4. 参考线的使用

参考线主要用于精确素材的定位和对齐，相对网格来说，它的操作更加灵活，设置更加随意。

（1）创建参考线

单击合成窗口下方的 按钮，在弹出的下拉菜单中选择"标尺"命令，将标尺显示出来，然后用鼠标移动水平标尺或垂直标尺的位置，当鼠标指针变成双箭头时，向下或向右拖动鼠标，即可拉出垂直或水平参考线，重复拖动可以拉出多条参考线。在拖动参考线的同时，在信息面板中将显示出参考线的精确位置，如图1-10所示。

（2）显示与隐藏参考线

在编辑过程中，有时参考线会妨碍操作，但又不想删除参考线，此时可以单击合成窗口下方的 按钮，在弹出的下拉菜单中选择"参考线"命令，将参考线暂时隐藏。如果想再次显示参考线，再次单击合成窗口下方的 按钮，在弹出的下拉菜单中选择"参考线"命令即可。

图 1-10

（3）吸附参考线

选择菜单栏中的"视图"|"对齐到参考线"命令，启动参考线的对齐属性，可以在拖动素材时，在一定距离内与参考线自动对齐。

（4）锁定与取消锁定参考线

如果不想在操作中改变参考线的位置，可以选择菜单栏中的"视图"|"锁定参考线"命令，将参考线锁定。如果想再次修改参考线的位置，可以再次选择菜单栏中的"视图"|"锁定参考线"命令，取消对参考线的锁定。

（5）清除参考线

如果不再需要参考线，可以选择菜单栏中的"视图"|"清除参考线"命令，将参考线全部删除；如果只想删除其中的一条或多条参考线，可以将鼠标指针移动到该条参考线上，当鼠标指针变成双箭头时，按住鼠标左键不放将其拖出窗口范围。

（6）修改参考线

选择菜单栏中的"编辑"|"首选项"|"网格和参考线"命令，在弹出的对话框的"参考线"选项组中可以设置参考线的颜色和样式。

5. 标尺的使用

选择菜单栏中的"视图"|"标尺"命令，或按 Ctrl+R 快捷键，或单击合成窗口下方的 按钮，在弹出的下拉菜单中选择"标尺"命令，即可显示或隐藏水平和垂直标尺。

6. 快照

快照其实就是将当前窗口中的画面进行抓图预存，然后在编辑其他画面时，显示快照内容以进行对比，这样可以更全面地把握各个画面的效果。

（1）获取快照

单击合成窗口下方的 ▣（拍摄快照）按钮，可以将当前画面以快照形式保存起来。

（2）应用快照

将时间滑块拖动到要进行比较的画面帧的位置，然后单击合成窗口下方的 ▣ "显示快照"按钮，将显示最后一个快照效果画面。

7. 通道

单击合成窗口下方的 ▣（显示通道及色彩管理设置）按钮，将弹出一个下拉菜单，从菜单中可以选择红色、绿色、蓝色和 Alpha 通道等命令，选择不同的通道选项，将显示不同的通道模式效果。选择不同的通道，观察通道颜色的比例，有助于图像色彩的处理，在抠图时更加容易掌握。

8. 分辨率解析

分辨率的大小直接影响图像的显示效果，在渲染影片时，设置的分辨率越大，影片的显示质量越好，但渲染的时间就会越长。如果在制作影片的过程中，只想查看一下影片的大概效果，而不是最终输出，就可以考虑应用低分辨率来提高渲染速度。

单击合成窗口下方的 完整 （分辨率/向下采样系数弹出式菜单）按钮，将弹出一个下拉菜单，从中选择不同的命令可以设置不同的分辨率效果。

9. 设置区域预览

在渲染影片时，除了使用分辨率设置来提高渲染速度外，还可以应用区域预览来快速渲染。区域预览与分辨率解析的不同之处在于区域预览可以预览影片的局部，而分辨率则不可以。

单击合成窗口下方的 ▣（目标区域）按钮，然后在合成窗口中单击拖动绘制一个区域，释放鼠标后可以看到区域预览的效果。

10. 设置不同视图

单击合成窗口下方的 活动摄像机 （3D 视图弹出式菜单）按钮，将弹出一个下拉菜单，从该菜单中可以选择不同的 3D 视图，主要包括活动摄像机、正面、左侧、顶部、背面、右侧和底部等。

1.6 After Effects CC 2019 界面简介

如图 1-11 所示，可以看到 After Effects CC 2019 的工作界面中存在多个工作窗口，用户可以随意控制这些窗口的关闭与开启或控制其存在形式。

项目 1 初识 After Effects

图 1-11

1.6.1 项目窗口

项目窗口位于界面的左上角，主要用来组织、管理视频节目中所使用的素材，视频制作使用的素材都要首先导入项目窗口中。在此窗口中可以对素材进行文件夹式管理，还可以对素材进行浏览。

将不同的素材以不同的文件夹分类导入，使视频编辑时操作方便，文件夹可以展开也可以折叠，更便于项目管理，如图 1-12 所示。

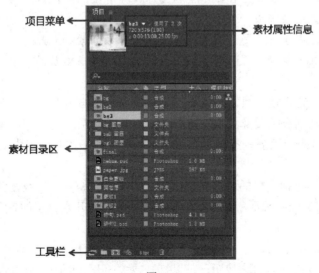

图 1-12

1.6.2 时间线窗口

时间线窗口是进行素材组织的主要区域，在时间线窗口可以调整素材层在合成图像中的时间位置、素材长度、叠加方式等。时间线窗口以时间为基准对层进行操作，包括3大区域：时间线区域、控制面板区域以及图层区域，如图1-13所示。

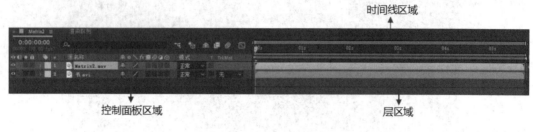

图 1-13

1. 控制面板区域

通过控制面板区域，After Effects 对层进行控制。默认情况下，系统不显示全部控制面板，可以在面板上右键单击，在弹出的快捷菜单中选择显示或隐藏面板。

（1）当前时间

控制面板区域左上方为当前时间显示 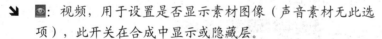，它与合成图像窗口中的当前时间按钮是相同的。

（2）素材特征描述面板

可以在素材特征描述面板中对影片继续隐藏、锁定等操作，如图1-14所示。

图 1-14

- 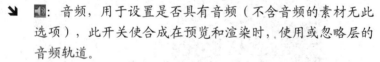 ：视频，用于设置是否显示素材图像（声音素材无此选项），此开关在合成中显示或隐藏层。
- ：音频，用于设置是否具有音频（不含音频的素材无此选项），此开关使合成在预览和渲染时，使用或忽略层的音频轨道。
- ：独奏，选择该选项，合成图像窗口中仅显示当前层。如果同时有多个层打开独奏开关，则合成图像显示所有打开独奏开关的层。
- ：锁定，用于设置是否锁定素材。锁定一个层，该层将不能被用户操作。

（3）层概述面板

层概述区域主要包括素材的名称和素材在时间线的层编号，以及在其中对素材属性进行编辑等，如图1-15（a）所示。单击最左侧的小三角可展开素材层的各项属性，并对其进行设置，如图1-15（b）所示。

（4）开关面板

单击时间线窗口左下角的 按钮，可以打开或关闭开关面板。开关面板中有8个具体控制合成效果的图标，如图 1-16 所示，用于控制层的各种显示和性能特征。

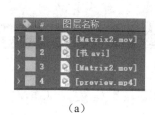
（a）

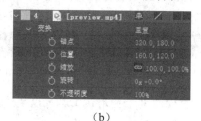
（b）

图 1-15

图 1-16

- ▶ ▣：退缩开关，该开关可以将层标识为退缩状态，在时间线窗口中隐藏层，但该层仍可在合成图像窗口中显示。选择需要退缩的层，单击退缩开关，该开关变为▬状态，单击时间线窗口顶部的▣（退缩启用开关）按钮后，在时间线窗口中隐藏退缩层。

- ▶ ✱：卷展变化/连续栅格开关，激活该开关，可以提供被嵌套的合成图像的质量，以减少渲染时间，但是在应用了部分特效和蒙版的合成图像层上将失去作用。

- ▶ ▨：质量开关，设置图层的画面质量。╱方式的质量最高，在显示和渲染时将采用反锯齿和子像素技术；▨方式是草图质量，不使用反锯齿和子像素技术。

- ▶ fx：特效开关，激活这个开关时，所有的特效才能起作用；关闭这个开关，将不显示图层的特效，但是并没有删除特效。

- ▶ ▤：帧融合开关，结合时间线窗口顶部的▤（帧融合启用开关）一起使用。当素材的帧速率低于合成项目的帧速率时，After Effects 会通过重复显示上一帧来填充缺失的帧，这时运动图像可能会出现抖动，通过帧融合技术，After Effects 在帧之间插入新帧来平滑运动；当素材的帧速率高于合成项目的帧速率时，After Effects 会跳过一些帧，这时会导致运动图像抖动，通过帧融合技术，After Effects 重组帧来平滑运动。

- ▶ ◉：运动模糊开关，结合时间线窗口顶部的◉（运动模糊启用开关）一起使用。可以利用运动模糊技术来模拟真实的运动效果。运动模糊只能对 After Effects 里所创建的运动效果起作用，对动态素材将不起作用。

- ▶ ◯：调节层开关，激活此开关的图层会变成调节层。调节层可以一次性调节当前图层下的所有图层。

- ▶ ◻：3D 图层，激活该开关，可以将一般图层转换为三维图层。

（5）开关按钮

时间线窗口上方的开关按钮与开关面板中的按钮功能基本相同。但是，这里的开关控制整个合成图像的效果。例如，打开一个层的退缩开关后，必须将开关按钮中的退缩启用开关打开才能启用退缩效果。开关按钮如图 1-17 所示。

图 1-17

➤ : 搜索工具，使用该工具可以快速定位图层、图层属性和滤镜属性。

➤ : 合成微型流程图开关。

➤ : 草图 3D 开关，开启此开关，将不显示阴影和灯光效果。

➤ : 退缩启用开关，开启此开关可以让应用了退缩状态的图层暂时隐藏，但是并不影响合成的预览和渲染效果。

➤ : 帧融合启用开关，开启此开关可以让应用了帧融合的图层启用帧融合效果。

➤ : 运动模糊启用开关，开启此开关可以让应用了运动模糊的图层产生运动模糊效果。

➤ : 曲线编辑器开关，通过这个开关可以对时间线窗口中的图层关键帧编辑环境和动画曲线编辑器进行切换。

（6）层模式面板

层模式面板主要用来控制素材层的层模式、轨道蒙版等属性，单击时间线窗口左下角的 按钮或者在列名称右键单击，在弹出的快捷菜单中选择"列数"|"模式"命令，如图 1-18（a）所示，图 1-18（b）为层模式面板。

(a)   (b)

图 1-18

（7）父子关系面板

可以在父子关系面板中为当前层指定一个父层。当对当前层的父层进行操作时，当前层也会随之变化，图 1-19（a）所示为父子关系面板。

（8）关键帧面板

关键帧面板中提供了一个关键帧导航器。当为层设置关键帧后，系统会在关键帧面板中显示关键帧导航器。可以在其中增加、删除或搜索关键帧，图 1-19（b）所示为关键帧面板。

（9）选项面板

单击时间线窗口左下角的■按钮可打开选项面板。选项面板包括入点、出点、持续时间、伸缩，如图 1-19（c）所示。

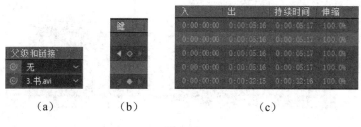

图 1-19

2. 时间线区域

（1）时间标尺和时间指示器

时间标尺显示时间信息，如图 1-20 所示，方框标注的即为时间指示器，时间指示器用来指示时间位置。

图 1-20

（2）导航栏

利用导航栏可以使用较小的时间单位进行显示，这有利于对层进行精确的时间定位，如图 1-21（a）所示红色框内的即为导航栏。按住鼠标左键拖动导航栏左右两端的黄色标记，可以改变时间标尺上的显示单位。位于时间线窗口下方的时间线缩放工具也可以用来改变时间标尺中的时间显示单位，如图 1-21（b）所示。

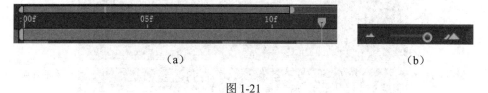

图 1-21

（3）工作区域

工作区域是指显示预览和渲染合成图像的区域，如图 1-22 所示。通过拖动左右两端的蓝色工作区标记，为工作区域指定入点和出点。可以对工作区域外的素材层进行操作，但其不能被渲染。

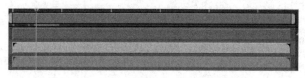

图 1-22

3. 层区域

将素材调入合成图像中后，素材将以层的形式以时间为基准排列在层工作区域，如图 1-23 所示。

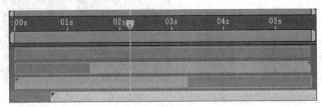

图 1-23

1.6.3 素材窗口

素材窗口与合成窗口类似，如图 1-24 所示。在项目窗口中，双击素材即可打开素材窗口，可以通过素材窗口来预览项目窗口中的素材。在素材窗口中的时间标尺上移动时间指示器，可以检索素材。素材窗口中的时间标尺显示素材总时间，可以在其中设置素材的入点和出点，并将其加入合成中。

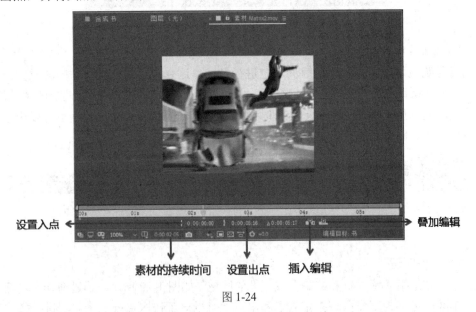

图 1-24

1.6.4 图层窗口

图层窗口与合成窗口也比较类似，如图 1-25 所示。在时间线窗口中选定图层并双击图层可以打开层窗口。可以通过层窗口预览层内容，设置图层的入点和出点，还可以在层窗口中执行制作遮罩、移动轴心点等操作。

项目 1　初识 After Effects

图 1-25

1.6.5　工具面板

After Effects 提供工具面板对合成图像中的对象进行操作，如图 1-26 所示。可以使用工具面板中提供的工具，在合成图像窗口或层窗口中对素材属性进行编辑，如移动、缩放或旋转等；同时遮罩的建立和编辑也要依靠工具面板实现。

图 1-26

- ：选取工具，用于在合成图像或层窗口中选取、移动对象。
- ：手形工具，当窗口的显示范围放大时，可以选择手形工具查看窗口范围以外的素材情况。
- ：缩放工具，用于放大或缩小视角范围的工具。选中缩放工具，按住 Alt 键，放大工具会变为缩小工具；放大或缩小合成图像显示区域后，双击缩放工具，合成图像显示区域按 100%显示。
- ：旋转工具，可以对素材进行旋转操作。
- ：统一摄像机工具，在建立摄像机后，该按钮被激活，可以使用该工具操作摄像机。
- ：向后平移（锚点）工具，可以改变对象的轴心点位置。
- ：矩形工具，可以建立矩形遮罩，扩展选项是另外几个形状的遮罩。
- ：钢笔工具，用于为素材添加不规则遮罩。
- ：横排文本工具，用于建立文本层，按住鼠标左键，会弹出扩展项 （垂直文

19

本工具），用于建立垂直排列的文本。
- ▶ ▓：笔刷工具，用来在层窗口对层进行特效绘制。
- ▶ ▓：仿制图章工具，用来复制素材的像素。
- ▶ ▓：橡皮擦工具，用来擦除多余的像素。
- ▶ ▓：Roto 画笔工具，能够帮助用户在正常时间片段中独立出移动的前景元素。
- ▶ ▓：人偶位置控点工具，用来确定木偶动画时的关节点位置。

1.6.6 时间控制面板

通过时间控制面板可以对素材、层、合成图像内容进行回放，还可以在其中进行内存预演设置，时间控制面板如图 1-27 所示。

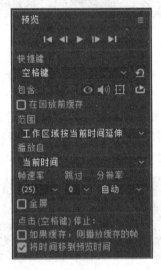

图 1-27

- ▶ ▓：播放控制按钮，单击此按钮可以播放当前窗口的对象，快捷键是空格键。
- ▶ ▓：逐帧播放按钮，对播放进行逐帧控制的按钮，每单击一次该按钮，对象就会前进一帧，快捷键是 Page Up 键。
- ▶ ▓：逐帧后退按钮，每单击一次此按钮，对象就会后退一帧，快捷键是 Page Down 键。
- ▶ ▓：播放至结束位置控制按钮，单击此按钮播放至合成的结尾处。
- ▶ ▓：播放至起始位置控制按钮，单击此按钮播放至合成的起始位置。
- ▶ ▓：视频按钮，用于控制是否在预览中播放视频。
- ▶ ▓：音频按钮，用于控制是否在预览中播放音频。
- ▶ ▓：用于是否在预览中显示叠加和图层控件（如参考线、手柄和蒙版）。
- ▶ ▓：循环播放按钮，显示当前素材播放的循环状态。单击此按钮，会在▓（只播放一遍）和▓（循环播放）的状态中切换。

项目 2
《时尚 Show》栏目片头制作

2.1 项目描述及效果

1. 项目描述

《时尚 Show》栏目主要是介绍时尚女性关注的时尚发型、时尚人物、时尚生活、潮流品牌、潮流服饰等时尚潮流的栏目。本项目主要通过时尚模特来展示栏目的主题,画面的过渡采用不同透明度的蓝色箭头实现,整个画面时尚中透露着清新和淡雅。为了加强画面的可读性,增加了简单的主题文字,并在文字左侧放置了和过渡形状一致的箭头,使之风格统一,且醒目的颜色使文字更为突出。

2. 项目效果

本项目效果如图 2-1 所示。

图 2-1

图 2-1（续）

2.2 项目知识基础

2.2.1 素材的导入

1. 基本素材的导入

选择"文件"|"导入"|"文件"命令，弹出"导入"对话框，在其中可以导入单个素材。选择"文件"|"导入"|"多个文件"命令，弹出"导入多个文件"对话框，在其中选择需要的单个或多个素材，单击 导入 按钮，即可以导入单个或多个素材，导入后还可以继续导入其他素材，最后单击"完成"按钮，才能结束导入操作，如图 2-2 所示。

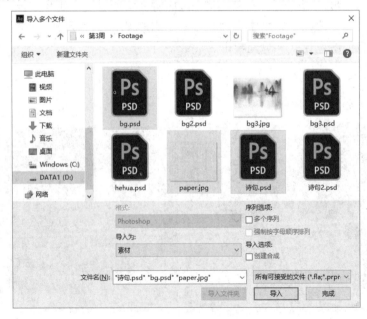

图 2-2

2. PSD 文件的导入

导入 PSD 素材的方法与导入普通素材的方法相同。如果该 PSD 文件包含多个图层，会弹出解释 PSD 素材的对话框。在"导入种类"参数下有 3 种导入方式：素材、合成和合成-保持图层大小，如图 2-3（a）所示。

（1）素材

以"素材"方式导入 PSD 文件，可以设置合并 PSD 文件或选择导入 PSD 文件中的某一图层，如图 2-3（b）所示。

 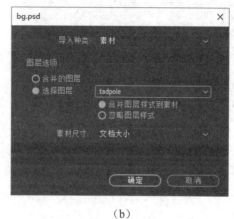

（a） （b）

图 2-3

- 合并的图层：选中该单选按钮，可将 PSD 文件中所有的图层进行合并，作为一个素材导入。
- 选择图层：选中该单选按钮，可将 PSD 文件中指定的图层导入，每次仅可以导入一个图层。
- 合并图层样式到素材：将 PSD 文件中选择图层的图层样式应用到图层，在 After Effects 中不可以进行更改。
- 忽略图层样式：忽略选择图层的图层样式。
- 素材尺寸：可以选择"文档大小"，即 PSD 中的图层大小与文档大小相同，或"图层大小"，即 PSD 文件中每个图层都以本图层所有像素的边缘作为导入素材的大小。

（2）合成

将分层 PSD 文件作为合成导入 After Effects 中，合成中的图层顺序与 PSD 文件在 Photoshop 中的相同，如图 2-4 所示。

- 可编辑的图层样式：Photoshop 中的图层样式在 After Effects 中可以直接进行编辑，即保留图层样式的原始属性。
- 合并图层样式到素材：将图层样式应用到图层，即不能在 After Effects 中编辑，但可以加快图层的渲染速度。

（3）合成-保持图层大小

与"合成"导入方式基本相同，只是使用"合成"方式导入时，PSD 中所有的图层大小与文档大小相同，而使用"合成-保持图层大小"方式导入时，每个图层都以本图层所有像素区域的边缘作为导入素材的大小。无论使用哪一种方式，都会在项目窗口面板中出现一个以 PSD 文件名称命名的合成和一个同名文件夹，展开该文件夹可以看到 PSD 文件的所有图层，如图 2-5 所示。

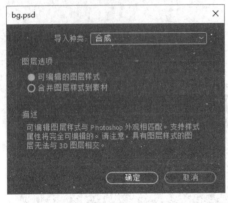 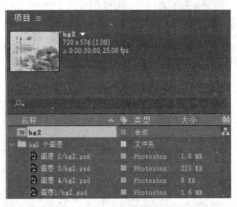

图 2-4　　　　　　　　　　　　　　　　图 2-5

3. 序列素材的导入

在"导入文件"对话框中选择对应的序列选项，就可以以序列方式导入素材。如果只需要导入序列文件中的一部分，可以在选中序列复选框后，选择需要导入的部分素材，然后单击"打开"按钮，如图 2-6 所示。

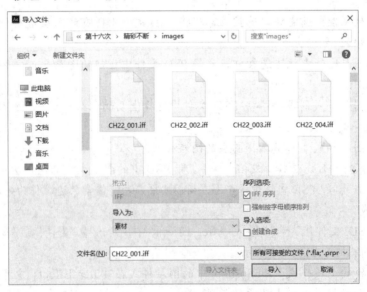

图 2-6

4. Premiere Pro 项目的导入

在 After Effects 中可以直接导入 Premiere Pro 的项目文件，导入的文件会在项目窗口中以合成的方式显示。Premiere Pro 中所有的剪辑素材会作为图层显示在 After Effects 的时间线窗口上。

使用菜单命令"文件"|"导入"|"文件"或"文件"|"导入"|"导入 Adobe Premiere Pro 项目"来导入一个 Premiere Pro 项目。

2.2.2 素材的管理

1．组织素材

项目窗口提供了素材组织功能，单击项目窗口底部的■（新建文件夹）按钮，可以建立一个文件夹，用户可通过拖曳的方式将素材放入文件夹，或将一个文件夹放入另一个文件夹中，从而使编辑工作更加有条理。

2．替换素材

（1）重新载入素材

在编辑过程中有时需要替换正在编辑的素材，但即使将该素材所对应的硬盘文件替换为新文件，如果不重新启动 After Effects，也不能在合成窗口中实时看到修改效果。要避免重新启动软件，可以使用重新载入功能。

选择需要重新载入的素材，使用菜单命令"文件"|"重新加载素材"，可以对素材进行重新载入处理。如果素材发生变化，则替换为新素材。

（2）替换素材

如果希望对某个素材进行更改，除了可直接修改链接的硬盘文件外，也可以将素材指定为另一个硬盘文件。选择需要替换的素材，使用菜单命令"文件"|"替换素材"可以对当前素材进行重新指定。

3．解释素材

由于视频素材有很多种规格参数，如帧速率、场、像素比等。如果设置不当，在播放预览时会出现问题，这时需要对这些视频参数进行重新解释处理。

单击项目窗口中的素材，可以显示素材的基本信息，如图 2-7（a）所示，用户可以根据这些信息判断素材是否被正确解释。

使用菜单命令"文件"|"解释素材"|"主要..."可打开"解释素材"对话框，对素材进行重新解释，如图 2-7（b）所示。

- Alpha：如果素材带有 Alpha 通道，则该选项被激活。其中"忽略"选项表示忽略 Alpha 通道的透明信息，透明部分以黑色填充代替；或将 Alpha 通道解释为"直接-无遮罩"或"预乘-有彩色遮罩"；或单击"猜测"按钮，让软件自动猜测素材所带的通道类型。
- 帧速率：仅在素材为序列图像时被激活，用于指定该序列图像的帧速率，如果该参数解释错误，则素材播放速度会发生改变。
- 开始时间码：设置开始时间的时间码。
- 场和 Pulldown：其中"分离场"可以选择"关"，即逐行扫描素材，或选择"高场优先""低场优先",即为上场优先或下场优先。"保留边缘"选项仅在设置素材隔行扫描时才有效,可以保持边缘像素整齐,以得到更好的渲染效果。

(a)

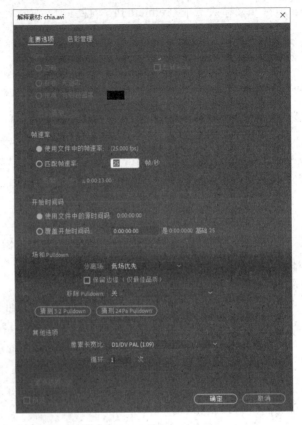
(b)

图 2-7

- 其他选项:"像素长宽比"选项可以指定组成视频的每一帧图像的像素的宽高之比;"循环"选项可以指定视频循环次数。
- 更多选项:仅在素材为 Camera Raw 格式时被激活,单击该按钮可以重新对 Camera Raw 信息进行设置。

2.2.3 图层的管理

1. 图层的产生

(1)利用素材产生图层

可以将项目窗口中导入的素材加入合成图像来组成合成图像的素材图层。这是 After Effects 中最基本的工作方式。素材成为合成图像中的图层后,可以对其进行编辑合成。

利用素材产生图层有如下两种方法。

- 在项目窗口中选中要编辑加工的素材,按住鼠标左键将素材拖入时间线窗口内生成图层。

↘ 如果需要导入的素材为视频素材，可以为其设置入点和出点，以决定使用素材的哪一段作为合成图像中的图层。

在项目窗口中双击素材，将其在素材窗口中打开。拖动时间指示器至新的起始或结束位置，单击 ▮（入点）按钮或 ▮（出点）按钮；也可以将鼠标指针放置在素材窗口的起始端或结束端，当鼠标指针变成双向箭头时拖动来改变起始或结束位置，如图 2-8 所示。

图 2-8

入点和出点设置完毕后，单击 ▣（波纹插入编辑）按钮或 ▣（叠加编辑）按钮将素材加入合成图像中。如果合成图像中没有任何图层，这两个按钮的加入结果没有区别。如果合成图像中已经包含若干个图层，则两个按钮会产生不同的插入效果。

插入前时间线如图 2-9 所示，使用 ▣（波纹插入编辑）按钮向合成图像加入素材时，凡是处于时间指示器之后的素材都会向后推移。如果时间指示器位于目标轨道中的素材之上，插入的新图层会把原图层分成两段直接插在其中，原图层的后半部分将会向后推移接在新图层之后，如图 2-10 所示。

图 2-9

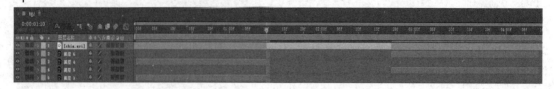

图 2-10

使用 ■（叠加编辑）按钮加入素材，加入的新图层会在时间指示器处使合成图像覆盖重叠的图层，如图 2-11 所示。

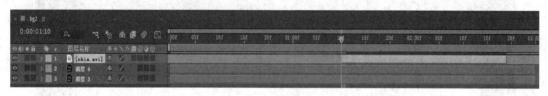

图 2-11

（2）利用合成图像产生图层

After Effects 允许在一个项目中建立多个合成图像，并且允许将合成图像作为一个图层加入另一个合成图像，这种方式叫作嵌套。

当将合成图像 A 作为图层加入另一个合成图像 B 中后，对合成图像 A 所做的一切操作将会影响到合成图像 B 中由合成图像 A 产生的图层。而在合成图像 B 中对由合成图像 A 产生的图层所进行的操作，则不会影响合成图像 A。

（3）预合成

After Effects 也可以在一个合成图像中对选定的图层进行嵌套，这种方式称为重组。重组时，所选择的图层合并为一个新的合成图像，这个新的合成图像代替了所选的图层。

选择要进行重组的一个或若干个图层，选择"图层"|"预合成"命令，弹出"预合成"对话框，如图 2-12 所示。

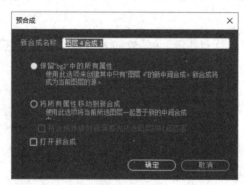

图 2-12

"预合成"对话框中各参数的含义如下。

▶ 新合成名称：在此文本框中可以给新合成命名。

▶ 保留合成中的所有属性：选中此单选按钮，将在预合成中保留所选图层的关键帧与属性,且预合成的尺寸与所选图层相同。该选项只对一个图层的重组有效。
- 将所有属性移动到新合成:选中此单选按钮,将所选图层的关键帧与属性应用到预合成,预合成与原合成图像尺寸相同。
- 打开新合成:选中此复选框,系统将打开一个新的合成图像,建立预合成。

（4）建立纯色图层

建立纯色图层通常是为了在合成图像中加入背景、利用遮罩和图层属性建立简单的图形等。纯色图层建立后,可对其进行一切用于普通图层的操作。

纯色图层的建立方法如下:在时间线窗口或合成窗口的空白区域右键单击,在弹出的快捷菜单中选择"新建"|"纯色"命令,弹出"纯色设置"对话框,如图2-13所示。可以对已经建立的纯色图层随时进行修改,在时间线窗口或合成窗口中选择要进行修改的纯色图层,选择"图层"|"纯色设置"命令,在弹出的对话框中进行设置。

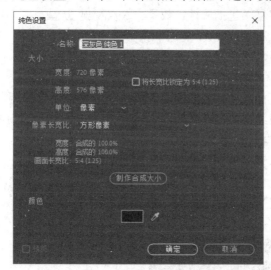

图 2-13

（5）建立调整图层

在 After Effects 中对图层应用特效,该图层会产生一个特效控制。可以建立一个调整图层,为其下方的图层应用特效,而不在图层中产生特效。效果将依靠调整图层来控制调节,调整图层仅用来为图层应用效果,它不在合成窗口中显示,此方法在对多个图层应用相同特效时尤其有用。

调整图层的建立方法如下:在时间线窗口或合成窗口的空白区域右键单击,在弹出的快捷菜单中选择"新建"|"调整图层"命令。可以通过打开或关闭时间线窗口开关面板上的调整图层开关,将调整图层转换为纯色图层,或将普通图层转换为调整图层。

2. 图层的编辑

（1）设置图层的持续时间

在时间线窗口中双击图层,打开图层窗口,在图层窗口中可以对图层的持续时间进行修改,设置新的开始和结束时间。还可以通过速度变化修改图层的持续时间。选中要编辑的图

层,选择"图层"|"时间"|"时间伸缩"命令,弹出"时间伸缩"对话框,如图 2-14 所示。

可以在"新持续时间"文本框中输入新的持续时间,或在"拉伸因数"文本框中输入新的持续时间百分比。在"原位定格"选项组中选择持续时间的插入方式如下。

- 图层进入点:以图层的入点为基准,即入点不变,通过改变图层的出点位置来改变图层的持续时间。
- 当前帧:以当前时间指示器位置为基准,改变持续时间。
- 图层输出点:以图层的出点位置为基准,即出点不变,通过改变图层的入点位置来改变图层的持续时间。

(2) 复制和分裂图层

复制图层:选中要进行复制的图层,选择"编辑"|"重复"命令或按 Ctrl+D 快捷键。当复制了一个图层后,复制图层自动添加到源图层的上方,并处于选中状态,复制图层将会保留源图层的一切信息,包括属性、效果、入点及出点等。

分裂图层:选中要分裂的图层,将时间指示器移动到要分裂的位置,选择"编辑"|"拆分图层"命令。分裂后,原来的图层将在时间指示器位置被分为两个图层。

(3) 替换图层

在时间线窗口中选择需要替换的图层,按住 Alt 键,使用鼠标左键从项目窗口中拖动替换素材,拖动至时间线窗口需要替换的图层上释放,即可替换掉原图层。

(4) 对图层进行自动排序

自动排序功能可以以所选图层的第一图层为基准,自动对所选的图层进行衔接排序。在时间线窗口选择需要自动排序的多个图层,选择"动画"|"关键帧辅助"|"序列图层"命令,弹出"序列图层"对话框,如图 2-15 所示。

图 2-14

图 2-15

- 重叠:取消选中该复选框,图层与图层之间硬切排序;选中该复选框,图层与图层之间软切排序。
- 持续时间:可以在此文本框中输入图层与图层之间的重叠时间。
- 过渡:此下拉列表框可以选择叠化渐变的不透明图层,系统将在图层与图层之间产生淡入淡出效果。

2.2.4 关键帧的设置

1. 认识关键帧

After Effects 中的动画方式是关键帧动画，即关键帧生成后动画不需要人为完成，计算机会自动生成中间帧。

（1）记录关键帧

After Effects 在通常状态下可以对图层或者其他对象的变换、遮罩、效果等进行设置。这时，系统对图层的设置是应用于整个持续时间的。如果需要对图层设置动画，则需要打开 ◎（时间变化秒表），也可以称为关键帧开关，记录关键帧设置，如图 2-16 所示。

图 2-16

打开对象某属性的关键帧记录器后，系统对该图层打开关键帧记录器的属性进行的一切操作，都将被记录为关键帧。如果关闭属性的关键帧记录器，则系统将删除该属性的一切关键帧。

（2）关键帧导航器

关键帧导航器可以为图层中设置了关键帧的属性进行关键帧导航。默认状态下，当为对象设置关键帧后，关键帧导航器将显示在素材特征解释面板中，如图 2-17 所示。

图 2-17

为对象的某一属性设置关键帧后，在其素材特征描述面板中会出现关键帧导航器。单击导航器中的箭头，可以快速搜寻该属性上的关键帧。某一方向上箭头无法单击时，表示该方向上已没有关键帧。当前位置有关键帧时，导航器上中间的方块会显示亮蓝色◆，单击◆按钮，可以删除当前关键帧。当时间线处于该属性上无关键帧的位置，单击导航器中间的方块，可以在当前位置创建一个关键帧。

2. 选择关键帧

选择单个关键帧：在时间线窗口中，单击要选择的关键帧。

选择多个关键帧：① 在时间线窗口、合成窗口与图层窗口中，按住 Shift 键并单击要选择的关键帧；② 在时间线窗口中，用鼠标拖出一个选择框，选取要选择的关键帧；③ 在图层属性面板中，单击图层属性，可以选择该属性在图层上的所有关键帧。

3. 编辑关键帧

改变关键帧属性：选中要编辑的图层，在属性编辑栏中单击，数值框变为可编辑状态，在数值框中输入新的数据；或双击关键帧，在弹出的属性设置对话框中进行修改。

移动单个关键帧：选中要移动的关键帧，按住鼠标左键，将其拖至目标位置。

移动多个关键帧：选中要移动的多个关键帧，按住鼠标左键，将其拖至目标位置。移动多个关键帧时，所移动的关键帧保持其相对位置不变。

复制关键帧：选中要复制的关键帧，选择"编辑"|"复制"命令，然后将时间指示器移动到目标位置，选择"编辑"|"粘贴"命令，目标位置显示复制出的关键帧。可以在同一图层或不同图层的相同属性上进行关键帧复制，也可以在使用同类数据的不同属性间进行关键帧复制。

删除关键帧：选中要删除的关键帧，按 Delete 键即可删除。

2.2.5 图层属性设置

1. 锚点设置

After Effects 以锚点作为基准进行相关属性的设置。锚点是对象旋转或缩放等属性设置的坐标中心，默认状态下锚点在对象的中心，可以对锚点进行动画设置。锚点的位置不同，对象的运动状态也会发生变化。当锚点在对象中心时，为其应用旋转，对象沿锚点自转；当锚点不在对象上时，对象绕着锚点公转，如图 2-18 所示。After Effects 中可以通过数字方式和锚点工具改变对象的锚点。

图 2-18

（1）以数字方式改变对象的锚点

选择要改变锚点的图层，按 A 键展开"锚点"属性。在锚点属性面板上右键单击，在弹出的快捷菜单中选择"编辑值"命令，弹出"锚点"对话框，在"单位"下拉列表框中选择计量单位，在 X 和 Y 文本框中输入新的数值，单击"确定"按钮完成操作（此时的变换是一个相对的变化，所以在变更锚点选项数值的同时图片会发生相对移动）。也可以直接在锚点右侧的参数栏中输入具体数值,如图 2-19 所示。

图 2-19

（2）使用锚点工具改变对象的锚点

在工具面板中选择锚点工具![]，选择要改变锚点的对象,在合成窗口中拖动锚点至新的位置即可。使用锚点工具改变对象的锚点时,对象在合成窗口中的位置保持不变。

2. 位置设置

After Effects 可以通过关键帧为对象的位置设置动画。为对象的位置设置动画后,在合成窗口中会以运动路径的形式表示对象的运动路径,如图 2-20 所示。

（1）以数字方式改变图层的位置

选择要改变位置的图层,按 P 键展开"位置"属性,在属性右侧的参数栏中单击并输入具体数值,或按住鼠标左键左右拖动更改数据；也可以在属性上右键单击,在弹出的快捷菜单中选择"编辑值"命令,在弹出的"位置"对话框中修改参数。

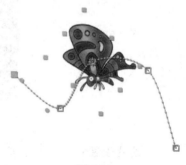

图 2-20

（2）通过运动路径上的关键帧改变图层的位置

在合成窗口或时间线窗口中选择要修改的图层,在合成窗口中显示该图层的运动路径,选中路径上要修改的关键帧,使用移动工具将选中的关键帧移动至目标位置。也可以通过路径工具改变运动路径的形状,如图 2-21 所示。

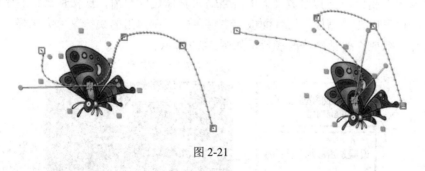

图 2-21

（3）使用自动定向

After Effects CC 2019 可以在沿路径运动过程中,使用"自动定向"使图层的运动垂直于路径而不是垂直于页面,这对于具有方向性的移动非常有用。图 2-22 所示为未使用自动定向和使用自动定向的差别。

图 2-22

选择要使用自动定向的图层，选择"图层"|"变换"|"自动定向"命令，在弹出的对话框中选中"沿路径定向"单选按钮，单击"确定"按钮，如图 2-23 所示。

图 2-23

3．缩放设置

After Effects CC 2019 可以以锚点为基准，对对象进行缩放，改变对象的比例尺寸。可以通过输入数值和拖动对象边框上的句柄来改变对象的尺寸。

（1）以数字方式改变尺寸

以数字方式改变尺寸适合于需要精确设置尺寸的对象。选择要改变尺寸的对象，按 S 键展开"缩放"属性，在其参数栏上单击并输入具体尺寸数值，或按住鼠标左键左右拖动更改数据；也可以在"缩放"属性面板上右键单击，在弹出的快捷菜单中选择"编辑值"命令，打开"缩放"对话框修改参数，如图 2-24 所示。

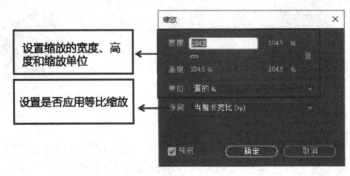

图 2-24

（2）以手动方式改变尺寸

在合成窗口中选择要进行缩放的对象，拖动对象边框上的句柄，改变对象的尺寸。

- 按住 Shift 键，拖动对象边框的句柄，可以按比例缩放对象。
- 按住 Alt 键的同时，按数字键盘的"+"或"-"键，以百分之一的比例对对象进行放大或缩小。
- 按住 Shift+Alt 快捷键的同时，按数字键盘的"+"或"-"键，以百分之十的比例对对象进行放大或缩小。
- 以数字形式改变尺寸时，输入负值能翻转图层。

4. 旋转设置

After Effects CC 2019 可以以锚点为基准，对对象进行旋转设置。对象可以进行任意角度的旋转，当旋转角度超过 360°时，系统以旋转一圈标记已旋转的角度。例如，旋转 780°为 2 圈 60°，反向旋转表示负的角度。

（1）以数字方式旋转

在时间线窗口中选择要进行旋转的对象，按 R 键展开"旋转"属性，在其参数栏上单击并输入具体数值，或按住鼠标左键左右拖动更改数据；也可以在"旋转"属性面板上右键单击，在弹出的快捷菜单中选择"编辑值"命令，在弹出的"旋转"对话框中修改参数，如图 2-25 所示。

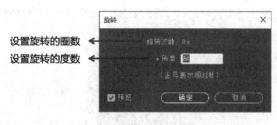

图 2-25

（2）以手动方式旋转

选择要进行旋转的对象，在工具面板中选择旋转工具 ，拖动对象边框上的句柄进行旋转。

- 按住 Shift 键拖动鼠标，旋转角度每次增加 45°。
- 按住 Alt 键和数字键盘的"+"或"-"键，以百分之一的比例对对象进行放大或缩小。
- 按住 Shift+Alt 键的同时，按数字键盘的"+"或"-"键，以百分之十的比例对对象进行放大或缩小。

5. 不透明度设置

通过设置图像的不透明度，可以为对象设置透出底层图像的效果。当对象的不透明度设置为 100%时，对象完全不透明，遮住其下方的图像；当对象的不透明度设置为 0%时，对象完全透明，将完全显示其下层的图像；当对象的不透明度设置为 0%～100%时，数值越小，对象透明度越高，其下层的图像显示越清晰。

在时间线窗口选择要设置不透明度的对象，按 T 键展开其"不透明度"属性。在其参数栏上单击并输入具体数值，或按住鼠标左键左右拖动更改数据；也可以在"不透明度"属性面板上右键单击，在弹出的快捷菜单中选择"编辑值"命令，在弹出的"不透明度"对话框中的"不透明度"文本框中输入新的不透明度数值，如图 2-26 所示。

图 2-26

2.2.6 混合模式

1. 启用混合模式

在时间线窗口的列名称上右键单击，在弹出的快捷菜单中选择"列数"|"模式"命令，则在时间线窗口中可显示混合模式列，如图 2-27 所示。选择"模式"菜单，在弹出的下拉菜单中选择合适的混合模式。

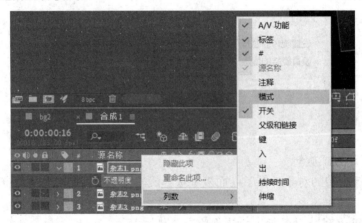

图 2-27

2. 混合模式的类型

After Effects CC 2019 为用户提供了多种混合模式，下面以"汽车"和"城市"两张素材图片为例介绍不同混合模式的显示效果。图 2-28（a）所示为将要设置混合模式的目标图层，图 2-28（b）为目标图层之下的图层。

（1）正常模式

在该模式下，此图层的显示不受其他图层的影响，混合效果的显示与不透明度的设置有关。当不透明度为 100% 时，将正常显示当前图层的效果；当不透明度小于 100% 时，下面图层的像素会透过该图层显示出来，显示的程度取决于不透明度的设置与当前图层的颜色，效果如图 2-29 所示。

（a）

（b）

图 2-28

图 2-29

（2）溶解模式

溶解模式仅对不透明度小于 100% 的羽化图层或带有通道的图层起作用，不透明度及羽化值的大小将直接影响溶解模式的最终效果。如果素材本身没有羽化边缘，并且不透明度为 100%，那么溶解模式不起任何作用，如图 2-30 所示。

图 2-30

（3）动态抖动溶解模式

该模式与溶解模式的应用条件相同，只不过它对融合区域进行了随机动画，即它可以根据时间帧的变化产生不同的自动溶解动画效果。

（4）变暗模式

在变暗模式中，系统会查看每个通道中的颜色信息，并选择当前图层和下面图层中较暗的颜色作为结果色，效果如图 2-31（a）所示。

（5）变亮模式

在变亮模式中，系统会查看每个通道中的颜色信息，并选择当前图层和下面图层中较亮的颜色作为结果色。它与变暗模式正好相反，效果如图 2-31（b）所示。

 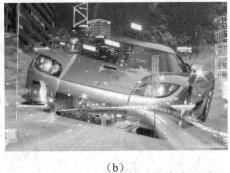

(a)　　　　　　　　　　　　　　(b)

图 2-31

（6）正片叠底模式

在正片叠底模式中，将当前图层与下面图层的颜色相乘，然后再除以 255，便得到结果色颜色值。结果色通常显示较暗的颜色，可以形成一种光线穿透图层的幻灯片效果。任何颜色与黑色相乘产生黑色，与白色相乘则保持不变，效果如图 2-32（a）所示。

（7）屏幕模式

该模式是一种加色混合模式，与正片叠底模式正好相反，它将当前图层的互补色与下面图层的颜色相乘，呈现出一种较亮的效果，效果如图 2-32（b）所示。

(a)　　　　　　　　　　　　　　(b)

图 2-32

（8）线性加深模式

该模式用于查看每个通道中的颜色信息，并通过减小亮度，使当前图层变暗，以反映下面图层的颜色，下面图层与当前图层上的白色混合后将不发生变化，效果如图 2-33（a）所示。

（9）线性减淡模式

该模式用于查看每个通道中的颜色信息，并通过增加亮度，使当前图层变亮，以反映下面图层的颜色，下面图层与当前图层上的黑色混合后将不发生变化，效果如图2-33（b）所示。

图 2-33

（10）颜色加深模式

在颜色加深模式中，查看每个通道中的颜色信息，并通过增加对比度，使当前图层颜色变暗，以反映下面图层的颜色，如果与白色混合将不会产生变化。颜色加深模式创建的效果和正片叠底模式创建的效果比较类似，如图2-34（a）所示。

（11）颜色减淡模式

在颜色减淡模式中，查看每个通道中的颜色信息，并通过减少对比度，使当前图层颜色变亮，以反映下面图层的颜色，如果与黑色混合将不会产生变化。该模式类似于滤色模式效果，效果如图2-34（b）所示。

图 2-34

（12）典型颜色加深模式

该混合模式与颜色加深模式非常相似，只是更注意控制某些重点颜色的加深效果。

（13）典型颜色减淡模式

该混合模式与颜色减淡模式几乎相同，只是更注意控制某些重点颜色的减淡。

（14）相加模式

该模式可以查看每个通道中的颜色信息，并通过当前图层与下面图层的颜色比较，显示出混合后更亮的颜色，白色将不发生变化，黑色将完全消失，效果如图2-35（a）所示。

（15）叠加模式

叠加模式可把当前颜色与下面图层颜色相混合，产生一种中间色。该模式主要用于调整图像的中间色调，而图像的高亮部分和阴影部分将保持不变，因此对黑色或白色像素着色时，"叠加"模式不起作用。效果如图2-35（b）所示。

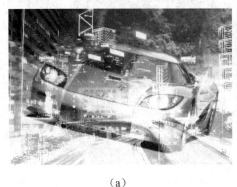 

（a）　　　　　　　　　　　　　　　　（b）

图2-35

（16）柔光模式

该模式可以产生一种类似柔和光线照射的效果。如果当前图层颜色比50%的灰色亮，则图像变亮，就像被减淡了一样；如果当前图层颜色比50%的灰色暗，则图像变暗，就像被加深了一样。如果当前图层中有纯黑色或纯白色，会产生较暗或较亮的区域，但不会产生纯黑色或纯白色，效果如图2-36（a）所示。

（17）强光模式

该模式可以产生一种强光照射的效果，它与柔光模式相似，只是显示效果比柔光更强一些。如果当前图层中有纯黑色或纯白色，将产生纯黑色或纯白色，效果如图2-36（b）所示。

（a）　　　　　　　　　　　　　　　　（b）

图2-36

（18）线性光模式

该模式通过增加或减少亮度来减淡或加深显示颜色。首先将图层颜色进行对比，得出对比后的颜色，如果对比后的颜色比50%的灰色亮，则通过增加亮度使图像变亮；如果对比后的颜色比50%的灰色暗，则减少亮度使图像变暗，效果如图2-37（a）所示。

（19）亮光模式

该模式通过增加或减少对比度来减淡或加深显示颜色。首先将图层颜色进行对比，得出对比后的颜色，如果对比后的颜色比 50%的灰色亮，则通过减少对比度使图像变亮；如果对比后的颜色比 50%的灰色暗，则通过增加对比度使图像变暗，效果如图 2-37（b）所示。

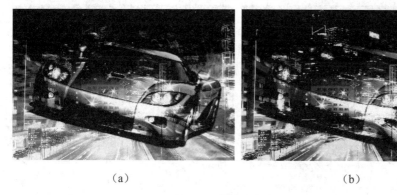

（a）　　　　　　　　　　　　　　（b）

图 2-37

（20）点光模式

该模式与 Photoshop 中的"颜色替换"命令相似。它首先将图层颜色进行对比，得出对比后的颜色，如果对比后的颜色比 50%的灰色亮，则替换对比后暗的颜色，不改变其他颜色效果；如果对比后的颜色比 50%的灰色暗，则替换对比后亮的颜色，不改变其他颜色效果，效果如图 2-38（a）所示。

（21）纯色混合模式

该模式可以将下面图层图像以强烈的颜色效果显示出来，在显示的颜色中，以全色的形式出现，不再出现中间的过渡颜色，效果如图 2-38（b）所示。

（a）　　　　　　　　　　　　　　（b）

图 2-38

（22）差值模式

该模式是将下面图层颜色的亮度值减去当前图层颜色的亮度值，如果结果为负，则取正值，产生反相效果。当不透明度为 100%时，当前图层中的白色将反相，黑色则不会产生任何变化，效果如图 2-39（a）所示。

（23）典型差值模式

该模式与差值模式几乎相同，只是在颜色反相上，将更注意控制某些重点颜色的反相处理。

（24）排除模式

该模式与差值模式相似，但比差值模式更加柔和，效果如图2-39（b）所示。

（a） （b）

图 2-39

（25）相减模式

该模式是将下面图层的颜色减去当前图层的颜色，如果当前图层的颜色为黑色，则将下层的颜色作为结果色，效果如图2-40（a）所示。

（26）相除模式

该模式是将当前图层的颜色除下面图层的颜色，如果当前图层的颜色为白色，则将下层的颜色作为结果色，效果如图2-40（b）所示。

（a） （b）

图 2-40

（27）色相模式

该模式只对当前图层颜色的色相值进行着色，而其饱和度和亮度值保持不变，效果如图2-41（a）所示。

（28）饱和度模式

该模式与色相模式相似，只对当前图层颜色的饱和度进行着色，而色相值和亮度值保持不变。当下面图层颜色与当前图层颜色的饱和度值不同时，才进行着色处理，效果如图2-41（b）所示。

（a）　　　　　　　　　　　（b）

图 2-41

（29）颜色模式

该模式能够对当前图层颜色的饱和度值和色相值同时进行着色，而使下面图层颜色的亮度值保持不变。这样可以保留图像中的灰阶，对于给单色图像上色和给彩色图像着色都非常有用，效果如图 2-42（a）所示。

（30）亮度模式

该模式与色相模式相似，对当前图层颜色的亮度进行着色，而色相值和饱和度值保持不变。当下面图层颜色与当前图层颜色的亮度值不同时，才进行着色处理，效果如图 2-42（b）所示。

（a）　　　　　　　　　　　（b）

图 2-42

2.2.7　轨道遮罩图层

After Effects CC 2019 中可以把一个图层上方的图像或影片作为透明的遮罩图层使用。素材图层可以将其上方的图层作为轨道遮罩图层，轨道遮罩图层被系统自动隐藏。当轨道遮罩图层没有 Alpha 通道时，可以使用亮度值设置其透明度。

可以使用任一素材片段或静止图像作为轨道遮罩图层，图 2-43 为时间线窗口中所使用的素材，图 2-43（a）为轨道遮罩图层，图 2-43（b）为素材图层，图 2-43（c）为背景图层；图 2-44 为应用轨道遮罩图层时的时间线窗口状态；图 2-45 为使用轨道遮罩图层效果后的合成图像。

图 2-43

图 2-44

在时间线窗口中显示"模式"列，确认作为轨道遮罩的图层在填充图层的上方，选择"轨道遮罩"菜单，弹出下拉列表，如图 2-46 所示。

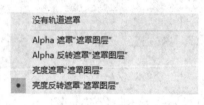

图 2-45　　　　　　　　　　　图 2-46

下拉列表中各命令的含义如下。

- 没有轨道遮罩：此命令表示不使用轨道遮罩图层，不产生透明度变化，上面的图层被当作普通图层。
- Alpha 遮罩"遮罩图层"：此命令表示使用遮罩图层的 Alpha 通道。当 Alpha 通道的像素值为 100%时不透明。
- Alpha 反转遮罩"遮罩图层"：此命令表示使用遮罩图层的反转亮度值。当 Alpha 通道的像素值为 0%时不透明。
- 亮度遮罩"遮罩图层"：此命令表示使用遮罩图层的亮度值。当像素的亮度值为 100%时不透明。
- 亮度反转遮罩"遮罩图层"：此命令表示使用遮罩图层的反转亮度值。当像素的亮度值为 0%时不透明。

2.3 项目实施

2.3.1 导入素材、创建合成

（1）启动 After Effects CC 2019，选择"编辑"|"首选项"|"导入"命令，打开"首选项"对话框，设置"静止素材"的导入长度为 18 秒，如图 2-47 所示。

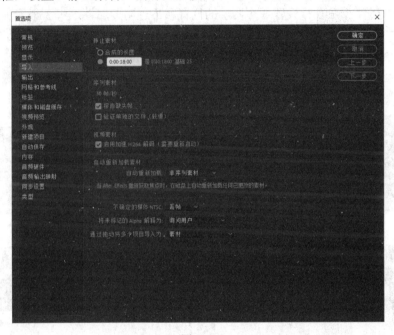

图 2-47

（2）在网上下载素材文件，在项目窗口中双击，打开"导入文件"对话框，选择素材文件中"素材与源文件\Chapter 2\Footage"文件夹下的 shizhuang.psd 文件，在"导入种类"下拉列表框中选择"合成-保持图层大小"选项，将素材以剪裁合成方式导入，如图 2-48 所示。同样，将 logo.psd 以"素材"方式导入。

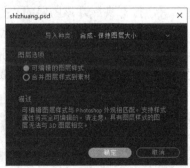

图 2-48

2.3.2 第 1 个画面

（1）在时间线窗口双击 shizhuang 合成中的图层 2，打开合成 2，单击图层 1～图层 4 的 图标，隐藏图层。设置合成 2 和 shizhuang 合成的特续时间为 18 秒。

（2）选择 Vector Smart Object copy 3～Vector Smart Object copy 5 这 3 个图层，将时间线移至 0:00:04:00，选择"编辑"|"拆分图层"命令，然后调整图层顺序。选择这 3 个图层的左侧部分，按 P 键展开 3 个图层的"位置"属性，按 Shift+T 快捷键展开 3 个图层的"不透明度"属性，在 0 秒设置 3 个图层的位置和不透明度属性，将 3 个箭头图形放置在窗口左侧，如图 2-49 所示；将时间线移动至 20 帧处，设置位置属性，如图 2-50 所示；将时间线移动至 3 秒 10 帧处，单击 3 个图层的位置属性导航器中间的方块，建立关键帧；将时间线移动至 4 秒处，设置 3 个图层的位置属性，如图 2-51 所示，制作 3 个深浅不一的箭头从左到右然后移出画面的动画效果。

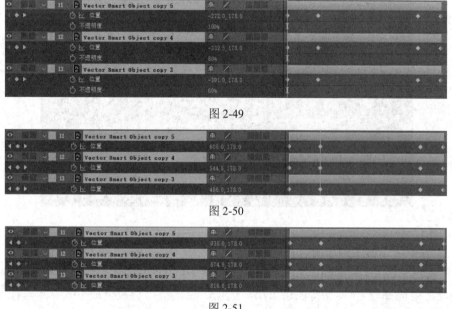

图 2-49

图 2-50

图 2-51

（3）选择 Layer 43 copy 图层，按 P 键展开该图层的"位置"属性，设置 0 秒的位置为（-36.5,434），1 秒 5 帧的位置为（440.5,434），制作橙色箭头从左向右运动的效果。

（4）选择"古典"图层，按 S 键展开"缩放"属性，同时按住 Shift+R 和 Shift+T 快捷键展开"旋转"和"不透明度"属性，设置 1 秒 5 帧处的属性值如图 2-52 所示，设置 1 秒 20 帧处的属性值如图 2-53 所示。

图 2-52

图 2-53

（5）选择 It is classica 图层，展开"不透明度"属性，制作 1 秒 5 帧至 1 秒 20 帧间透明度由 0 变为 100 时的渐显动画。

2.3.3 第 2 个画面

（1）画面转换。选择"图层 5"图层，按 T 键展开"不透明度"属性，设置"不透明度"属性在 4 秒至 4 秒 10 帧间值从 100 变化至 0，完成画面转换。

（2）Vector Smart Object copy 3～Vector Smart Object copy 5 这些图层的分裂的 4 秒后面的 3 个图层，它们的入点为 4 秒处。按 P 键展开 3 个图层的"位置"属性，按 Shift+T 快捷键展开"不透明度"属性，设置 3 个图层在 4 秒至 4 秒 10 帧间的从左至右动画效果，如图 2-54 和图 2-55 所示。

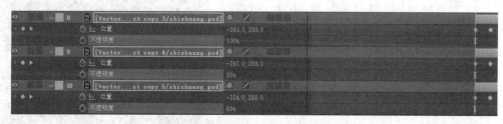

图 2-54

图 2-55

（3）选择 Layer 43 copy 图层，按 P 键展开该图层的"位置"属性，设置 4 秒的位置为（440.5,434），4 秒 10 帧的位置为（134.5,434），制作橙色箭头从右向左的运动效果。

（4）选择"古典"图层，制作文字消失效果。按 T 键显示"不透明度"属性，设置"不透明度"属性在 4 秒至 4 秒 10 帧间值由 100 变为 0。同理，制作 It is classica 图层的消失动画。

（5）显示"舒展"图层和 It is Extend 图层，按 T 键显示"不透明度"属性，设置该属性在 4 秒至 4 秒 10 帧间值由 0 至 100 的渐显动画。

（6）选择"图层 4"图层，展开"位置"和"缩放"属性，制作图片在 4 秒 10 帧至 4 秒 20 帧间由小变大的动画效果，如图 2-56 和图 2-57 所示。

图 2-56

图 2-57

（7）图片的变换。选择"图层 4"图层，移动时间线至 7 秒 9 帧处，单击"位置"属性关键帧记录器中间的小方框，建立关键帧，移动时间线至 8 秒处，设置该图层的"位置"属性值为（1263,436.5），制作该图层向右移动的消失动画；选择"图层 3"图层，设置 7 秒 9 帧处的"位置"属性值为（-359,288），设置 8 秒处的值为（361,288），制作该图层向右移动并显示出现的动画效果。

2.3.4 第 3 个画面

（1）选择 Vector Smart Object copy 3/shizhuang.psd～Vector Smart Object copy 5/shizhuang.psd 图层，展开"位置""旋转""不透明度"属性，制作关键帧动画，完成 3 个箭头的转换动画，具体参数参照源文件，效果如图 2-58 所示。

（2）图片转换。选择"图层 3"图层，展开"缩放"和"不透明度"属性，制作 10 秒 15 帧至 11 秒间"缩放"属性由（100%,100%）放大至（264%,264%），"不透明度"属性由 100 变化至 0，图片逐渐变大至透明消失的动画。选择"图层 2"图层，展开"位置"和"缩放"属性，设置 10 秒 15 帧处的"位置"属性值为（360,288），"缩放"属性值为 100%，11 秒处的"位置"和"缩放"属性值为（749,664）和 234%，完成两张图片的变换。

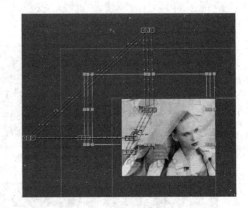

图 2-58

（3）选择"舒展"图层和 It is Extend 图层，展开"缩放"和"不透明度"属性，在 10 秒 15 帧处设置两属性值为（100%,100%）、100%，在 11 秒处设置两属性值为（534%,534%）、0%，制作文字图层的放大消失动画。

（4）显示 It is fanshion 图层和"时尚"图层，展开"位置"属性，在 10 秒 15 帧处设置其属性值分别为（-59,265.5）、（-76.5,239.5），在 11 秒处设置两图层的属性值分别为（197,265.5）、（179.5,239.5），完成该画面的文字图层的出现动画。

（5）选择 Layer 43 copy 图层，展开该图层的"位置"和"旋转"属性，设置 10 秒 15 帧至 11 秒间的属性值，如图 2-59 所示。

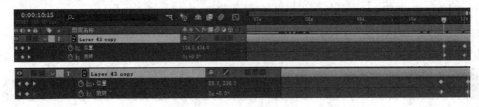

图 2-59

2.3.5 第4个画面

（1）选择 Vector Smart Object copy 3/shizhuang.psd～Vector Smart Object copy 5/shizhuang.psd 图层，展开"位置"和"旋转"属性，制作 14 秒至 14 秒 10 帧间的关键帧动画，参数值如图 2-60 和图 2-61 所示。

图 2-60

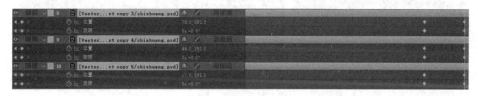

图 2-61

（2）图片转换。选择"图层 2"图层，展开"不透明度"属性，制作 14 秒至 14 秒 10 帧间"不透明度"属性从 100 变化至 0 逐渐消失的动画；选择"图层 1"图层，制作 14 秒至 14 秒 10 帧间"不透明度"属性从 0 变化至 100 逐渐显示的动画。

（3）选择 It is fanshion 图层、"时尚"图层和 Layer 43 copy 图层，展开"位置"属性，14 秒处设置 3 图层的"位置"属性值为（197,265.5）、（179.5,239.5）、（88.5,236），14 秒 10 帧处设置 3 图层的"位置"属性值分别为（241,405.5）、（223.5,379.5）、（150.5,376），制作文字和橙色箭头的位置动画效果。

（4）制作 It is fanshion 图层、"时尚"图层和 Layer 43 copy 图层的"不透明度"属性在 16 秒至 16 秒 10 帧间由 100 变为 0 逐渐消失的动画效果。

2.3.6 定版 Logo

打开 shizhuang 合成，选择 logo.psd 图层，展开"缩放"和"不透明度"属性，制作 16 秒至 16 秒 10 帧的缩放和透明度动画效果，参数设置如图 2-62 所示。

图 2-62

图 2-62（续）

2.4 项目小结

本项目主要通过对图层位置、旋转、缩放、不透明度等属性进行关键帧动画的制作，来实现各个画面的显示和转换，读者应仔细体会一般二维合成的操作流程。另外，熟练掌握常用图层属性的快捷键，可以加快操作速度。

2.5 扩展案例

1. 案例描述

该案例根据音乐的节奏对图层的属性进行控制（位置、旋转、透明度、锚点等），形成图层的快速切换效果，制作快闪风格的毕业宣传片。

2. 案例效果

本案例效果如图 2-63 所示。

图 2-63

3. 案例分析

我们着重分析第一个场景动画的制作，其他的场景动画大家可以举一反三，进行扩展，制作更为贴合音乐节奏的快闪效果。

（1）导入素材，从项目窗口中拖动"配乐 1.mp3"至时间线上，展开音频，可以根据音乐的节奏进行关键帧制作，如图 2-64 所示。

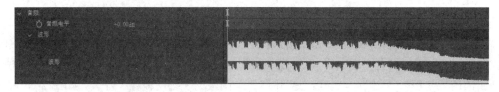

图 2-64

（2）从项目窗口中拖动 01.jpg 至时间线上，在该图层上新建白色纯色图层，展开该白色纯色图层的"旋转""缩放""不透明度"属性，设置"缩放"属性值为（192,192%），"旋转"属性值为 139，"不透明度"属性值为 50%。在 8 帧、22 帧、1 秒 10 帧之间制作"位置"关键帧动画，如图 2-65（a）所示，图层的位置如图 2-65（b）所示。

(a)

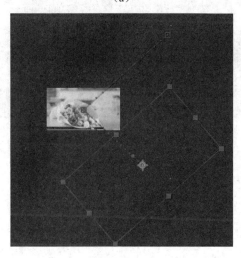

(b)

图 2-65

（3）输入文字"一季闻花"，文字设置：字体为"造字工房朗倩"，字号为 174，字体间距为 171，颜色为粉色（# FBB5BC），描边宽度为 4，描边颜色为黑色。设置该图层的入点为 12 帧。在 12 帧至 21 帧之间制作"缩放""旋转""不透明度"的关键帧动画，在12帧处"缩放""旋转""不透明度"的属性值分别为（349,349%）、2x+0.0、0%，在21帧处属性值分别为（100,100%）、0x+0.0、100%，如图2-66所示。

图2-66

（4）在1秒08帧至1秒11帧之间制作01.jpg图层的"缩放"和"旋转"的关键帧动画，在1秒08帧处设置"缩放"和"旋转"的属性值为（100,100%）、0x+0.0，在1秒11帧处属性值为（153,153%）、0x+19，打开这3个图层的"运动模糊"开关，如图2-67所示。

图2-67

（5）从项目窗口中拖动02.jpg至时间线上，入点在1秒11帧。输入文字"一季听雨"，文字设置同上，颜色为绿色（#7CAC75），该图层的入点在1秒11帧。设置"02.jpg"图层的"缩放"和"旋转"的关键帧动画，在1秒11帧处至1秒14帧"旋转"的属性值由35变化至0度，在1秒20帧处至1秒24帧"缩放"的属性值由100%变化至124%，如图2-68所示。同理制作文字图层的"缩放"和"旋转"的关键帧动画。

图2-68

4. 案例扩展

（1）其他的场景动画大家可以根据效果进行自主完成制作，大家也可以参考扩展案例的源文件。

（2）课外作业：制作快闪风格的毕业宣传片。

本项目素材与源文件请扫描下面二维码。

项目 3

《中国风》栏目片头制作

3.1 项目描述及效果

1. 项目描述

《中国风》栏目主要是介绍国画、书法等具有中国特色的古典艺术作品的栏目。本项目主要通过有代表性的水墨山水画效果作为贯穿整个项目的主线。为了突出文化类栏目的特点和古典艺术的新生活力,3 个分镜头中水墨画面动态展示,以达到静中有动,动中有静的效果。在色彩上,定版文字采用中国红和水墨的黑色,更能突出主题。

2. 项目效果

本项目效果如图 3-1 所示。

图 3-1

图 3-1（续）

3.2 项目知识基础

3.2.1 关键帧插值

1. 插值类型

（1）线性插值

这种插值类型是 After Effects 默认的时间插值设置。这种插值方法使关键帧产生相同的变化率，不存在加速和减速，其变化节奏比较强，相对比较机械，一般对匀速运动的物体使用这种插值类型。线性插值在时间线窗口的标志为 ■，如图 3-2 所示。

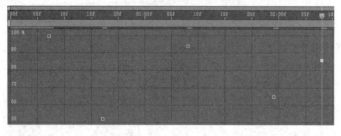

图 3-2

（2）贝塞尔曲线插值和连续贝塞尔曲线插值

这两种插值在时间线窗口的标志都为 ■。它们的区别在于贝塞尔曲线插值的手柄只能调节一侧的曲线，而连续贝塞尔曲线插值的手柄能调节两侧的曲线。

贝塞尔曲线插值方法可以通过调节手柄，使关键帧间产生一个平稳的过渡。通过调节手柄可以改变物体运动速度，如图 3-3 所示。

连续贝塞尔曲线插值在穿过一个关键帧时，产生一个平稳的变化率，如图 3-4 所示。

（3）自动贝塞尔曲线插值

自动贝塞尔曲线插值在时间线窗口的标志为 ■。它可以在不同的关键帧插值之间保持平滑的过渡。当改变自动贝塞尔曲线插值关键帧的参数值时，After Effects 会自动调节曲线手柄位置，来保证关键帧之间的平滑过渡。如果以手动方法调节自动贝塞尔曲线插值，则关键帧插值变为连续贝塞尔曲线插值，如图 3-5 所示。

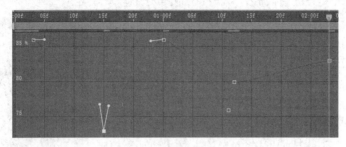

图 3-3

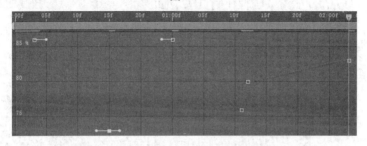

图 3-4

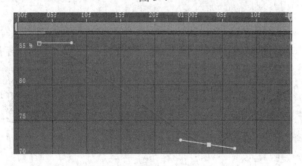

图 3-5

（4）定格插值

这种插值在时间线窗口的标准为 ■。定格插值依时间改变关键帧的值，关键帧之间没有任何过渡。使用定格插值，第一个关键帧保持其值不变，直至下一个关键帧，突然进行改变，如图 3-6 所示。

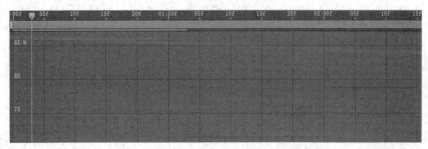

图 3-6

2. 编辑插值

使用对话框改变关键帧插值的方法：在时间线窗口中的关键帧上右键单击，在弹出的快捷菜单中选择"关键帧插值"命令，在弹出的"关键帧插值"对话框中改变关键帧插值类型，如图 3-7 所示。

利用热键改变关键帧插值的方法：在时间线窗口中显示关键帧，使用选择工具，按住 Ctrl 键单击要改变的关键帧标记，插值变化取决于关键帧上当前的插值方法。如果关键帧使用线性插值，按住 Ctrl 键单击后变为自动贝塞尔曲线插值；如果关键帧使用贝塞尔曲线插值、连续贝塞尔曲线插值或自动贝塞尔曲线插值，按住 Ctrl 键单击后变为线性插值。

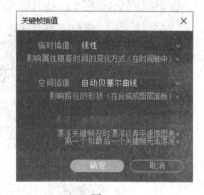

图 3-7

3.2.2 动态草图

可以利用 After Effects 提供的动态草图功能在指定的时间区域内绘制运动路径。系统在绘制同时记录图层的位置和绘制路径的速度。当运动路径建立以后，After Effects 使用合成图像指定的帧速率，为每一帧产生一个关键帧。

绘制运动路径的方法如下。

（1）在时间线窗口或合成窗口中选择要绘制路径的图层。

（2）选择"窗口"|"动态草图"命令，打开"动态草图"选项卡，如图 3-8 所示。

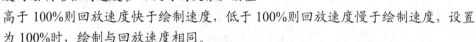

图 3-8

- 捕捉速度为：指定一个百分比确定记录的速度与绘制路径的速度在回放时的关系。该值高于 100%则回放速度快于绘制速度，低于 100%则回放速度慢于绘制速度，设置为 100%时，绘制与回放速度相同。
- 平滑：对复杂的关键帧进行平滑，消除多余的关键帧。
- 显示：选中"线框图"复选框，则在绘制运动路径时，显示图层的边框；选中"背景"复选框，则在绘制路径时显示合成图像窗口内容。
- 开始：绘制运动路径的开始时间，即时间线窗口中时间线的开始时间。
- 持续时间：绘制运动路径的持续时间。

（3）单击"开始捕捉"按钮，在合成窗口中按住鼠标左键拖动图层产生运动路径，释放鼠标左键结束路径绘制。

3.2.3 平滑运动和速度

对于关键帧的运动和速度平滑可以使用平滑器工具进行控制。平滑器对图层的空间和时间曲线进行平滑。为图层的空间属性（如位置）应用平滑器，则平滑图层的空间曲线；为图层的时间属性（如不透明度）应用平滑器，则平滑图层的时间曲线。

平滑器常常用于对复杂的关键帧进行平滑，如使用"动态草图"工具自动生成的曲线，会产生复杂的关键帧。使用平滑器可以消除多余的关键帧，对曲线进行平滑。

（1）在时间线窗口中选择要平滑曲线的关键帧。

（2）选择"窗口"|"平滑器"命令，打开"平滑器"选项卡，如图3-9所示。

- 应用到：控制平滑器应用到何种曲线。系统根据选择的关键帧属性自动选择曲线类型。
- 容差：容差越高，产生的曲线越平滑，但过高的值会导致曲线变形。

图 3-9

（3）单击"应用"按钮，进行平滑曲线。可以对平滑结果反复进行平滑，使关键帧曲线至最平滑，如图3-10（a）所示为使用动态草图自动产生的曲线，图3-10（b）为使用平滑器后的曲线。

（a）　　　　　　　　　　　（b）

图 3-10

3.2.4 为动画增加随机性

通过摇摆器工具可以对依时间变化的属性增加随机性。摇摆器根据关键帧属性及指定的选项，通过对属性增加关键帧或在已有的关键帧中进行随机插值，对原来的属性值产生一定的偏差，使图层产生更为自然的运动。

（1）选择要增加随机性的关键帧，至少要选择两个关键帧。

（2）选择"窗口"|"摇摆器"命令，打开"摇摆器"选项卡，如图3-11所示。

- 应用到：控制摇摆器变化的曲线类型。
- 杂色类型：也就是变化类型。可以选择"平滑"产生平缓的变化或选择"锯齿"产生强烈的变化。
- 维数：控制要影响的属性单元。选择X则在X轴对选择属性随机化，选择Y则在Y轴对选择属性随机

图 3-11

化，选择"所有相同"则对 X、Y 轴进行相同的变化，选择"全部独立"则对 X、Y 轴独立进行变化。
- 频率：控制目标关键帧的频率，即每秒增加多少关键帧。
- 数量级：设置变化的最大尺寸，低值产生较小的变化，高值产生较大的变化。

（3）单击"应用"按钮应用随机动画。

3.2.5 父子链接

可以为当前图层指定一个父图层。当一个图层与另一个图层发生父子链接关系后，两个图层之间就会联动。父图层的运动会带动子图层的运动，而子图层的运动则与父图层无关。图层的父子链接关系遵循的原则是：一个父图层可以有多个子图层，而一个子图层则只能有一个父图层。同时，一个图层既可以是其他子图层的父图层，又可以同时是一个父图层的子图层。

设置图层的父子关系，必须保证合成图像中至少有两个图层，在时间线窗口的"父级和链接"面板下拉列表中选择要作为当前图层父图层的目标图层即可。如果要取消父子关系，可以在"父级和链接"下拉列表框中选择"无"。

3.3 项目实施

3.3.1 导入素材、创建合成

（1）首先启动 After Effects CC 2019，选择"编辑"|"首选项"|"导入"命令，打开"首选项"对话框，在"导入"选项卡中设置"静止素材"的导入长度为 13 秒。

（2）在项目窗口的空白处中双击，打开"导入文件"对话框，选择"素材与源文件\Chapter 3\Footage"文件夹中的 bg2.psd 文件，在"导入种类"下拉列表框中选择"合成-保持图层大小"选项，将该素材以合成方式导入，如图 3-12 所示。同样的方法将 bg.psd 和 bg3.psd 以剪裁合成方式导入，将 hehua.psd、诗句.psd、诗句 2.psd 和 paper.jpg 以"素材"方式导入。

图 3-12

3.3.2 第1组分镜头

（1）双击 bg 合成，在时间线窗口打开 bg 合成。在时间线窗口空白处右键单击，在弹出的快捷菜单中选择"新建"|"纯色"命令，新建白色纯色图层，把白色纯色图层拖入时间线的最底层，并设置该图层的混合模式为"叠加"。把项目窗口的 paper.jpg 拖入白色纯色图层的下方，把项目窗口的"诗句.psd"拖入时间线的最上层，如图 3-13 所示。

图 3-13

（2）将时间调整到 00:00:00:00 位置，选择"诗句.psd"图层，设置"缩放"属性值为 25%，按 T 键打开该图层的"不透明度"属性选项，单击"不透明度"属性左侧的关键帧开关按钮，在当前位置设置关键帧，并设置不透明度的值为 0%。将时间调整到 00:00:01:00 的位置，修改不透明度的值为 100%，系统将在当前位置自动设置关键帧。按 Shift+P 快捷键继续显示"位置"属性选项，设置位置值为（583,163），如图 3-14 所示。

图 3-14

（3）在时间线窗口选择 tadpole.psd 图层，按 S 键打开该图层的"缩放"属性选项，设置该图层的缩放比例为 28%。选择"窗口"|"动态草图"命令，打开"动态草图"选项卡，设置"光滑"为 15，然后单击"开始捕捉"按钮，当合成窗口中的鼠标指针变成十字形状时，即可在窗口中随意绘制运动路径，如图 3-15 所示。

图 3-15

（4）在时间线窗口中选择 tadpole.psd 图层，单击"位置"属性的名称，选中其所有的"位置"关键帧。选择"图层"|"变换"|"自动方向"命令，在打开的"自动方向"对话框中选中"沿路径定向"单选按钮，然后单击"确定"按钮。按 R 键打开该图层的"旋转"属性选项，调整该属性值使小蝌蚪的头部朝向路径，预览可以看到小蝌蚪在运动中依照路径的变化顺利地改变方向，如图 3-16 所示。同理再制作两个小蝌蚪运动。

（5）在时间线窗口中选择 tadpole.psd 图层，按 T 键打开该图层的"不透明度"属性选项，设置该图层的"不透明度"属性值为 62%，右键单击该图层，在弹出的快捷菜单中选择"图层样式"|"投影"命令，为图层添加"投影"效果，如图 3-17 所示。

图 3-16

图 3-17

（6）打开 tadpole.psd 图层的"运动模糊"开关和时间线的"运动模糊"总开关按钮，如图 3-18 所示。

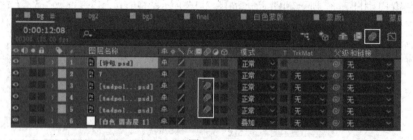

图 3-18

3.3.3 第 2 组分镜头

（1）双击 bg2 合成，在时间线窗口打开该合成。选择"图层 1"图层，按 T 键打开该图层的"不透明度"属性选项,将时间线调整到 00:00:00:10 位置,单击"不透明度"左侧的关键帧开关按钮⊘,在当前位置设置关键帧,并设置"不透明度"的属性值为 0%。将时间线调整到 00:00:00:20 的位置,修改"不透明度"的属性值为 100%,系统将在当前位置自动设置关键帧。

（2）选择"图层 3"图层,按 P 键打开该图层的"位置"属性选项,将时间线调整到 00:00:00:20 位置,单击透明度左侧的关键帧开关按钮⊘,并设置"位置"的属性值为（-75,287）。将时间线调整到 00:00:01:05 的位置,修改"位置"的属性值为（117,287）,使该图层从左向右运动到画面中来。

（3）选择"图层 4"图层,按 S 键打开该图层的"缩放"属性选项,将时间线调整到 00:00:01:00 位置,单击比例左侧的关键帧开关按钮⊘,在当前位置设置关键帧,并设置"缩放"的属性值为（400%,400%）,将时间线调整到 00:00:01:10 的位置,修改"缩放"的属性值为（100%,100%）,制作该图层的缩放动画效果。同理制作该图层逐渐显示动画,从 00:00:01:00 至 00:00:01:10 的时间内,透明度从 0 变化到 100,如图 3-19 所示。

图 3-19

3.3.4　第 3 组分镜头

（1）双击 bg3 合成在时间线窗口打开该合成,选择"图层 2"图层,按 P 键打开该图层的"位置"属性选项,将时间线调整到 00:00:00:00 位置,单击"位置"左侧的关键帧开关按钮⊘,在当前位置设置关键帧,并设置"位置"的属性值为（48,338）,将时间线调整到 00:00:06:00 的位置,修改"位置"的属性值为（311,446）,将时间线调整到结束位置,修改"位置"的属性值为（540,348）。

（2）选择"图层 2"图层的"位置"属性的 3 个关键帧并右键单击关键帧,在弹出的快捷菜单中选择"关键帧插值"命令,在弹出的"关键帧插值"对话框中设置"空间插值"为"自动贝塞尔曲线",如图 3-20 所示。

图 3-20

3.3.5 合成影片

（1）新建合成"白色蒙版"，设置"宽度"为720px，"高度"为576px，"像素长宽比"为"方形像素"，"帧速率"为25，"持续时间"为00:00:01:00，如图3-21所示。

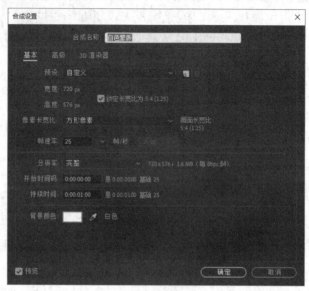

图3-21

（2）新建白色纯色图层，按S键打开该图层的"缩放"属性，单击"缩放"属性左侧的链接标志 ，取消长宽比例链接。设置X轴"缩放"属性值为17%，如图3-22所示。

（3）选择白色纯色图层，按P键打开该图层的"位置"属性，将时间线调整到00:00:00:00位置，单击"位置"属性左侧的关键帧开关按钮 ，在当前位置设置关键帧，并设置"位置"是属性值为(100,288)，将时间线调整到结束的位置，修改"位置"的属性值为(660,288)。选择"窗口"|"摇摆器"命令，打开"摇摆器"选项卡，并进行相应的设置，如图3-23所示。选择白色纯色图层的两个关键帧，单击"应用"按钮。同理再新建两个纯色图层，分别缩小为（4%,100%）和（2%,100%），使用"摇摆器"设置其水平随机运动效果。

图3-22　　　　　　　　　　　　　　图3-23

（4）新建合成"蒙版1"，设置参数如图3-21所示。从项目窗口中拖动"白色蒙版"合成和bg2合成到"蒙版1"合成中，设置bg2图层以"白色蒙版"图层为"亮度遮罩"，如图 3-24 所示。

图 3-24

（5）设置"白色蒙版"图层的"不透明度"属性在时间 00:00:00:00 至 00:00:00:05 内其值由 0 变化到 100，在时间 00:00:00:20 至 00:00:01:00 内其值由 1000 变化到 0。

（6）新建合成"蒙版 2"，设置参数如图 3-21 所示。从项目窗口中拖动"白色蒙版"合成和 bg3 合成到"蒙版 2"合成中，同上设置轨道蒙版和"白色蒙版"图层的"不透明度"关键帧。

（7）新建 final 合成，设置"宽度"为 720px，"高度"为 576px，"像素长宽比"为"方形像素"，"帧速率"为 25，"持续时间"为 00:00:13:00。

（8）从项目窗口中拖动 bg、bg2 和 bg3 合成到 final 合成中，将时间线移至 00:00:04:00 处，选择 bg2 图层并按"["键将该图层的入点移至 4 秒处。同理将 bg3 图层的入点移至 00:00:07:00 处。从项目窗口中拖动素材 paper.jpg 至 final 合成的最底层。新建 3 个黑色纯色图层，分别改名为"bg-底""bg2-底""bg3-底"，设置 3 个纯色图层的缩放比例为 110%，如图 3-25 所示。

图 3-25

（9）设置"bg-底"图层的父图层为 bg 图层，"bg2-底"图层的父图层为 bg2 图层，"bg3-底"图层的父图层为 bg3 图层。从项目窗口中拖动"蒙版 1"至时间线窗口的 bg2 图层的上方，入点为 4 秒处，拖动"蒙版 2"至时间线窗口的 bg3 图层的上方，入点为 7 秒处。设置 bg2 图层在 00:00:04:20 至 00:00:05:00 的时间内"不透明度"属性的值由 0%变化到 100%。同理对 bg3 图层设置 00:00:07:20 至 00:00:08:00 的时间内的"不透明度"属性关键帧动画。

（10）选择 bg 图层，将时间线移动到 00:00:10:00 处，按 P 键打开"位置"属性，然后按 Shift+S 快捷键打开"缩放"属性，单击"位置""缩放"属性的关键帧开关，移动时间线到 00:00:11:00 处，设置该图层的"位置""缩放"的属性值分别为（141,433）、20%。同理设置 bg2 图层和 bg3 图层，如图 3-26（a）所示，效果如图 3-26（b）所示。

（11）输入文字"中国风"，字体为"经典繁方篆"，字号为 84，颜色为红色。新建黑色纯色图层，该图层的"缩放"属性值为（1%,80%），继续输入"中国传统文化精髓"，

字体为"经典繁园艺",字号为35,颜色为黑色。在时间线窗口空白处右键单击,在弹出的快捷菜单中选择"新建"|"空对象"命令,新建"空 1"图层,设置黑色纯色图层和两个文字图层的父图层为"空 1"图层,如图3-27所示。

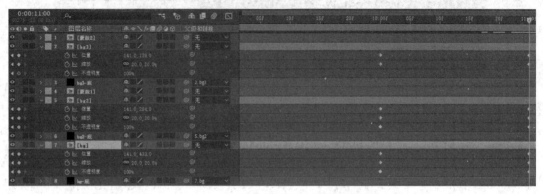

(a)

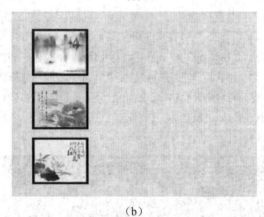

(b)

图 3-26

图 3-27

（12）设置"空 1"图层从 10 秒至 11 秒的"缩放"属性关键帧的值由 300%变化为 100%。在 10 秒至 11 秒内分别制作黑色纯色图层和两个文字图层的"不透明度"属性关键帧动画，由 0%变化为 100%。从项目窗口中拖动 hehua.psd 至 final 合成中的 paper.jpg 图层的上方，设置该图层的"不透明度"属性值在 00:00:10:00 至 00:00:11:10 内由 0%变化为 100%，制作该图层的渐显动画效果。

3.4 项目小结

本项目在展现 3 幅水墨画的同时运用动态草图描绘蝌蚪的随机运动效果，运用摇摆器制作随机运动条完成画面的转场效果，运用父子链接完成 3 幅水墨画的同步缩放运动效果。本项目中的关键帧插值、动态草图、平滑器、摇摆器等高级运动控制对于后期合成中提高工作效率非常重要。

3.5 扩展案例

1. 案例描述

该案例是庆祝祖国 70 华诞的宣传片制作，我们使用父子链接带动该场景所有元素一起运动完成场景转换，整个场景都是以红色为主色调，展示喜庆、快乐、振奋人心的主旋律。

2. 案例效果

本案例效果如图 3-28 所示。

图 3-28

3. 案例分析

我们着重分析第一个场景动画的制作，其他的场景动画大家可以举一反三，进行扩展，制作更为震撼、更为吸人眼球的庆祝画面效果。

（1）新建 con 合成，合成设置：预设 HDTV 1080 25，持续时间为 30 秒。从项目窗口中拖动 bg.png 至时间线上，使用钢笔工具在该图层上绘制蒙版，按 M 键展开蒙版属性，选择"反转"，如图 3-29（a）所示，使用蒙版遮住上侧区域，如图 3-29（b）所示。

图 3-29

（2）从项目窗口中拖动"背景 01.psd""01.jpg""14_h.264.mov"至时间线上，放置于 bg.png 图层的下方。设置 01.jpg 图层以该图层上面的 14_h.264.mov 图层为"亮度反转遮罩"，如图 3-30 所示。

图 3-30

（3）输入文字"70 年风雨兼程"，该图层命名为 text1 图层，文字设置：字体为"华康海报体"，字号为 126，颜色为#951D22，如图 3-31（a）所示。在该文字图层的下方输入文字"弘扬爱国主义精神，献礼祖国七十华诞"，该图层命名为 text2 图层，文字设置：字体为"方正稚艺_GBK"，字号为 57，颜色为#FF7427，如图 3-31（b）所示。

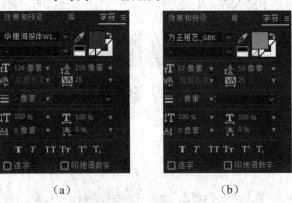

图 3-31

（4）设置 text2 图层的父级为 text1 图层，在 0 秒至 1 秒 02 帧制作 text1 图层的"缩放"和"不透明度"关键帧动画以及 text2 图层的"不透明度"动画，如图 3-32 所示。

图 3-32

（5）设置 text1 图层和 01.jpg 图层的父级为 14_h.264.mov 图层，在 7 秒至 8 秒制作 14_h.264.mov 图层的位置关键帧动画，使该图层带动其他图层一起从画面窗口中左移至画面窗口外侧，如图 3-33 所示。相应的另外一个画面的制作方式相同，也使用父子链接，同时完成从窗口右侧移至窗口中动画，完成两个画面的转换。

图 3-33

4. 案例扩展

（1）其他的场景动画大家可以参考案例讲解中的步骤进行自主完成制作，大家也可以参考扩展案例的源文件。

（2）课外作业：从自己的视角出发，自主完成有个人特色的庆祝祖国 70 华诞的宣传片。

本项目素材与源文件请扫描下面二维码。

项目 4

《卡通天地》栏目片头制作

4.1 项目描述及效果

1. 项目描述

《卡通天地》栏目片头主要是通过预告近期要播出的动画和相应的卡通形象来展示本栏目的主题。本项目主要通过橙色和灰色的变换色板和动态文字介绍近期播出的动画片的时间和动画片名称,用渐显的卡通形象吸引观众的注意力。整个片头风格统一,统一中又存在变化,色块条的粗细、角度、大小的不断变化体现该栏目的趣味性。

2. 项目效果

本项目效果如图 4-1 所示。

图 4-1

图 4-1（续）

4.2 项目知识基础

4.2.1 创建蒙版

1. 了解蒙版

蒙版是一个路径或轮廓图，在为对象定义蒙版后将建立一个透明区域，该区域将显示其下层图像。图 4-2（a）所示为未建立蒙版的原图，图 4-2（b）为建立蒙版后透出下面的背景图层。

（a） （b）

图 4-2

After Effects CC 2019 中的蒙版是用线段和控制点构成的路径，路径可以是开放的，也可以是封闭的。开放路径是无法建立透明区域的，主要用来应用特效，例如对开放路径进行描边；对于建立透明区域的蒙版，路径只能是封闭的。图 4-3（a）所示是开放路径，只起到路径的功能；图 4-3（b）是封闭路径，起到建立透明区域的功能。

（a） （b）

图 4-3

2. 蒙版工具简介

（1）创建工具

➡ 矩形工具■：矩形工具可以在图层上创建矩形蒙版。

➡ 圆角矩形工具■：圆角矩形工具可以在图层上创建圆角矩形蒙版。

➡ 椭圆工具●：椭圆工具可以在图层上创建椭圆蒙版。

➡ 多边形工具●：多边形工具可以在图层上创建多边形蒙版。

➡ 星形工具★：星形工具可以在图层上创建星形蒙版。

（2）编辑工具

➡ 选择工具▶：作用是选择和移动构成蒙版的顶点或路径。

➡ 增加节点工具✎：作用是在路径上增加节点。

➡ 减少节点工具✎：作用是删除路径上多余的节点。

➡ 路径曲率工具▶：作用是改变路径的曲率。

➡ 蒙版羽化工具✎：作用是任意添加羽化边缘的蒙版虚线。

3. 建立蒙版

（1）建立规则蒙版

在工具面板中选择矩形工具、椭圆工具、多边形工具或星形工具，在合成窗口中找到目标图层，在建立蒙版的起始位置按住鼠标左键，拖动句柄至结束位置产生蒙版。

➡ 矩形工具■：在工具面板中选中此工具后，到合成窗口或图层预览窗口中，按住鼠标左键并拖曳鼠标即可，如图 4-4（a）所示。

  ◇ 拖曳的同时按住 Shift 键可以产生正方形蒙版。
  ◇ 拖曳的同时按住 Ctrl 键可以绘制以鼠标单击处为中心的矩形蒙版。
  ◇ 拖曳的同时按住 Shift+Ctrl 快捷键可以产生以鼠标单击处为中心的正方形蒙版。
  ◇ 在工具面板双击此工具，可以依据图层的大小产生一个矩形蒙版。

➡ 圆角矩形工具■：功能与矩形蒙版工具非常接近，只是多了圆角大小的设置。在创建过程中，也就是按住鼠标左键并拖曳鼠标时，通过键盘的"↑""↓"键或者滑动鼠标滑轮来调整圆角的大小，调整合适后再松开鼠标，完成圆角矩形的创建，如图 4-4（b）所示。

（a） （b）

图 4-4

➣ 椭圆工具■：在工具面板的■上按住鼠标左键一会儿，在右边弹出的工具栏中选择此工具后，到合成窗口或图层预览窗口中，按住鼠标左键并拖曳鼠标即可。
  ↳ 拖曳的同时按住 Shift 键可以产生正圆形蒙版。
  ↳ 拖曳的同时按住 Ctrl 键可以以鼠标单击处为中心，创建椭圆蒙版。
  ↳ 拖曳的同时按住 Shift+Ctrl 快捷键可以产生以鼠标单击处为中心的正圆形蒙版。
  ↳ 在工具面板双击此工具，可以依据图层的大小产生一个椭圆蒙版。

➣ 多边形工具■：同圆角矩形工具一样，在创建过程中，通过键盘的"↑""↓"键或者滑动鼠标滑轮来调整多边形的边数，通过键盘的"←""→"键可以调整多边形尖角的圆滑度，调整合适后再松开鼠标，完成多边形的创建，如图 4-5 所示。

图 4-5

➣ 星形工具■：在创建过程中，通过键盘的"↑""↓"键或者滑动鼠标滑轮来调整星形的角数，通过键盘的"←""→"键可以调整星形尖角的圆滑度，调整合适后再松开鼠标，完成星形的创建，如图4-6所示。

图4-6

（2）利用路径工具创建蒙版

钢笔工具：可以创建各种异形蒙版或者各种路径，自由度比较大，使用率也是最高的。在工具面板中选中此工具后，到合成窗口或图层预览窗口中，依次在画面各个位置单击形成路径，最后再次单击起点，或者双击形成封闭的异形蒙版。如果在某个位置点按住鼠标左键并拖曳鼠标，就可以直接绘制贝塞尔曲线。

通过路径创建蒙版时，路径上的控制点越多，蒙版形状越精细，但过多的控制点不利于修改。建议路径上的控制点在不影响效果的情况下，尽量减少，以达到制作高效路径的目的。

（3）通过菜单"新建蒙版"命令创建蒙版

在准备建立蒙版的图层上右键单击，在弹出的快捷菜单中选择"蒙版"|"新建蒙版"命令，系统会自动沿图层的边缘建立一个矩形蒙版。

选择建立蒙版的图层，按M键展开蒙版的蒙版路径属性，如图4-7（a）所示，单击该属性右侧的"形状..."按钮，弹出"蒙版形状"对话框；或在蒙版上右键单击，在弹出的快捷菜单中选择"蒙版"|"蒙版形状"命令，弹出"蒙版形状"对话框，如图4-7（b）所示。

（a）　　　　　　　　　　（b）

图4-7

- 定界框：对蒙版进行定位，距离顶部、左侧、右侧、底部的距离。
- 单位：可以设置为像素、英寸、毫米和源的百分比。
- 形状：重置为，即可以恢复矩形或椭圆形蒙版。

（4）通过菜单"自动追踪"命令创建蒙版

通过选择"图层"|"自动追踪..."命令，可以依据图层的 Alpha 通道、红、绿、蓝三色通道或者明亮度信息自动生成路径蒙版，因此产生的蒙版的复杂程度依据源素材质量和自动追踪对话框参数具体设置而定，如图 4-8 所示。

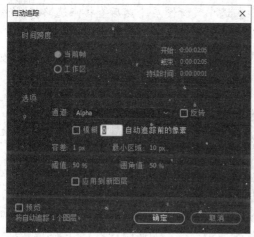

图 4-8

- 时间跨度：当前帧选项仅对当前帧进行操作。工作区选项对整个工作区间进行操作。
- 选项：自动生成蒙版的相关设置区。"通道"选项可以选择作为自动勾画依据通道；"反转"选项可以取前面选择的通道的反值；"模糊"选项是在自动勾画侦测前，对源画面进行虚化处理，使勾画结果变得平滑一些；"容差"选项允许值设置，是决定分析时，判断的误差与界限范围；"最小区域"为最小区域设置，例如，设置为 10px，所形成的蒙版都将大于 10 个像素；"阈值"为阈值设置，单位为百分比，高于此阈值的为不透明区域，低于此阈值的为透明区域；"圆角值"选项为自动勾画时对锐角进行什么程度的圆滑处理；"应用到新图层"选项为将自动勾画结果作用到新建的纯色图层中。
- 预览：指定是否预览设置结果。

（5）使用第三方软件创建蒙版

After Effects 允许用户从其他软件中引入路径供自己使用。用户可以利用这些应用软件中特殊的路径编辑工具为 After Effects 制作多种路径。

从 Photoshop 或 Illustrator 中引用蒙版的方法：运行 Photoshop 或 Illustrator，并创建路径。选中要复制到 After Effects 中的所有节点，选择"编辑"|"复制"命令，切换到 After Effects CC 2019 的工作界面中，选中要建立蒙版的图层，选择"编辑"|"粘贴"命令。

4.2.2 编辑蒙版

1. 编辑蒙版形状

（1）点的选择和移动

由于合成窗口中可以看到很多图层，所以如果在其中调整蒙版很可能会遇到干扰。建议双击目标图层，在其图层预览窗口中对蒙版进行各种操作。

- 选择单个点：使用工具栏中的选择工具▶选中目标图层，然后直接点选路径上的控制点。
- 选择多个控制点：使用工具栏中的选择工具▶选中目标图层，按住 Shift 键在蒙版上依次单击所要选择的控制点。
- 选择全部控制点：使用工具栏中的选择工具▶选中目标图层，按住 Alt 键单击蒙版可全选蒙版；或者双击蒙版也可全选蒙版；或者在时间线窗口中选择目标图层，按下 M 键，展开蒙版形状属性，单击属性名称即可全选路径（此方法不会出现调整边框）。

（2）缩放和选择蒙版或控制点

同时选中一些点之后，在被选择对象上双击就可以形成一个调整边框。在这个边框中，可以非常方便地进行位置移动、旋转或者缩放操作等，如图 4-9 所示。如果要取消这个调整边框，只需要在画面中双击即可，如果需要继续取消这些点的选中状态，只需要在空白处再次单击即可。

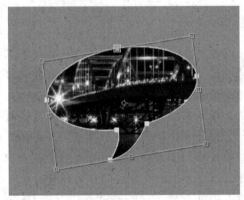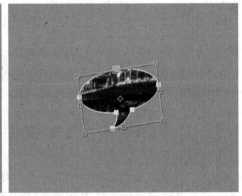

图 4-9

在调整框里面拖曳鼠标，即可完成移动操作，在按住 Shift 键的同时可以锁定移动轴向。在调整框的外面按住鼠标左键并拖曳鼠标，即可完成旋转操作，按下 Shift 键可以锁定以 45°的角度进行旋转。在调整框的 8 个控制点上按住鼠标左键并拖曳鼠标，即可完成缩放操作，同时按下 Shift 键，可以实现等比例缩放，如果按 Ctrl 键，可以实现以轴心点为中心进行缩放。

（3）蒙版外形的调整

通过对路径节点的修改，可以实现对蒙版外形的调整。

在工具栏中的 (钢笔工具)上按下鼠标左键时间稍微长一点,在弹出的工具选项中选择 (增加节点工具)或 (减少节点工具),然后在路径上或路径点上单击即可对节点进行增加或减少的操作。

选择 (路径曲率工具),然后在节点上按住鼠标左键并拖曳贝塞尔曲线控制柄,可以修改路径曲率,改变蒙版外形。

2. 修改蒙版其他属性

(1)羽化蒙版边缘

用户可以通过对蒙版边缘进行羽化设置来改变蒙版边缘的软硬度。

➭ 通过输入数字方式调整蒙版羽化

在时间线窗口中选择要调整蒙版所在的图层,按两次 M 键展开如图 4-10(a)所示的蒙版所有属性。修改蒙版羽化右侧的数值,如取消其链接标识,可单独设置水平和垂直方向上的羽化数值。

第二种方法是在合成窗口中选中要进行边缘羽化的蒙版,右键单击,在弹出的快捷菜单中选择"蒙版"|"蒙版羽化"命令,弹出如图 4-10(b)所示的"蒙版羽化"对话框。在对话框中输入水平羽化值和垂直羽化值。选中"锁定"复选框,水平、垂直羽化值相同;取消选中"锁定"复选框,则可以在水平和垂直方向输入不同的值。

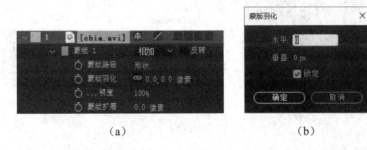

图 4-10

➭ 通过蒙版羽化工具调整蒙版羽化

蒙版羽化工具 是一个新增的工具,用来控制沿蒙版控制点的羽化。以前,羽化的宽度是围绕全封闭蒙版应用相同的值,而蒙版羽化工具可以像使用钢笔工具一样,实现沿蒙版边缘应用不同的羽化宽度。

在合成窗口中选择要进行边缘羽化的蒙版,选择蒙版羽化工具 ,如图 4-11(a)所示。在蒙版上单击创建羽化点,羽化点既定义外部羽化边界,又定义内部羽化边界。如果蒙版内没有羽化范围手柄,则内部羽化边界是蒙版路径。蒙版羽化从内部扩展到外部羽化边界,如图 4-11(b)所示。

可以使用选择工具或蒙版羽化工具,拖动羽化范围手柄来移动羽化点。按住 Alt 键通过羽化范围手柄拖动羽化点调整羽化边界的张力。

(2)设置蒙版的不透明度

通过设置蒙版的不透明度,可以控制蒙版内图像的不透明程度。蒙版不透明度只影响图层上蒙版内区域图像，不影响蒙版外图像。如图4-12（a）所示，左边蒙版和右边蒙版不透明度不同，产生的遮蔽效果也有所不同。

（a） （b）

图4-11

设置蒙版不透明度的方法与设置蒙版羽化方法相似，右键单击蒙版，在弹出的快捷菜单中选择"蒙版"|"蒙版不透明度"命令，在弹出的"蒙版不透明度"对话框中设置不透明度的数值即可，如图4-12（b）所示；或者在图4-10（a）中设置蒙版不透明度值。

（a） （b）

图4-12

（3）扩展和收缩蒙版

通过调整"蒙版扩展"参数，可以对当前蒙版进行扩展或者收缩。当数值为正值时，蒙版范围在原始基础上扩展，效果如图4-13（a）所示；当数值为负值时，蒙版范围在原始基础上收缩，效果如图4-13（b）所示。

（a） （b）

图4-13

设置蒙版扩展和收缩的方法与设置蒙版羽化方法相似，右键单击蒙版，在弹出的快捷菜单中选择"蒙版"|"蒙版扩展"命令，在弹出的"蒙版扩展"对话框中设置不透明度的数值即可，如图4-14所示。或者在图4-10（a）中设置蒙版扩展值。

图 4-14

（4）反转蒙版

默认情况下，蒙版范围内显示当前图层的图像，范围外透明。可以通过"反转"蒙版来改变蒙版的显示区域，效果如图4-15所示。只需选中要进行反转的蒙版，右键单击，在弹出的快捷菜单中选择"蒙版"|"反转"命令即可；或者在时间线窗口中选中要进行反转的蒙版，在图4-10（a）中选择蒙版旁的"反转"选项。

图 4-15

3. 操作多个蒙版

After Effects 支持在同一个图层中应用多个蒙版，在各蒙版之间可以进行多重叠加。图层上的蒙版以建立的先后顺序命名、排序，可以改变蒙版名称和排列顺序。

（1）为蒙版排序

默认状态下，系统以图层上建立蒙版的顺序为蒙版命名，如蒙版1、蒙版2、蒙版3等。

在时间线窗口中选中要改变顺序的蒙版，按住鼠标左键，拖动蒙版至目标位置，即可以手动方式改变蒙版排列顺序。

改变蒙版排列顺序的命令如下。

- 选择"图层"|"排列"|"使蒙版前移一层"命令或按 Ctrl+]快捷键，表示向上移动一层。
- 选择"图层"|"排列"|"使蒙版后移一层"命令或按 Ctrl+[快捷键，表示向下移动一级。
- 选择"图层"|"排列"|"使蒙版置于顶层"命令或按 Shift+Ctrl+]组合键，表示移

动蒙版至顶部。
- 选择"图层"|"排列"|"使蒙版置于底层"命令或按 Shift+Ctrl+[组合键，表示移动蒙版至底部。

（2）蒙版的混合模式

蒙版的混合模式决定了蒙版如何在图层上起作用。默认情况下，蒙版的混合模式都为相加。当一个图层上有多个蒙版时，可以使用蒙版模式来产生各种复杂几何形状。用户可以在蒙版旁边的模式面板中选择蒙版的状态，如图 4-16 所示。而蒙版模式的作用结果则取决于居于上方的蒙版所用模式。

图 4-16

- 无：蒙版采取无效方式，不在图层上产生透明区域。选择此模式的路径将起不到蒙版作用，仅仅作为路径存在。如果建立蒙版不是为了进行图层与图层之间的遮蔽透明，可以使该蒙版处于该种模式，系统会忽略蒙版效果。在使用特效时，经常需要为某种特效指定一个蒙版路径，此时，可将蒙版处于无状态。
- 相加：蒙版采取相加方式，将当前蒙版区域与之上的蒙版区域进行相加，对于蒙版重叠处的不透明度采取在处理前不透明度值的基础上再进行一个百分比相加的方式处理。如图 4-17（a）所示，圆形蒙版的不透明度为 60%，矩形蒙版的不透明度为 30%，运算后最终得出的蒙版重叠区域画面的不透明度为 90%。
- 相减：蒙版采取相减方式，上面的蒙版减去下面的蒙版，被减去区域的内容不在合成窗口中显示。如图 4-17（b）所示，圆形蒙版的不透明度为 80%，矩形蒙版的不透明度为 40%，运算后最终得出的蒙版重叠区域画面的不透明度为 40%。

（a） （b）

图 4-17

↘ 交集：蒙版采取交集方式，在合成窗口中只显示所选蒙版与其他蒙版相交部分的内容，所有相交部分不透明度相减。如图4-18（a）所示，圆形蒙版的不透明度为80%，矩形蒙版的不透明度为40%，运算后最终得出的蒙版重叠区域画面的不透明度为40%。

↘ 变亮：对于可视区域范围来讲，此模式与相加方式相同，但蒙版相交部分不透明度则采用不透明度值较高的那个值。如图4-18（b）所示，圆形蒙版的不透明度为80%，矩形蒙版的不透明度为40%，运算后最终得出的蒙版重叠区域画面的不透明度为80%。

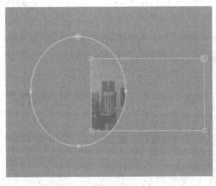 

（a） （b）

图 4-18

↘ 变暗：对于可视区域范围来讲，此模式与相减方式相同，但蒙版相交部分不透明度则采用不透明度值较低的那个值。如图4-19（a）所示，圆形蒙版的不透明度为80%，矩形蒙版的不透明度为40%，运算后最终得出的蒙版重叠区域画面的不透明度为40%。

↘ 差值：蒙版采取并集减去交集的方式，关于不透明度，与上面蒙版未相交部分采取当前蒙版不透明度设置，相交部分采取两者之间的差值。如图4-19（b）所示，圆形蒙版的不透明度为80%，矩形蒙版的不透明度为70%，运算后最终得出的蒙版重叠区域画面的不透明度为10%。

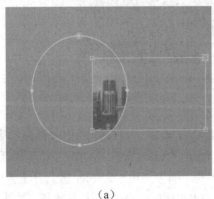 

（a） （b）

图 4-19

4.2.3 使用 Roto 笔刷工具调整蒙版

Roto 笔刷工具和优化边缘工具针对蒙版分段和创建操作提供了另一种更快的工作流，使用此工具可创建初始蒙版，以将物体从其背景中分离。使用 Roto 笔刷工具可以在前景元素和背景元素的代表区域绘制笔画，然后 After Effects 就会使用这些信息在前景和背景之间创建一个分割区域。绘制的笔画信息会告诉 After Effects 在相邻帧中的相邻区域哪些是前景部分、哪些是背景部分。在创建了分割区域之后，After Effects 会使用优化蒙版选项来优化蒙版。下面通过一个实例介绍 Roto 笔刷工具的使用。

（1）在项目窗口中导入"素材与源文件\Chapter4\Roto Brush"文件夹下的 girl.avi，按住鼠标左键将其拖动到窗口下方 ▣（创建新合成）按钮上，产生一个合成，继续导入 bg.psd 素材。

（2）双击 girl.avi 图层，移动时间线至 0 秒处，打开"图层"面板，选择工具栏中的 Roto 笔刷工具 ，在图层面板中拖动，在要从背景中分离的对象上进行前景描边，可以沿对象的中心位置向下，而不用沿边缘绘制描边。在绘制前景描边时，Roto 笔刷的指针将变为中间带有加号的绿色圆圈，如图 4-20（a）所示。

（3）按住 Alt 键拖动，对要定义为背景的区域进行背景描边，以排除某个区域。在绘制背景描边时，Roto 笔刷的指针将变为中间带有减号的红色圆圈，如图 4-20（b）所示。

（a）　　　　　　（b）

图 4-20

（4）在第 1 帧上重复绘制前景和背景描边的步骤，直到绘制比较精确和完整，如图 4-21（a）所示。按 Page Down 键移动 1 帧，After Effects 使用运动跟踪和各种其他技术，将前 1 帧的信息传播到当前帧，以确定隔离区域。如果 After Effects 为当前帧算出的隔离区域并非所需的位置，则可进行矫正描边，使 After Effects 了解哪里是前景、哪里是背景。

（5）重复一次移动一个帧并进行校正描边的步骤，直至确定绘制好所有的隔离区域。

打开"效果控件"面板,则会启用"Roto 笔刷和调整边缘"效果属性中的"微调 Roto 笔刷蒙版"选项。可以根据需要,修改"Roto 笔刷和调整边缘"属性组中的属性。对于需要设置部分透明度的区域,可以返回第 1 帧,使用 调整边缘工具进行绘制,按住 Alt 键可擦除调整边缘工具绘制的描边,如图 4-21(b)所示。

 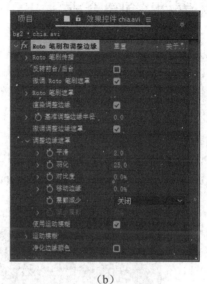

（a）　　　　　　　　　　　　（b）

图 4-21

（6）设置完毕后,在"图层"面板右下角单击 冻结 按钮,After Effects 已经算出了某帧的分段信息,则该信息会被放入缓存。如果尚未算出 Roto 笔刷间距内某帧的分段,则 After Effects 必须先计算该分段,然后再冻结。执行冻结时,系统会打开一个对话框显示冻结的进度。Roto 笔刷被冻结时,放在 Roto 笔刷工具上的鼠标指针图案上会多出一条斜线。它表示除非解冻,否则新的描边不会影响结果。

（7）最后将项目窗口中的 bg.psd 拖入 girl.avi 图层的下方,调整图层的"缩放"属性值,最终效果如图 4-22 所示。

图 4-22

4.3 项目实施

4.3.1 导入素材、创建合成

（1）启动 After Effects CC 2019，选择"编辑"|"首选项"|"导入"命令，打开"首选项"对话框，设置"静止素材"的导入长度为 13 秒。

（2）在项目窗口中双击，打开"导入文件"对话框，选择"素材与源文件\Chapter 4\Footage"文件夹中的 1.psd～3.psd、tuan2.psd 和 texture.jpg 文件，在"导入种类"下拉列表框中选择"素材"选项，将素材导入。

（3）在项目窗口的空白处右键单击，在弹出的快捷菜单中选择"新建合成"命令，在打开的"合成设置"对话框中进行设置，新建 katong 合成，如图 4-23 所示。

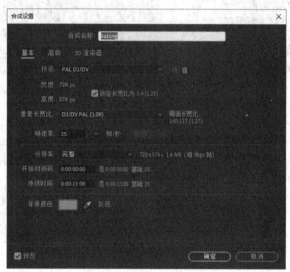

图 4-23

4.3.2 背景的合成

（1）将项目窗口中的 texture.jpg 和 tuan2.psd 素材拖至 katong 合成中，tuan2.psd 图层在 texture.jpg 图层的上方。选择 tuan2.psd 图层，按 S 键展开该图层的"缩放"属性，设置"缩放"属性值为（43%,43%）。使用矩形工具为该图层添加图 4-24 所示的矩形蒙版，按两次 M 键展开其"蒙版"属性，设置"蒙版羽化"值为（246,246）像素。

（2）选择 tuan2.psd 图层，打开该图层的 3D 开关，展开该图层的"变换"属性，设置其"位置""X 轴旋转""Y 轴旋转"属性，如图 4-25（a）所示，效果如图 4-25（b）所示。设置"Z 轴旋转"属性在 0:00:00:00 处其值为 0x+0.0，设置在 0:00:10:24 处其值为 2x+0.0，设置旋转两圈动画效果。

项目4 《卡通天地》栏目片头制作

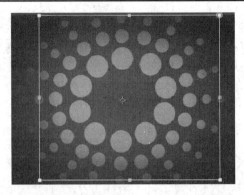

图 4-24

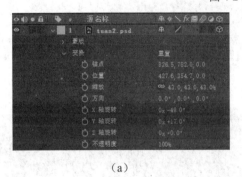

（a）

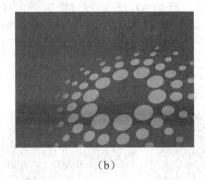

（b）

图 4-25

（3）在时间线窗口的列标题上右键单击，在弹出的快捷菜单中选择"列数"|"模式"命令，打开模式列，如图 4-26（a）所示。在 tuan2.psd 图层的模式下拉菜单中选择"柔光"模式，如图 4-26（b）所示。

（a）

（b）

图 4-26

（4）在 tuan2.psd 图层的上方新建黑色纯色图层，并添加椭圆蒙版效果。选择黑色纯色图层，按两次 M 键展开该纯色图层的"蒙版"属性，设置其"蒙版羽化"属性值为（198,198）像素，"蒙版不透明度"属性值为 59%，选中"反转"，如图 4-27 所示。

图 4-27

4.3.3 条框文字的合成

（1）新建橙色纯色图层（颜色为#FF8105）和灰色纯色图层（颜色为#898989），灰色纯色图层在橙色纯色图层的上方，设置两个纯色图层的"缩放"属性值为150%。在两个图层上建立图 4-28 所示的矩形蒙版。

图 4-28

（2）选择"橙色纯色 1"图层，右键单击该图层，在弹出的快捷菜单中选择"层样式"|"倒角与浮雕"命令，为该图层添加倒角与浮雕图层样式。同理为"灰色纯色 1"图层添加倒角与浮雕图层样式。

（3）选择"灰色纯色 1"图层，设置时间线在 0:00:00:10 处，按 M 键展开该图层"蒙版"的"蒙版路径"属性，单击"蒙版路径"属性左侧的关键帧开关，打开该图层的"蒙版路径"的关键帧记录器。设置时间线在 0:00:00:00 处，在合成窗口中双击矩形蒙版，在出现蒙版变换框后，拖动上边框至覆盖橙色纯色图层的顶端，"蒙版路径"自动在此处建立关键帧，效果如图 4-29 所示。

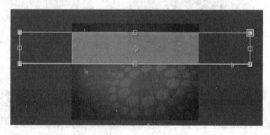

图 4-29

（4）选择"灰色纯色 1"图层，设置时间线在 0:00:02:10 至 0:00:02:24 处，设置该图层"旋转"属性的关键帧动画，属性值由 0 变化至-16。单击图 4-30（a）所示为"蒙版路径"属性添加关键帧按钮，在此处单击添加关键帧。设置时间线在 0:00:02:24 处，在合成窗口中双击矩形蒙版，在出现蒙版变换框后，调整变换框的大小，如图 4-30（b）所示，"蒙版路径"自动在此处建立关键帧。

(a)

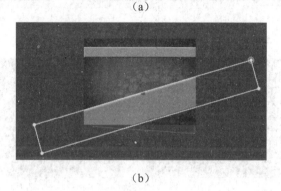

(b)

图 4-30

（5）选择"灰色纯色 1"图层，设置时间线在 0:00:03:10 处，如上所述调节蒙版形状，效果如图 4-31（a）所示。同理调节蒙版形状在 0:00:06:00 处的效果如图 4-31（b）所示。

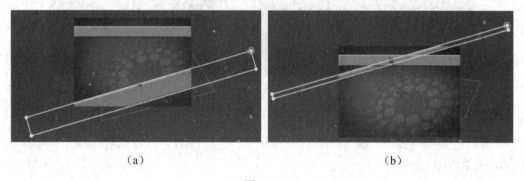

(a)　　　　　　　　　　　　　　　(b)

图 4-31

（6）选择"灰色纯色 1"图层，设置时间线在 0:00:08:00 至 0:00:08:15 处，设置该图层"旋转"属性的关键帧动画，属性值由-16 变化至 0。在 0:00:08:00 处为"蒙版路径"添加关键帧，在 0:00:08:15 处调整蒙版形状，如图 4-32（a）所示。在 0:00:09:05 处调节蒙版形状，如图 4-32（b）所示。

（7）同理设置"橙色纯色 1"图层的"旋转"关键帧动画和"蒙版路径"关键帧动画效果。选择"橙色纯色 1"图层，设置时间线在 0:00:02:10 处，打开该图层的"蒙版路径"属性的关键帧开关。设置时间线 0:00:02:24 处的蒙版形状，如图 4-33（a）所示。在时间线 0:00:05:10 处建立"蒙版路径"属性的关键帧；设置时间线 0:00:06:00 处的蒙版形状，如

图 4-33（b）所示。在 0:00:08:00 处建立"蒙版路径"属性的关键帧，在 0:00:08:15 处设置蒙版形状，如图 4-33（c）所示，在 0:00:09:05 处设置蒙版形状，如图 4-33（d）所示。

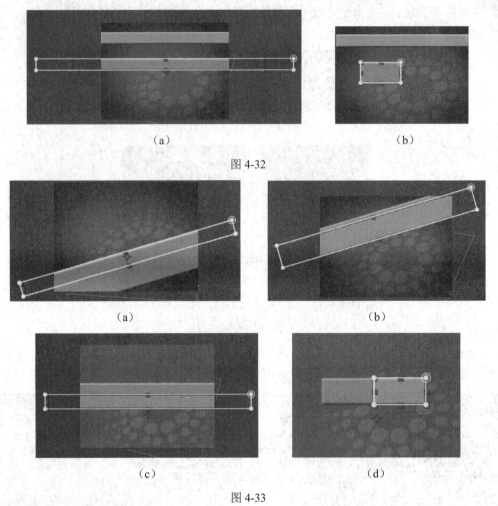

图 4-32

图 4-33

（8）在纯色图层的上方输入白色文字"【星期一晚上 7:30】"，文字属性设置如图 4-34（a）所示，效果如图 4-34（b）所示。

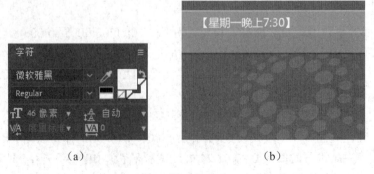

图 4-34

（9）继续输入橙色文字"多啦 A 梦"，文字属性设置如图 4-35（a）所示，效果如图 4-35（b）所示。

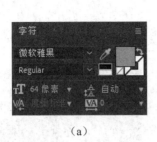
（a）

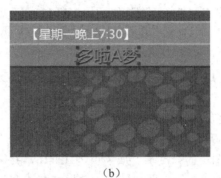
（b）

图 4-35

（10）选择"多啦 A 梦"文字图层，右键单击该图层，在弹出的快捷菜单中选择"图层样式"|"投影"命令，为该图层添加"投影"图层样式。继续右键单击该图层，在弹出的快捷菜单中选择"效果"|"过渡"|"线性擦除"命令，为该图层添加"线性擦除"特效。

（11）选择"多啦 A 梦"文字图层，在该图层的"效果控件"面板中设置特效的参数，如图 4-36 所示。设置时间线在 0:00:00:10 处，单击"线性擦除"特效的"过渡完成"属性左侧的关键帧开关，并设置该属性值为 100%，在此处建立关键帧。设置时间线在 0:00:01:00 处，修改"过渡完成"属性值为 0%，系统自动在此处添加关键帧，完成擦出文字动画效果。同理，在 0:00:02:00 至 0:00:02:10 处，调节"过渡完成"属性值由 0%变化至 100%，完成擦除文字动画效果。

（12）同理，制作"【星期一晚上 7:30】"文字图层的文字的显示动画和消失动画效果。

（13）同上建立白色文字图层"【星期二晚上 7:30】"和橙色文字图层"喜羊羊与灰太郎"，并设置两个文字图层的"旋转"属性值为 0x-16。设置时间线在 0:00:03:10 处，选择两个文字图层，按"["键设置两个文字图层的入点。为"喜羊羊与灰太郎"文字图层添加"投影"图层样式，效果如图 4-37 所示。

图 4-36

图 4-37

（14）选择"喜羊羊与灰太郎"文字图层，右键单击该图层，在弹出的快捷菜单中选择"效果"|"模糊&锐化"|"定向模糊"命令，为该图层添加"定向模糊"特效。在"效

果控件"面板中设置"方向"属性值为 0x+74。在 0:00:03:10 处打开"模糊长度"属性的关键帧开关,设置该属性值为 154,在 0:00:03:20 处设置该属性值为 0。按 T 键展开该图层的"不透明度"属性,设置该属性从 0:00:03:10 至 0:00:03:20,其值由 0%变化至 100%,制作渐显动画效果。同理制作从 0:00:04:20 至 0:00:05:10,其值由 100%变化至 0%,制作逐渐消失动画效果。

(15) 同上,制作"【星期二晚上 7:30】"文字图层的模糊显示动画和逐渐消失动画效果。

(16) 建立白色文字图层"葫芦兄弟"和"【星期三晚上 7:30】",参数设置同上。设置"葫芦兄弟"文字图层的"旋转"属性值为 0x-16,并为该图层添加"投影"图层样式,效果如图 4-38 所示,设置两个文字图层的入点为 0:00:06:00。

图 4-38

(17) 选择"葫芦兄弟"文字图层,按 S 键后继续按 Shift+T 快捷键展开"缩放"和"不透明度"属性,设置 0:00:06:00 至 0:00:06:20,"缩放"属性值由 400%变化至 100%,"不透明度"属性值由 0%变化至 100%,制作缩放显示动画效果。然后制作 0:00:08:00 至 0:00:08:10,"不透明度"属性值由 100%变化至 0%,制作逐渐消失动画效果。

(18) 选择"【星期三晚上 7:30】"文字图层,同步骤(14),添加"定向模糊"特效,制作模糊显示动画和逐渐消失动画效果。

(19) 建立橙色"卡通"文字图层和白色"动画"文字图层,为两个图层添加"投影"图层样式。设置两个图层的入点为 0:00:09:05。

4.3.4 卡通图像的合成

(1) 将项目窗口中的 1.psd 素材拖至 katong 合成的"【星期一晚上 7:30】"文字图层的上方,按 P 键展开该图层的"位置"属性,设置"位置"的属性值为(206.4,390)。

(2) 选择 1.psd 图层,选择"图层"|"自动追踪..."命令,在弹出的"自动追踪"对话框中选中"应用到新图层"复选框,如图 4-39(a)所示。在 1.psd 图层的上方自动新建了"自动追踪的 1.psd"图层,并沿着 1.psd 的 Alpha 通道边缘建立了蒙版,效果如图 4-39(b)所示。

(3) 选择"自动追踪的 1.psd"图层,右键单击该图层,在弹出的快捷菜单中选择"效果"|"生成"|"描边"命令,为该图层添加"描边"特效。在"效果控件"面板中设置"描边"特效的"绘画样式"参数值为"在透明背景上"。设置时间线从 0:00:00:10 至 0:00:01:11,"结束"属性值由 0%变化至 100%,制作逐渐描边动画效果;同理,设置时间线从 0:00:02:10 至 0:00:02:24,"结束"属性值由 100%变化至 0%,制作描边逐渐消失动画效果。

(4) 选择 1.psd 图层,按 T 键展开该图层的"不透明度"属性,设置从 0:00:00:23 至

0:00:01:11,"不透明度"属性值由 0%变化至 100%,制作渐显动画效果;同理,制作从 0:00:02:10 至 0:00:02:24 的逐渐消失动画。

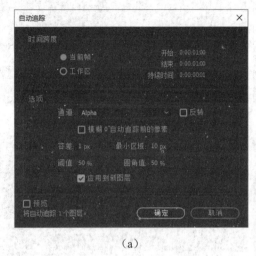
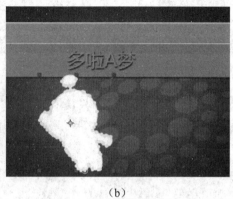

(a)   (b)

图 4-39

(5)其他卡通图像图层的制作方法同上,具体参数设置可参照源文件。

4.4 项目小结

本项目通过蒙版的形变动画来实现变化的色块条,体现了本项目的主要内容——蒙版的强大功能。蒙版是所有合成的基础,它使合成效果更加丰富多彩,让画面有了更多绚丽的变化,所以,为了做出更有层次的画面效果,就必须加强对蒙版的练习,熟练地掌握蒙版的创建、蒙版的模式、蒙版的属性等知识。

4.5 扩展案例

1. 案例描述

该案例是风景区的旅游宣传片制作,通过不同透明度色块的转换完成不同风景区画面的转场,文字和图形的变化基本都是通过蒙版路径动画完成,风格统一、主题明确。

2. 案例效果

本案例效果如图 4-40 所示。

3. 案例分析

我们着重分析第一个场景动画的制作,其他的场景动画大家可以举一反三,进行扩展。

图 4-40

（1）新建"转场 1"合成，合成设置：预设 HDTV 1080 25，持续时间为 10 秒。新建深灰色纯色图层（#3E3E3E）作为背景图层，从项目窗口中拖动 01.jpg 至时间线上。继续新建 Matte1 合成，合成设置同上，在 Matte1 合成中新建白色纯色图层和一个黑色纯色图层，黑色纯色图层入点在 15 帧。

（2）选择白色纯色图层，双击矩形工具为白色纯色图层新建矩形蒙版，按 M 键展开"蒙版路径"属性，在 15 帧处打开"蒙版路径"的关键帧开关，效果如图 4-41（a）所示，0 帧处在合成窗口中双击蒙版路径将蒙版变换为一条直线，如图 4-41（b）所示。同理为黑色纯色图层制作"蒙版路径"的关键帧动画。

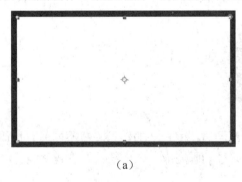 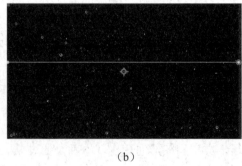

（a） （b）

图 4-41

（3）在"转场 1"合成中，从项目窗口中拖动 Matte1 合成至 01.jpg 图层上方，设置 01.jpg 图层以 Matte1 为亮度遮罩。设置 Matte1 图层的"缩放"属性为（35,100%），设置 01.jpg 的"缩放"属性为（142,142%），如图 4-42（a）所示。

（4）再次从项目窗口中拖动 01.jpg 至时间线上，继续拖动白色纯色图层在 01.jpg 图层

上方，更名为Matte2，这两个图层的入点在5帧处，设置01.jpg图层以上方白色纯色图层为"亮度遮罩"。右键单击01.jpg图层，在弹出的快捷菜单中选择"效果"|"颜色校正"|"色相/饱和度"命令，为该图层添加"色相/饱和度"效果，在"效果控件"面板中设置"主饱和度"为-100，如图4-42（b）所示。选择白色纯色图层，双击矩形工具为此纯色图层建立矩形蒙版，在10帧处蒙版路径如图4-43（b）所示，在5帧处蒙版路径如图4-43（a）所示，在20帧处蒙版路径如图4-44（a）所示。设置01.jpg图层的"缩放"属性值为（122,122%），如图4-44（b）所示。

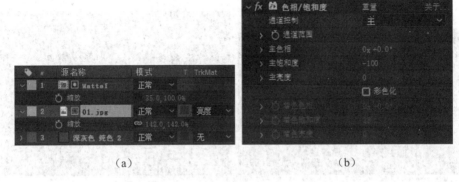

图4-42

图4-43

图4-44

（5）同理制作01.jpg和Matte3图层。制作Matte3图层6帧至1秒08帧的"蒙版路径"的关键帧动画，如图4-45所示。蒙版路径在6帧处蒙版缩小至底部成一条线，在1秒08帧蒙版大小和窗口大小一致。

（6）新建蓝色纯色图层（#3F94FC），更名为sekuai1，入点在4帧处。选择矩形工具在 sekuai1 图层上绘制如图 4-46（a）所示的矩形蒙版，按 M 键展开"蒙版路径"属性，在 11 帧处打开"蒙版路径"的关键帧开关，在 4 帧处将蒙版变换为原蒙版底部的一条线，在 21 帧处收缩为原蒙版顶部一条线。同理制作其他色块，如图 4-46（b）所示。

图 4-45

（a）

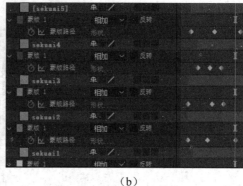

（b）

图 4-46

（7）输入文字"淳美的泼墨风景画卷"，文字设置为：字体为"方正稚艺_GBK"，字号为 94，白色。新建两个绿色纯色图层（#799751），使用矩形工具绘制矩形蒙版，右键单击该图层，从弹出的快捷菜单中选择"图层样式"|"投影"命令，继续选择"图层样式"|"斜面浮雕"命令，为两个纯色图层添加"投影"和"斜面浮雕"图层样式，如图 4-47 所示。为文字图层和两个纯色图层制作"蒙版路径"关键帧动画，制作从右向左的显示效果。

图 4-47

4. 案例扩展

（1）其他的场景动画大家可以参考案例讲解中的步骤进行自主完成制作，大家也可以参考扩展案例的源文件。

（2）课外作业：制作一部介绍自己家乡的名胜古迹、风景胜地的宣传片。

本项目素材与源文件请扫描下面二维码。

项目 5

《生活在线》栏目片头制作

5.1 项目描述及效果

1. 项目描述

《生活在线》栏目主要是向观众展示与我们生活息息相关的大事、小事、感人的事，是贴近生活的栏目。本项目主要通过一个立方体盒子的几个面来展示有代表性的新闻图片，并配有文字解读。通过摄像机镜头动画来展示各个面的新闻图片，配色采用暖暖的橙色，使之更接近生活。

2. 项目效果

本项目效果如图 5-1 所示。

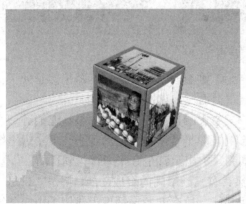 

图 5-1

图 5-1（续）

5.2 项目知识基础

5.2.1 三维动画环境

1. 三维空间

现实中的所有物体都处于一个三维空间中，所谓三维空间，是在二维的基础上加入深度的概念而形成的。例如，一张纸上的画，它并不具有深度，无论怎样旋转、变换角度，都不会产生变化，它只是由 X、Y 两个坐标轴构成。

事实上，现实中的对象都具有三维空间中的立体造型，旋转对象或者改变观察视角时，所观察到的内容将有所不同，如图 5-2 所示。

图 5-2

实际上，纸上的画相对于纸来说，处于一个二维空间。但是这张纸却仍然是处于三维空间中的，它也是一个三维物体，只不过厚度很薄而已，如图 5-3 所示。

三维空间中的对象会与其所处的空间互相发生影响，例如，产生阴影、遮挡等，而且由于观察视角的关系，还会产生透视聚焦等影响，即平常所说的近大远小、近实远虚等感觉。要想让作品三维感强，将上述三维特征加强、突出，甚至夸张即可达到目的。

After Effects 与三维建模软件不同，它虽然具有三维空间的合成功能，但是它只是一个效果合成软件，并不具备三维建模之类的高级功能。所有的图层都像上述例子中的画纸，只是在原有的二维图层的基础上，添加了图层在纵深轴（Z 轴）上运动的可能，可以改变其三维空间中的位置、角度等，并提供了摄像机和灯光等三维辅助工具。

图 5-3

2. 三维合成的工作环境

（1）转换成三维图层

除了声音图层以外，所有素材图层都可以实现三维图层功能。将一个普通的二维图层转换为三维图层，只需要在图层属性开关面板打开 (3D 开关) 即可，展开图层属性就会发现变换属性中无论是轴心点属性、位移属性、缩放属性还是旋转属性，都出现了 Z 轴向参数信息，另外还新添加了材质选项属性，如图 5-4 所示。

（2）三维视图

在三维空间里摆放物体需要具有良好的三维空间感，在制作过程中，往往会由于各种原因导致视觉错觉，无法仅通过透视图的观察正确判断当前三维对象的具体空间状态，所以往往需要借助更多的视图作为参照。

在合成窗口中，可以通过 活动摄像机 下拉菜单，在各个视图模式中进行切换，这些模式大致分为 3 类：正交视图、摄像机视图和自定义视图。

- 正交视图

正交视图包括正面、左侧、顶部、背面、右侧和底部，其实就是以垂直正交的方式观看空间中的 6 个面。在正交视图中，长度尺寸和距离是以原始数据的方式呈现，从而忽略掉了透视所导致的大小变化，这意味着在正交视图中观看立体物时没有透视感，如图 5-5 所示。

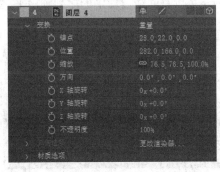 

图 5-4　　　　　　　　　　　图 5-5

➥ 摄像机视图

摄像机视图是从摄像机的角度，通过镜头去观看空间，与正交视图不同的是，这里描绘出的空间和物体是带有透视变化的视觉空间，非常真实地再现近大远小、近长远短的透视关系。

默认情况下是没有摄像机视图的，如果没有建立任何摄像机，此菜单选项将不出现，一旦建立了摄像机后，在菜单中将以摄像机的名称出现，就可以在摄像机视图中对摄像机进行调整，以改变视角。

活动摄像机视图是当前激活的摄像机视图，也就是当前时间位置被启用的摄像机图层的视图。

➥ 自定义视图

自定义视图是从几个默认的角度观看当前空间，可以通过工具栏中的摄像机视图工具调整其角度，不过自定义视图并不要求合成项目中必须有摄像机，当然也不具备通过镜头设置带来的景深、广角等观看空间方式，可以仅仅理解为 3 个可自定义的标准透视视图。

5.2.2 操作 3D 对象

1. 3D 对象操作

当对象的 3D 开关打开后，系统自动在对象上显示三维坐标。红色坐标代表 X 轴，即水平方向的操作。绿色坐标代表 Y 轴，即垂直方向的操作。蓝色坐标代表 Z 轴，即三维空间中的深度操作。

当在工具箱中选择一种操作工具对三维对象进行操作时，鼠标指针移动到对象坐标轴上，系统会自动显示当前轴坐标参数。例如，鼠标指针在 Y 轴上，即会显示 Y，这有助于进行精确操作。如果仅仅将鼠标指针指向图层，而非坐标轴，则图层会根据鼠标移动状态，同时在 3 个轴向上移动对象。

当在二维模式下进行合成时，图层是没有空间感的，所以系统总是优先显示处于上方的图层。但在三维模式下进行合成时，由于增加了深度空间的概念，所以系统以图层在空间中的前后位置显示对象。例如，在时间线窗口中，层 A 在层 B 之上，但是在三维空间中，层 A 在层 B 后面的位置，则实际显示效果是层 B 遮挡层 A，与层在时间线窗口中的排列顺序无关，如图 5-6 所示。但是如果两个层重叠在一起，则还是以时间线窗口中的排列顺序来显示。

图 5-6

在默认情况下，图层在 Z 轴上的坐标为 0。负值则图层往前进，离观察点越近。正值则往后退，离观察点越远。当然，如果是摄像机从后面进行观察，则刚好相反。

（1）位移

当为 3D 图层记录了位移动画后，系统会自动产生位移路径。同二维合成不同，此时产生的路径是三维空间中的位移路径，具有 X、Y、Z 共 3 个轴。

为 3D 图层建立位移动画后，可以发现，图层在路径上移动时，总是朝着一个方向。可以使用自动定向工具，使对象自动定向到路径。在二维图层位置变化过程中，激活此属性可以使图层在运动时始终保持运动朝向。在三维图层运动的过程中不仅能保持运动朝向，甚至可以使三维图层在运动的过程中，始终朝向摄像机。选中图层，选择"图层"|"变换"|"自动方向..."命令，激活自动方向功能，如图 5-7 所示。

- 关：关闭此功能。
- 沿路径定向：自动调整旋转属性以适应运动朝向。
- 定位于摄像机：自动调整旋转属性使图层始终朝向摄像机。

如果适应自动方向功能的对象是摄像机或者灯光图层，则对话框的"定位于摄像机"会自动变成定向到目标点，如果选中此单选按钮，摄像机或者灯光图层在运动过程中将始终自动朝向目标点，如图 5-8 所示。

图 5-7

图 5-8

（2）旋转

在制作三维对象的选择动画时，既可以通过方向属性实现，也可以通过旋转属性实现。可以在工具箱的下拉菜单中进行两种方法的切换设置，如图 5-9 所示。

在"方向"方式下，该参数同时控制系统的 3 个轴。可以激活参数对象或锁定坐标轴在某一个轴向上进行旋转，如图 5-10 所示。但是当记录动画时，该参数根据插值方式对 3 个轴同时动画。

图 5-9

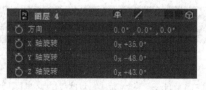
图 5-10

在"旋转"方式下，记录旋转动画时，可以分别对 X、Y、Z 轴记录动画，产生复杂动画效果。

在实际创作中,可能用户觉得使用方向方式更容易控制旋转,因为方向方式的插值运算更快捷,会综合考虑3个轴向的旋转信息,因此产生的旋转动画就很自然。不过,使用方向方式却不能沿着某个轴向进行圈数的设定,有一定的局限性。虽然旋转方式可以方便地指定某个轴向的选择圈数,但是整体操作上有一定的困难。究竟使用哪一个要视情况而定,这两种方式各有利弊。不过,建议不要同时使用这两种方式制作旋转动画,否则容易导致混乱。

2. 多视窗操作

在三维场景中,After Effects 可以建立多个视窗,以一般三维软件的方式将窗口按照正视图、右视图和透视图的方式进行排列,也可以根据需要或习惯将主要视图放置为最大视窗,辅助窗口放置为次要视窗位置。切换方式是通过在合成窗口中的选择视图布局下拉菜单继续选择,如图5-11所示。

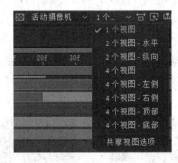

图 5-11

- 1个视图:仅仅显示一个视图。
- 2个视图-水平:同时显示两个视图,以水平方式排列。
- 2个视图-纵向:同时显示两个视图,以垂直方式排列。
- 4个视图:同时显示4个视图。
- 4个视图-左侧:同时显示4个视图,其中主视图在右边。
- 4个视图-右侧:同时显示4个视图,其中主视图在左边。
- 4个视图-顶部:同时显示4个视图,其中主视图在下边。
- 4个视图-底部:同时显示4个视图,其中主视图在上边。

其中每个分视图都可以在被激活后,用"3D视图弹出式菜单"命令更换具体观测角度,或进行视图显示设置等,如图5-12所示。

图 5-12

通过选择图5-11所示下拉菜单中的共享视图选项,可以让多视图共享同样的视图设置,如安全框显示选项、网格显示选项和通道显示选项等。

5.2.3 灯光的应用

在 After Effects 中，可以创建一个或多个灯光来照明三维场景，并且可以像现实之中那样调整这些灯光，不过这些灯光并不会呈现实体。

1. 灯光的创建

默认情况下，合成项目中并没有照明灯。在合成图像或时间线窗口中右键单击，在弹出的快捷菜单中选择"新建"|"灯光"命令，打开"灯光设置"对话框进行设置，如图 5-13 所示。

在"名称"栏中需要指定照明灯名称。默认状态下，合成图像中的照明灯以照明灯建立的先后顺序从 1 开始命名。例如，聚光 1、聚光 2、聚光 3……可以在时间线窗口为灯光图层改名，方法与为图层改名相同。

（1）灯光类型

在"灯光类型"下拉列表框中可以选择一种照明灯类型。After Effects 提供了以下 4 种照明灯。

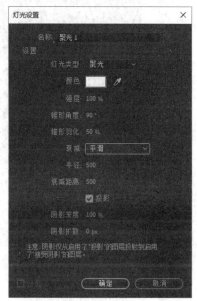

图 5-13

- 平行：可以将平行光理解为太阳光，它有无限的光照范围，可以照亮场景的任何地方，并没有因为距离而衰减，还可以投射阴影并且是有方向性的，如图 5-14（a）所示。
- 聚光：聚光灯是从一个点向前以圆锥形发射光线，根据圆锥的角度确定照射范围，可以通过"锥形角度"栏进行设置。这种灯光很容易生成有光照区域和无光照区域，同样具有阴影和鲜明的方向性，如图 5-14（b）所示。

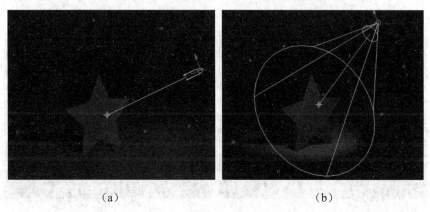

（a） （b）

图 5-14

- 点：点光源是从一个点向四周 360°发射光线，随着对象与光源的距离不同，受光程度也会不同。距离越近，光照越强；距离越远，光照越弱，由近至远光照衰减，此灯光也会产生阴影，如图5-15（a）所示。
- 环境：环境光没有光线发射点，也没有方向性，并且不产生投影，但可以通过它调整整个画面的亮度；与三维图层的材质属性的环境配合，可以影响其环境色，环境光经常与其他灯光配合使用，如图5-15（b）所示。

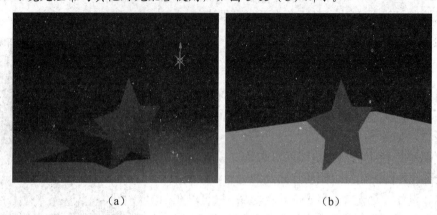

图5-15

（2）设置灯光参数

选择灯光类型后，有必要对灯光的一些参数进行设置。选择的灯光不同，可供设置的参数也有所不同。
- 颜色：可以在"颜色"栏中设置灯光颜色。默认情况下，灯光为白色，可以在颜色选取对话框中选取需要的颜色。
- 强度：光照强度设置，值越高，光照就越强，场景就越亮。当灯光强度为0时，场景变黑。如果设置为负值，则可以产生吸光效果，当场景中有其他灯光时，可以通过此功能降低场景中的光照强度。
- 锥形角度：当"灯光类型"选择"聚光"时，此参数被激活，相当于聚光灯的灯罩，可以用来控制光照范围和方向。角度越大，光照范围越广。图5-16（a）所示为较小的灯罩角度的效果，图5-16（b）为角度较大的效果。

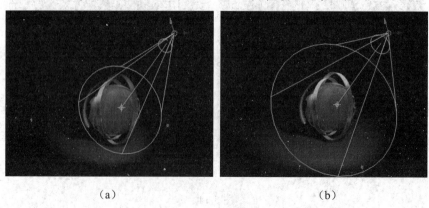

图5-16

- 锥形羽化：该选项同样仅对"聚光"有效，为聚光灯照射区域设置一个柔和边缘。

默认情况下,该数值为 0,照射区和非照射区交界线生硬而明显,如图 5-17(a)所示;设置值越大,边缘过渡就越柔和,如图 5-17(b)所示。

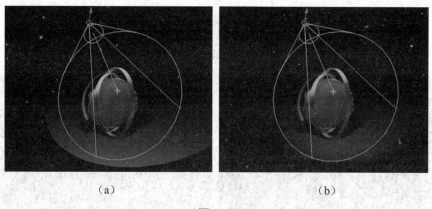

图 5-17

➤ 衰减:该选项同样仅对"聚光"有效,为聚光灯照射区域设置光照衰减,图 5-18(a)所示是在"衰减"下拉列表框中选择"无",没有衰减的效果,图 5-18(b)是选择"光滑"后的光滑衰减效果。其中可以设置衰减的半径和衰减的距离。图 5-19所示是不同衰减半径的效果图。

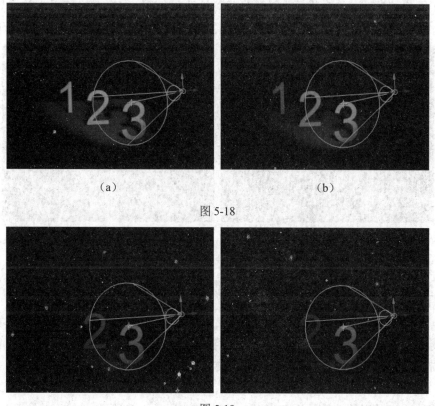

图 5-18

图 5-19

➡ 投影：该选项决定灯光是否会在场景中产生投影。需要注意的是，要同时打开被灯光照射的三维图层的材质属性中的投影选项才可以产生投影，而且在默认状态下，材质属性的投影选项是关闭状态。

➡ 阴影深度：该选项用于控制阴影的黑暗程度。较小的数值会产生颜色较浅的投影，如图 5-20（a）所示；较高的数值产生深色投影，如图 5-20（b）所示。

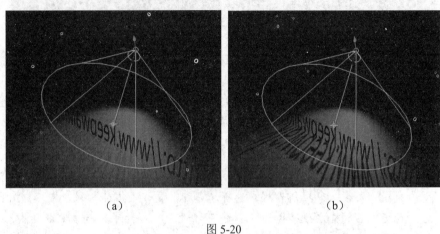

图 5-20

➡ 阴影扩散：该选项用于设置阴影的边缘羽化程度。较低的数值产生的投影边缘较硬，如图 5-21（a）所示；数值越高，边界越自然柔和，如图 5-21（b）所示。

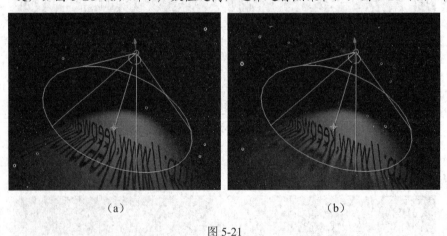

图 5-21

2. 图层的材质属性

当普通的二维图层转换为三维图层时，还添加了一个全新的属性——材质选项，可以通过此属性的各项设置，决定三维图层如何响应灯光光照系统，如图 5-22 所示。选择某个三维素材图层，连续按两次 A 键，展开该图层的材质选项的相关属性。

（1）投影

该选项决定了当前图层是否产生投影，其中包括"关""开""只有投影"3 种模式。

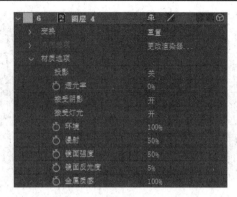

图 5-22

（2）透光率

该选项决定当前图层的透光程度，可以体现半透明物体在灯光下的照射效果，主要效果体现在阴影上，图 5-23（a）所示透光率值为 0%，图 5-23（b）中透光率值为 80%，产生彩色投影效果。

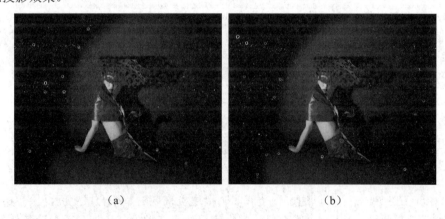

（a） （b）

图 5-23

（3）接受阴影

该选项决定当前图层是否接受阴影，此属性不能制作关键帧动画。

（4）接受灯光

该选项决定当前图层是否接受场景中的灯光影响，关闭该选项，当前图层不受灯光影响，此属性不能制作关键帧动画。

（5）环境

该选项调整三维图层受环境类型灯光影响的程度。环境参数为 100%，完全受环境类型灯光影响；环境参数为 0%，完全不受环境类型灯光的影响。

（6）漫射

该选项调整当前图层的漫反射程度。如果设置为 0%，则不反射光，如图 5-24（a）所示；如果为 100%，将反射大量的光，如图 5-24（b）所示。

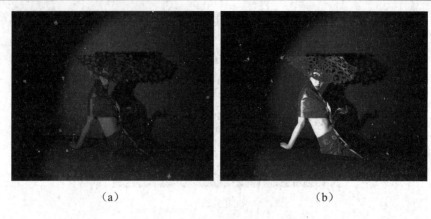

(a)　　　　　　　　　　　(b)

图 5-24

（7）镜面强度

该选项控制当前图层的镜面反射程度。当灯光照到镜子上时，镜子会产生一个高光点。调整该参数，可以控制图层的镜面反射级别。数值越高，反射级别越高，产生的高光点越明显。

（8）镜面反光度

该选项控制当前图层高光点的大小。该参数仅当镜面反光度不为 0 时有效。数值越高，则高光越集中；数值越小，高光范围越大。

（9）金属质感

该选项调节镜面反射的光的颜色。值越接近 100%，就会越接近图层的颜色；值越接近 0%，就会越接近灯光的颜色。

5.2.4　摄像机的应用

在 After Effects 中，可以通过一个或多个摄像机来观看整个合成空间，摄像机模拟了真实摄像机的各种光学特性，并且可以超越真实摄像机相关的三角架和重力等条件的制约，在空间中任意游走。

1. 摄像机的建立

在合成图像或时间线窗口中右键单击，在弹出的快捷菜单中选择"新建"|"摄像机"命令，新建一个摄像机，打开"摄像机设置"对话框进行相关设置，如图 5-25 所示。

在"名称"栏中可指定摄像机的名称。在"单位"下拉列表框中可以指定设置中各项参数所使用的单位，如像素、英寸或者毫米。在"量度胶片大小"下拉列表框中可以选择摄像机如何计算胶片尺寸，可以使用水平、垂直或者对角计算胶片尺寸。

（1）镜头设置

在"预设"下拉列表框中可以选择摄像机所使用的镜头类型。After Effects 提供了 9 种常用的摄像机镜头，有标准的 35mm 镜头、15mm 广角镜头、200mm 长焦镜头和自定义镜头等。

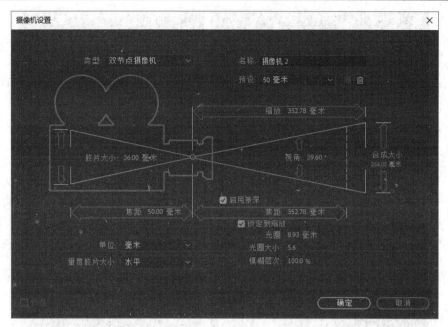

图 5-25

15mm 广角镜头具有极大的使用范围，类似于鹰眼的视野。由于视野范围大，可以看到非常广阔的空间，但是会产生较大的透视变形。图 5-26（a）所示为摄像机和拍摄对象的位置，图 5-26（b）为摄像机拍到的结果。

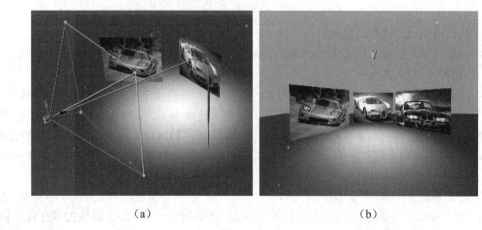

（a）　　　　　　　　　　　　　（b）

图 5-26

200mm 长焦镜头类似于鱼眼的视野，其视野范围极小，只能观察到极狭小的空间，但是几乎不会产生透视变形。图 5-27（a）所示为摄像机和拍摄对象的位置，图 5-27（b）为摄像机拍到的结果。

35mm 标准镜头类似于人眼视角，如图 5-28（a）所示为摄像机和拍摄对象的位置，图 5-28（b）为摄像机拍到的结果。

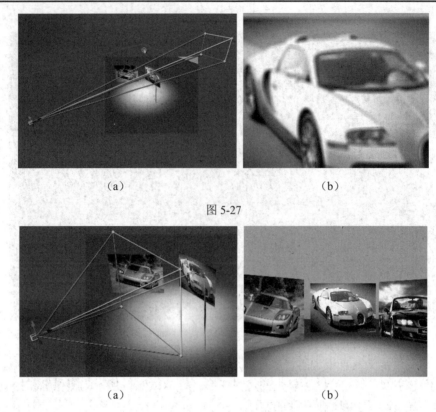

（a） （b）

图 5-27

（a） （b）

图 5-28

还可以通过设置缩放、视角、胶片大小和焦距自定义摄像机镜头。

- 缩放：设置摄像到图像的距离。值越大，通过摄像机显示的图层的大小就越大，视野也就相应地减小。
- 视角：角度越大，视野越宽，接近于广角镜头；角度越小，视野越窄，接近于长焦镜头。调整此参数，会影响焦距、胶片大小和缩放的值。
- 胶片大小：这里指的是通过镜头看到的图像实际的大小。设置值越大，视野越大。
- 焦距：指的是胶片和镜头之间的距离。焦距越短，越接近于广角镜头；焦距越长，越接近于长焦镜头。

（2）聚焦效果

After Effects 支持摄像机的镜头聚焦效果，如同真实世界一样，由于镜头的聚焦点不同，会出现远近虚实不同的效果。

可以通过在摄像机设置中打开"启用景深"选项，产生镜头聚焦效果，如图 5-29 所示。

图 5-29

- 焦距：确定从摄像机开始，到图像最清晰位置的距离。焦点处总是最清晰的，然后根据聚焦的像素半径进行模糊。在时间线窗口上调节焦距的值，随之移动的框即为焦点范围框。焦点范围框落在后面图片层上，配合光圈大小和模糊层次可以得到前景模糊、背景清晰的效果，如图5-30（a）所示。焦点范围框落在前面图片层上，配合光圈大小和模糊层次可以得到前景清晰、背景模糊的效果，如图5-30（b）所示。

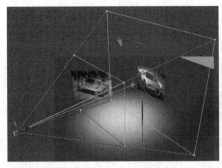

(a)

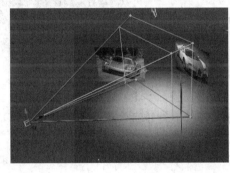

(b)

图 5-30

- 锁定到缩放：系统可以将焦点锁定到镜头。这样，在改变镜头视角时，焦点始终与其共同变化，使画面总是保持相同的聚焦效果。
- 光圈大小：设置值越大，前后图像模糊的范围越大。
- 模糊层次：控制景深模糊程度。数值越高，模糊度越高。该参数为0时，不产生模糊效果。

2. 调整摄像机的变化属性

摄像机具有目标点、位置以及旋转等变化属性。要调节摄像机的变化属性，必须首先选择摄像机，但是无法在摄像机视图中选择当前摄像机，在自定义视图中调整摄像机比较方便。摄像机构成图如图5-31所示。

- 目标点：摄像机以目标点为基准观察对象，当移动目标点时，观察范围即会随着发生变化。但是当使用自动定向，使摄像机自动定向到路径时，系统忽略目标点。
- 位置：位置参数为摄像机在三维空间中的位置参数。调整该参数，可以移动摄像机机头位置，摄像机机头位置即是摄像机视图中的观察点的位置。当移动摄像机机头时，将鼠标指针放置在摄像机机头的坐标轴上进行移动，系统会同时移动目标点和摄像机机头；按住 Ctrl 键后在坐标轴上移动时，可以固定目标点。将鼠标指针放置在摄像机机头上进行移动时，系统仅移动机头位置。

3. 利用工具移动摄像机

在工具面板中有 4 个摄像机工具，在当前摄像机工具上按住鼠标左键稍等一会儿，就会弹出其他摄像机工具选项，通过按 C 键可以实现工具之间的切换，如图 5-32 所示。需要注意的是，使用摄像机工具调整摄像机视图时，一定要切换到相应的摄像机视图里观察。

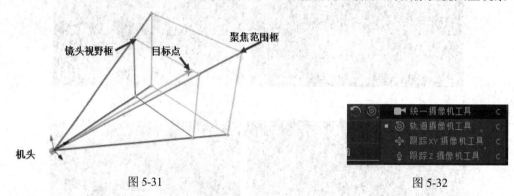

图 5-31　　　　　　　　　　　　　　图 5-32

- ▶ **轨道摄像机工具**：以目标点为中心，旋转摄像机工具。选择该工具，将鼠标指针移动到摄像机视图中，左右拖动鼠标，可水平旋转摄像机视图；上下拖动鼠标，可垂直旋转摄像机视图。
- ▶ **跟踪XY摄像机工具**：在垂直方向和水平方向平移摄像机工具。选择该工具，将鼠标指针移动到摄像机视图中，左右拖动鼠标，可水平移动摄像机视图；上下拖动鼠标，可垂直移动摄像机视图。
- ▶ **跟踪Z摄像机工具**：拉近、推远摄像机镜头工具，也就是让摄像机在 Z 轴向上平移的工具。
- ▶ **统一摄像机工具**：统一摄像机工具。用鼠标左键拖动时为旋转摄像机工具；用鼠标右键拖动时为拉近、推远摄像机镜头工具；用鼠标中间键拖动时为平移摄像机工具。

5.3　项　目　实　施

5.3.1　导入素材

（1）启动 After Effects CC 2019，选择"编辑"|"首选项"|"导入"命令，打开"首选项"对话框，设置"静止素材"的导入长度为 23 秒。

（2）在项目窗口中双击，打开"导入文件"对话框，选择"素材与源文件\Chapter 5\Footage"文件夹中的 tu-1.jpg～tu-6.jpg、蒙版.jpg 和 bg.jpg 文件，在"导入种类"下拉列表框中选择"素材"选项,将素材导入。用同样的方法将1.psd和arrow.psd以"素材"方式导入。

5.3.2 舞台素材准备

(1)在项目窗口的空白处右键单击,在弹出的快捷菜单中选择"新建合成"命令,在打开的"合成设置"对话框中进行设置,新建"舞台"合成,如图5-33所示。

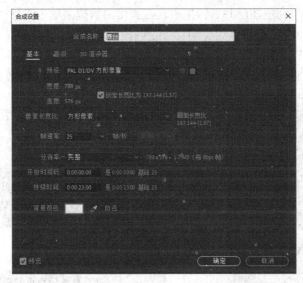

图 5-33

(2)在"舞台"项目中的空白处右键单击,在弹出的快捷菜单中选择"新建"|"纯色"命令,新建名称为"线"的黑色纯色图层,尺寸大小同"舞台"合成。

(3)选择"线"纯色图层,双击工具栏中的 ■(矩形工具)按钮,按两次M键展开"蒙版"属性,单击"蒙版路径"右侧的"形状"按钮,打开"蒙版形状"对话框,设置蒙版的大小,如图5-34所示。

图 5-34

(4)选择"线"纯色图层并右键单击,在弹出的快捷菜单中选择"效果"|"杂色&颗粒"|"分形杂色"命令,为纯色图层添加"分形杂色"效果,在"效果控件"面板中设置"对比度"为 385,"亮度"为 66,展开"变换"属性,取消选中"统一缩放"复选框,设置"缩放宽度"为 1200,"缩放高度"为 5,如图 5-35 所示。

(5)选择"线"纯色图层,将时间线拖至起始端,单击"分形杂色"效果"演化"属性前的关键帧开关,将时间线拖至结束端,设置该属性为 4x+0.0,制作"演化"属性的关键帧动画。

(6)选择"线"纯色图层并右键单击,在弹出的快捷菜单中选择"效果"|"模糊&锐化"|"定向模糊"命令,为纯色图层添加"定向模糊"效果,参数设置如图 5-36 所示。

(7)选择"线"纯色图层并右键单击,在弹出的快捷菜单中选择"效果"|"扭曲"|"CC Bend It(CC 弯曲)"命令,为纯色图层添加 CC Bend It 效果,参数设置如图 5-37 所示。

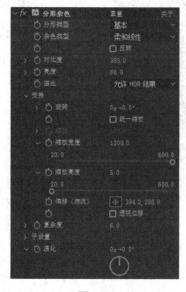

图 5-35

图 5-36

图 5-37

(8)同理,新建橙色纯色图层"圆",为"圆"纯色图层添加圆形蒙版,如图 5-38 所示。

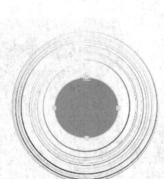

图 5-38

（9）在"舞台"合成中的空白处右键单击，在弹出的快捷菜单中选择"新建"|"调整图层"命令，新建调整图层，右键单击该调整图层，在弹出的快捷菜单中选择"效果"|"颜色校正"|"色相/饱和度"命令，为调整图层添加"色度/饱和度"效果，在"效果控件"面板中选中"彩色化"复选框，参数设置如图 5-39 所示。

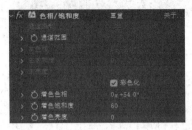

图 5-39

5.3.3 正方体素材准备

（1）在项目窗口的空白处右键单击，在弹出的快捷菜单中选择"新建合成"命令，在打开的"合成设置"对话框中进行设置，新建 face1 合成，如图 5-40 所示。

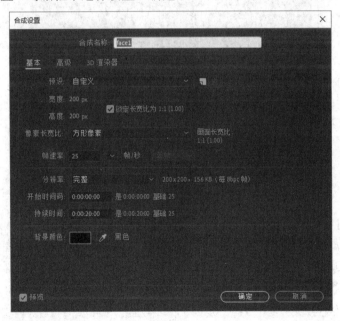

图 5-40

（2）将项目窗口的"蒙版.jpg"素材和 tu-1.jpg 素材拖至 face1 合成窗口中，"蒙版.jpg"图层在 tu-1.jpg 图层的上方。选择 tu-1.jpg 图层并按 S 键展开其"缩放"属性，设置"缩放"属性值为（41%,41%）。

（3）设置 tu-1.jpg 图层以"蒙版.jpg"图层为"亮度遮罩"，如图 5-41 所示。

（4）新建灰色纯色图层放置在该合成的最下端。同理制作 face2～face6 合成。

图 5-41

5.3.4 文字制作

（1）在项目窗口的空白处右键单击，在弹出的快捷菜单中选择"新建合成"命令，在打开的"合成设置"对话框中进行设置，新建 wenzi1 合成，如图 5-42 所示。

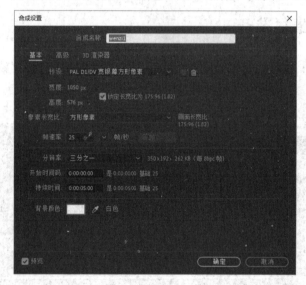

图 5-42

（2）将项目窗口的 arrow.psd 素材拖至 wenzi1 合成中，选择 arrow.psd 图层，按 S 键展开其"缩放"属性，设置属性值为（27%,27%）。右键单击 arrow.psd 图层，在弹出的快捷菜单中选择"效果"|"颜色校正"|"色相/饱和度"命令，为调整图层添加"色相/饱和度"效果。在"效果控件"面板中选中"彩色化"复选框，参数设置如图 5-43 所示。

（3）选择 arrow.psd 图层，按 P 键展开其"位置"属性，单击"位置"属性左侧的关键帧开关，在 0 秒处设置"位置"属性值为(-51,114)，设置 1 秒处"位置"属性值为(602,114)。

（4）选择 arrow.psd 图层，选择"图层"|"预合成"命令，预合成该图层，具体设置如图 5-44 所示。

（5）选择"arrow.psd 合成 1"图层，右键单击该图层，在弹出的快捷菜单中选择"效果"|"时间"|"残影"命令，为该图层添加"残影"效果，参数设置如图 5-45（a）所示。按 P 键展开该图层的"位置"属性，设置属性值为（543,250），按 S 键展开该图层的"缩放"属性，设置属性值为（89%,89%）。

项目5 《生活在线》栏目片头制作

图 5-43

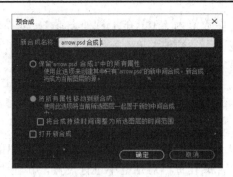

图 5-44

（6）在合成中输入黑色文字"感人的事"，在"字符"面板中设置字体为"微软雅黑"，字号为50，参数设置如图5-45（b）所示。

（a） （b）

图 5-45

（7）打开"感人的事"文字图层的三维开关，按P键展开该图层的"位置"属性，设置其属性值为（681,114,0）。按R键展开该图层的"旋转"属性，拖动时间线至1秒处，单击"X轴旋转"属性左侧的关键帧开关，设置"X轴旋转"的属性值为0x-84，拖动时间线至1秒10帧处，设置"X轴旋转"的属性值为0x-0。

（8）在合成中输入黑色文字"Moving things"，设置字号为36px，其他参数同"感人的事"文字图层。按P键展开"Moving things"文字图层的"位置"属性，设置其参数值为（679,166）。按T键展开该图层的"不透明度"属性，制作1秒至1秒10帧不透明度由0至100的关键帧动画。

（9）新建绿色的纯色图层，选择矩形工具绘制矩形蒙版，并用选择工具拖动右上角控点，调整形状如图5-46所示。

图 5-46

（10）选择绿色纯色图层，右键单击该图层，在弹出的快捷菜单中选择"效果"|"过渡"|"线性擦除"命令，为该图层添加"线性擦除"效果，在"效果控件"面板中设置"擦

113

除角度"参数值为270,在1秒处设置"过渡完成"参数值为100%,在1秒10帧处设置"过渡完成"参数值为0%。

(11) 同理制作 wenzi2~wenzi4 合成。

5.3.5 定版画面制作

(1) 在项目窗口的空白处右键单击,在弹出的快捷菜单中选择"新建项目"命令,在打开的"合成设置"对话框中进行设置,新建"定版"合成,合成设置与"舞台"合成一致,持续时间为7秒。

(2) 将项目窗口的 tu-4.jpg 素材拖至"定版"合成中,按 P 键展开其"位置"属性,设置属性值为(394,254);选择工具栏中的矩形工具■,在该图层绘制 3 个矩形蒙版,3 个蒙版的"蒙版形状"设置如图 5-47 所示。

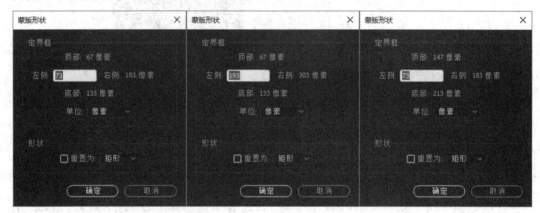

图 5-47

(3) 选择 tu-4.jpg 图层,右键单击该图层,在弹出的快捷菜单中选择"效果"|"生成"|"描边"命令,为该图层添加"描边"效果,在"效果控件"面板中设置其参数,如图 5-48(a)所示。选择 tu-4.jpg 图层,按 T 键展开该图层的"不透明度"属性,单击"不透明度"属性左侧的关键帧开关,设置 0 秒处"不透明度"属性值为 0,1 秒处其属性值为 100。

(4) 在"定版"合成中新建橙色纯色图层,选择工具栏中的矩形工具■,在该图层绘制 3 个矩形蒙版,如图 5-48(b)所示。

(5) 选择橙色纯色图层,按两次 M 键展开"蒙版"的所有属性,将时间线设置在 0:00:00:18 处,单击上面两个蒙版的"蒙版不透明度"属性左侧的关键帧开关,设置当前时间处两个蒙版的"蒙版不透明度"属性值为 0%,将时间线设置在 0:00:01:00 处,设置两个蒙版的"蒙版不透明度"属性值为 88%。同理,设置下面一个蒙版的"蒙版不透明度"在 18 帧到 1 秒处其值从 0%变化到 38%的关键帧动画。

(6) 将项目窗口的 1.psd 素材拖至"定版"合成中,按 P 键展开该图层的"位置"属性,设置其属性值为(421,336),按 Shift+S 快捷键展开其"缩放"属性,按 Shift+T 快捷键展开其"不透明度"属性,在 0 秒处设置"缩放"和"不透明度"属性值为(877%,877%)、

0%,在 1 秒处设置属性值为（157%,157%）、100%。

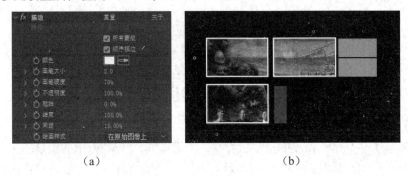

(a)　　　　　　　　　　　　(b)

图 5-48

(7) 选择 1.psd 图层，按 Ctrl+D 快捷键复制该图层并命名为"1.psd-投影"图层，按 S 键展开该图层的"缩放"属性，单击两个关键帧的长宽缩放链接按钮，设置两个关键帧处"缩放"的 Y 轴缩放值为负值，实现垂直翻转（注意要取消原有的链接开关），如图 5-49 所示。按 P 键展开其"位置"属性，设置属性值为（421,400）。

图 5-49

(8) 选择"1.psd-投影"图层，选择工具栏中的矩形工具，在该图层绘制如图 5-50 所示的矩形蒙版，按两次 M 键展开"蒙版"属性，单击"蒙版羽化"属性右侧的链接标识，取消长宽羽化链接，设置其羽化值，效果如图 5-50（a）所示，参数设置如图 5-50（b）所示。

(a)　　　　　　　　　　　　(b)

图 5-50

5.3.6 最终合成

(1) 在项目窗口的空白处右键单击，在弹出的快捷菜单中选择"新建合成"命令，在打开的"合成设置"对话框中进行设置，新建"场景"合成，持续时间为 23 秒，其他设置同"舞台"合成。

(2) 将项目窗口的 bg.jpg 素材拖至"场景"合成中，将"舞台"合成从项目窗口中拖至"场景"合成中 bg.jpg 图层的上方，打开该图层的 3D 开关，设置该图层的"位置""缩放""X轴旋转"属性值,如图5-51所示。

图5-51

(3)新建"50毫米"预设的摄像机图层,利用图5-52(a)所示的摄像机工具调整"舞台"图层的位置,效果如图5-52(b)所示。或展开"摄像机1"图层,设置该图层的"位置"属性,如图5-53所示。

(a)

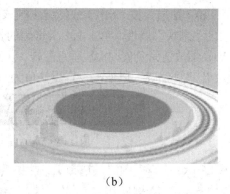

(b)

图5-52

图5-53

(4)将项目窗口中的face1~face6合成拖至"场景"合成中的"舞台"图层的上方,如图5-54(a)所示。选择face1~face6图层,打开3D图层开关,按A键展开其"锚点"属性,设置其属性值为(100,100,100)。

(5)选择face3图层,按P键展开"位置"属性,设置其属性值为(394,288,200)。选择face5图层,按R键展开该图层的"旋转"属性,设置"Y轴旋转"属性值为0x+90;选择face2图层,按R键展开该图层的"旋转"属性,设置"Y轴旋转"属性值为0x-90;选择face1图层,按R键展开该图层的"旋转"属性,设置"X轴旋转"属性值为0x+90;选择face6图层,按R键展开该图层的"旋转"属性,设置"X轴旋转"属性值为0x-90。通过设置6个面组成了正方体,如图5-54(b)所示。

(6)新建"空对象"图层,打开图层的3D开关,设置face1~face6图层的父图层为"空1"图层,效果如图5-55所示。

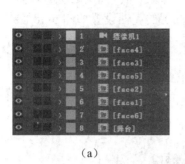 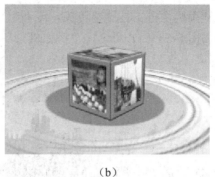

（a） （b）

图 5-54

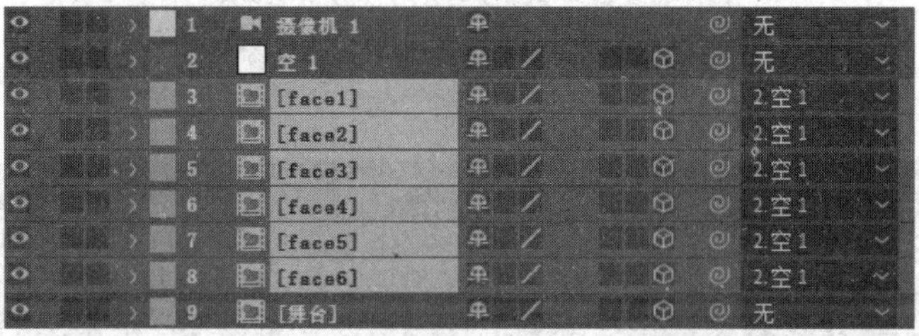

图 5-55

（7）选择"空 1"图层，按 P 键展开其"位置"属性，按 Shift+R 快捷键同时展开该图层的"旋转"属性。将时间线移动至 2 秒处，单击"位置""X 轴旋转""Y 轴旋转""Z 轴旋转"左侧的关键帧开关，如图 5-56 所示；将时间线移动至 0 秒处，建立"位置""X 轴旋转""Y 轴旋转""Z 轴旋转"属性的关键帧，参数设置如图 5-57 所示。将时间线移动至 4 秒处，设置"Y 轴旋转"属性值为 2x+0.0。

图 5-56

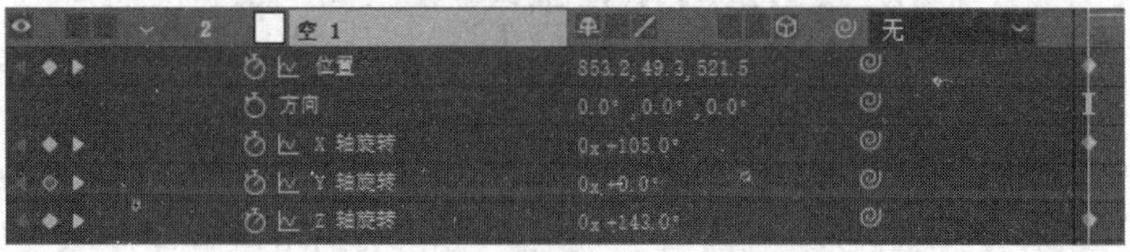

图 5-57

（8）同理设置"空 1"图层的"位置"关键帧。移动时间线至 0:00:17:20 处，单击"位置"属性左侧 中间的四方块建立关键帧；移动时间线至 0:00:18:10 处，设置"位置"属性值为（82,288,0），制作引导正方体移出画面之外的动画。

（9）选择"摄像机 1"图层，展开该图层的"变换"属性，移动时间线至 4 秒处，单击"目标点"和"位置"属性左侧的关键帧开关，在此处建立关键帧，将时间线移动至 6 秒处，利用摄像机工具调整镜头，或调整"摄像机 1"图层的"目标点"和"位置"属性，效果如图 5-58（a）所示，"摄像机 1"图层的属性设置如图 5-58（b）所示。

（a）

（b）

图 5-58

（10）选择"摄像机 1"图层，移动时间线至 0:00:07:16 处，单击 中间的四方块建立"目标点"和"位置"属性的关键帧；移动时间线至 0:00:09:05 处，利用摄像机工具调整镜头，或调整"摄像机 1"图层的"目标点"和"位置"属性值，效果如图 5-59 所示。

图 5-59

（11）同上，移动时间线至 0:00:10:21 处，单击 中间的四方块建立"目标点"

和"位置"属性的关键帧,移动时间线至 0:00:12:13 处,利用摄像机工具调整镜头,或调整"摄像机 1"图层的"目标点"和"位置"属性值,效果如图 5-60 所示。

图 5-60

(12)同上,移动时间线至 0:00:14:07 处,单击 中间的四方块建立"目标点"和"位置"属性的关键帧,移动时间线至 0:00:15:24 处,利用摄像机工具调整镜头,或调整"摄像机 1"图层的"目标点"和"位置"属性值,效果如图 5-61 所示。

图 5-61

(13)移动时间线至 0:00:05:11 处,将项目窗口的 wenzi1 合成拖至"场景"合成中"摄像机 1"图层上方,按"["键将 wenzi1 图层的入点移动至时间线处。选择 wenzi1 图层,按 P 键展开该图层的"位置"属性,设置该属性值为(288,660);按 T 键展开该图层的"不透明度"属性,设置该属性从 0:00:07:00 至 0:00:08:00 其值由 100%变化至 0%,制作该图层的逐渐消失动画。

（14）同理，将项目窗口的 wenzi2、wenzi3 和 wenzi4 合成拖至"场景"合成中 wenzi1 图层上方，设置 wenzi2 图层的入点为 0:00:07:15；设置 wenzi3 图层的入点为 0:00:11:05；设置 wenzi4 图层的入点为 0:00:14:05。设置 wenzi2 图层的"位置"属性值为（294,460）；设置 wenzi3 图层的"位置"属性值为（394,662）。

（15）同理，设置 wenzi2 图层的"不透明度"属性从 0:00:10:05 至 0:00:10:20 其值由 100%变化至 0%；设置 wenzi3 图层的"不透明度"属性从 0:00:13:15 至 0:00:14:10 的值由 100%变化至 0%，制作各图层的逐渐消失动画。设置 wenzi4 图层的"位置"属性从 0:00:17:20 至 0:00:18:10 其值由（314,332）变化至（-490,332），制作文字图层左移动画。

（16）将项目窗口的"定版"合成拖至"场景"合成中 wenzi4 图层的上方，设置入点为 0:00:18:05。

5.4 项目小结

本项目通过调整摄像机来完成各个镜头动画。可以帮助初学者迅速掌握摄像机的应用方法，在最短的时间内熟练操作。通过对本项目的剖析，可启发读者的想象力，将设计理念融会贯通，制作出更精彩的案例。

5.5 扩展案例

1．案例描述

该案例是一个鼠年宣传动画，通过镜头的逐渐推进将各个生肖逐一展示，最后展示欢庆 2020 年的定版主题，通过此案例展示摄像机镜头动画的制作。

2．案例效果

本案例效果如图 5-62 所示。

图 5-62

图 5-62（续）

3. 案例分析

（1）新建"合成1"合成，合成设置：预设 HDTV 1080 25，持续时间为 10 秒。在项目窗口中导入"素材"文件夹，在该合成中新建黑色纯色图层，右键单击该图层，在弹出的快捷菜单中选择"效果"|"生成"|"梯度渐变"命令，为该图层添加"梯度渐变"效果，在"效果控件"面板中设置该效果的参数值："渐变形状"为"线性渐变"，"起始颜色"为#F9CB72，"结束颜色"为#AD8200，如图 5-63（a）所示。

（2）新建"猪"合成，参数设置同上。输入文字，文字设置：字体为"华康海报体"，字号为 226，颜色为红色。从项目窗口拖动"素材"文件夹下的"生肖剪纸 1.png"至时间线上，右键单击该图层，在弹出的快捷菜单中选择"效果"|"生成"|"填充"命令，为该图层添加"填充"效果，在"效果控件"面板中设置该效果的填充颜色为红色，如图 5-63（b）所示。同理，制作其他的生肖合成。

（a） （b）

图 5-63

（3）新建"云"合成，参数设置同上。从项目窗口拖动"素材"文件夹下的 cloud1.png 和 cloud2.png 至时间线上，设置两个图层合适的摆放位置。

（4）打开"合成1"合成，从项目窗口拖动"云"合成至时间线上，打开该图层的 3D 开关，然后拖动"猪"合成至时间线上，同样打开图层的 3D 开关。同理，其他的生肖合成都配上一个"云"合成以及 logo.png，都拖动到时间线上，打开图层的 3D 开关。使用锚点工具将所有的生肖图层和 logo.png 图层的锚点移动到图层的下方，并设置 X 轴旋转-90，然后调整图层的 Z 轴上的位置，使它们顺序摆放，左视图效果如图 5-64 所示。

图 5-64

（5）从项目窗口拖动 bg.mov 合成至时间线上的最上层，新建摄像机（预设为 35 毫米）图层，然后新建空对象图层"空 1"并打开 3D 开关，设置"摄像机 1"图层的父级为"空 1"图层。制作"空 1"图层的"位置"关键帧动画带动摄像机的位置变化，制作摄像机的镜头推进动画效果。

（6）根据镜头推进的速度分别制作生肖图层的"X 轴旋转"动画和"不透明度"动画，使生肖图片文字一个个旋转展开，逐渐显示出来，如图 5-65 所示。

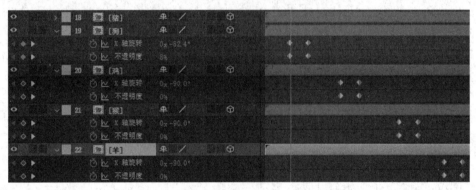

图 5-65

（7）从项目窗口中拖动 mp3 音乐文件至时间线上给动画配上音乐即可。

4. 案例扩展

（1）课外作业 1：利用本案例中原有的素材或者自己搜索的其他素材制作自己原创的三维风格的鼠年的宣传动画。

（2）课外作业 2：大家可以开拓思路，制作一个班级宣传片（介绍班级的具体名称、专业、老师、同学等）。

本项目素材与源文件请扫描下面二维码。

项目 6

《爱护环境》公益广告制作

6.1 项目描述及效果

1. 项目描述

《爱护环境》公益广告主要是通过被污染的环境的图片展示和自然美丽景色的图片展示对比来警示观众要爱护环境,维护美好的自然家园。本项目通过在电视机屏幕中展示美丽的风景画面和污染的图片,来突出自然环境的巨大改变,美景不在,以触动观众内心。用绿叶做陪衬,文字的颜色也和绿叶颜色一致,提示观众,只要爱护环境,一定可以恢复到满目葱翠的美好环境。

2. 项目效果

本项目效果如图 6-1 所示。

图 6-1

图 6-1（续）

6.2 项目知识基础

在数字特技技术产生之前，大部分影片的特技是以实景或微缩景观进行拍摄的。那时特技演员需要在危险的环境中做各种危险动作，而实景或微缩景观的制作也耗费大量的金钱。经过几十年的发展，演员合成在 CG 场景中的技术已经极为成熟。蓝绿屏抠像的使用、摄像机追踪技术的应用等高精尖技术构成了当今的数字电影技术。

一般情况下选择蓝色或绿色背景进行前期拍摄，将拍摄后的素材使用抠像技术使背景颜色透明，就可以与计算机制作的场景或其他场景素材进行叠加合成，如图 6-2 所示。之所以使用蓝色或绿色是因为人的身体不含这两种颜色。欧美多用绿屏，而亚洲多用蓝屏，因为肤色条件不同，例如日耳曼民族眼睛多蓝色，自然不能用蓝屏抠像。

图 6-2

要进行抠像合成至少需要两个图层：抠像图层和背景图层，且抠像图层在背景图层之上。这样用户在为目标图层设置抠像效果后，可以透出其下的背景图层。选择抠像素材后，选择"效果"|"抠像"命令，在弹出的下拉菜单中选择所需的抠像效果，不同的抠像方式适合不同的素材。

6.2.1 CC Simple Wire Removal

CC Simple Wire Removal（擦钢丝）效果是利用一根线将图像分割，在线的部位产生模糊效果，如图 6-3 所示，擦除前后如图 6-4 所示。

图 6-3

图 6-4

该效果中各项参数的含义如下。

- Point A（点 A）：设置控制点 A 在图像中的位置。
- Point B（点 B）：设置控制点 B 在图像中的位置。
- Removal Style（移除样式）：设置移除钢丝的样式。
- Thickness（厚度）：设置钢丝的厚度。
- Slope（倾斜）：设置钢丝的倾斜角度。

6.2.2 颜色差值键

1. 作用及参数介绍

"颜色差值键"效果通过两个不同的颜色对图像进行抠像，形成两个蒙版：蒙版 A 和蒙版 B，其中蒙版 A 使指定抠像色之外的其他颜色区域透明，蒙版 B 使指定的抠像颜色区域透明，将两个蒙版透明区域进行组合，得到第 3 个蒙版透明区域，也就是最终起抠像作用的 Alpha 蒙版，如图 6-5 所示。这种抠像方式可以较好地还原均匀蓝底或绿底上的烟雾、玻璃等半透明物体。

图 6-5

> **注意**：在蒙版中，白色像素部分是不透明部分，黑色像素部分是透明部分，灰色像素部分则依据其灰度值进行半透明处理。

该效果中各项参数含义如下。

- 吸管：从图形上吸取抠像色。
- 吸管：从效果图像上吸取透明区域的颜色。
- 吸管：从效果图像上吸取不透明区域的颜色。
- A B α：图像的不同预览效果，与参数区中的选项相对应。参数中带有字母 A 的选项对应于 A 预览效果；参数中带有字母 B 的选项对应于 B 预览效果；参数中带有单词 Matte 的选项对应 α 预览效果。通过切换不同的预览效果并修改相应的参数，可以更好地控制图像的抠像。
- 视图：指定在合成图像窗口中显示的图像视图。可显示蒙版或显示抠像效果。
- 主色：选择抠像色。
- 颜色匹配准确度：其中"更快"表示匹配的精度低；"更准确"表示匹配的精度高。
- 部分：通过滑块对蒙版透明度进行精细调整。黑色滑块可以调节每个蒙版的透明度；白色滑块调节每个蒙版的不透明度；"灰度系数"滑块控制透明度值与线性级数的密切程度。值为 1 时，级别是线性的，其他值产生非线性级数。

2. 应用效果

（1）在项目窗口中导入"素材与源文件\Chapter6\其他素材\color different key"文件夹下的 girl.tga 和 bg.png，按住鼠标左键将 girl.tga 素材拖动到窗口下方 （创建新合成）按钮上，产生一个合成图像。选择 bg.png 图层，按 Ctrl+Alt+F 组合键将图像放大至满屏。

（2）在合成图像中选择上方的 girl.tga 图层。右键单击该图层，在弹出的快捷菜单中选择"效果"|"抠像"|"颜色差值键"命令，为该图层添加"颜色差值键"效果。

（3）在"效果控件"面板中选择第 1 个吸管工具，在合成窗口中或效果窗口的缩略图中单击键出颜色。

（4）选择第 2 个吸管工具，在蒙版中最亮的透明区域中单击或在演员图像中最透明的区域单击，即演员的半透明纱裙处，从而知道透明区域并相应地调整合成图像的透明区域。

（5）从缩略图中观察α蒙版，如图 6-6（a）所示。也可以在"视图"下拉列表中选择观察视图，如图 6-6（b）所示。可以看到周围的蓝背景已经键出，但是演员身上的部分颜色也被键出，呈现半透明效果。所以需要对演员身上键出的颜色进行返还。

（a） （b）

图 6-6

（6）选择第 3 个吸管工具，在蒙版中最暗的不透明区域中单击或在演员图像中最不透明的区域单击，从而指定保留区域的不透明程度。

（7）重复步骤（5）、（6），以得到一个较为满意的键出效果。如果前期拍摄时使用的不是蓝屏或者绿屏，而是其他纯色，抠像效果有时会不够理想。这样，可以将"颜色匹配准确度"选项设置为"更准确"模式，从而得到比较精确的运算结果。

（8）调整"黑色蒙版"和"白色蒙版"值分别为 109 和 197，拉开不透明区域和透明区域的黑白差距到比较满意的效果，如图 6-7（a）所示。

（9）此时，在抠像的边缘处仍然残留了一些绿屏或者蓝屏的颜色，这时需要借助另一抠像滤镜来消除这样的瑕疵。右键单击该图层，在弹出的快捷菜单中选择"效果"|"抠像"|"高级溢出抑制器"命令，为该图层添加抑制抠像溢出颜色特效，如图 6-7（b）所示。在"方法"中选择"极致"，展开"极致设置"选项，单击"抠像颜色"右侧的选色器，点选上面"颜色差值键"特效的"主色"右侧的蓝屏或者绿屏颜色。

（10）将"颜色差值键"特效下"视图"模式切换到"最终输出"画面显示。

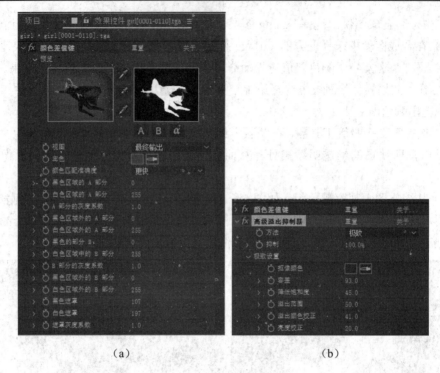

图 6-7

6.2.3 颜色范围

1. 作用及参数介绍

"颜色范围"效果通过在 Lab、YUV 或 RGB 等不同的颜色空间中,定义键出的颜色范围,实现抠像效果。常用于前景对象与抠像背景颜色分量相差较大且背景颜色不单一的情况,如图 6-8 所示。

图 6-8

该效果中各项参数含义如下。
- ▶ ✏: 从合成窗口中选取键出色。
- ▶ ✏: 增加键出颜色范围。
- ▶ ✏: 减小键出颜色范围。
- ▶ 模糊: 对边界进行柔化模糊处理。
- ▶ 色彩空间: 指定色彩空间模式。
- ▶ 最小值/最大值: 精确设置颜色范围的起始和结束, 其中 L, Y, R 控制指定颜色空间的第 1 个分量; a, U, G 控制指定颜色空间的第 2 个分量; b, V, B 控制指定颜色空间的第 3 个分量; 最小值控制颜色范围的开始, 最大值控制颜色范围的结束。

2. 应用效果

（1）在项目窗口中导入"素材与源文件\Chapter6\其他素材\different matte"文件夹下的 girl.png 和 bg2.jpg, 按住鼠标左键将 girl.png 拖动到窗口下方 ▣ (新建合成) 按钮上, 产生一个合成图像, 将 bg2.jpg 拖至 girl.png 的下层。

（2）选择 girl.png 图层, 右键单击该图层, 在弹出的快捷菜单中选择"效果"|"抠像"|"颜色范围"命令, 为该图层添加"颜色范围"效果。

（3）在"效果控件"面板中, 选择第 1 个吸管工具 ✏, 在合成窗口中单击要被键出的绿屏颜色, 如图 6-9 所示。

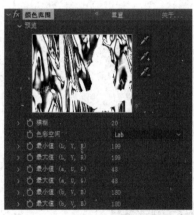

图 6-9

（4）由于背景色并不单一, 因此部分绿屏没有被抠掉。因此, 在"效果控件"面板中选择第 2 个吸管工具 ✏, 在合成窗口中继续单击没有被完全键出的绿屏颜色, 增加键出颜色范围, 如图 6-10 所示。

（5）如果不小心选择了过多的键出颜色范围, 可以通过"效果控件"面板的第 3 个吸管工具 ✏, 单击不需要透明的像素进行还原处理, 减小键出颜色的范围。

（6）适当地调整"模糊"值, 对抠像边界进行柔化处理, 以得到更自然的效果。

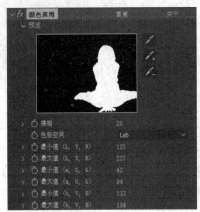

图 6-10

（7）此时人物身体边缘仍然有少量绿色，可以使用蒙版控制工具对蒙版进行收缩。右键单击 girl.png 图层，在弹出的快捷菜单中选择"效果"|"蒙版"|"简单阻塞工具"命令，为该图层添加"简单阻塞工具"效果，如图 6-11 所示。该效果对蒙版边缘进行细微调整以产生清晰的蒙版。可以在"视图"下拉列表中指定视图类型为"最终输出"。"阻塞遮罩"可以调节阻塞值。负值扩展蒙版，正值收缩蒙版。这里设置为 0.8，边缘绿色基本被清除。

图 6-11

（8）最后对身体边缘残留的绿色进行色彩抑制。为 girl.tga 图层应用"效果"|"蒙版"|"高级溢出抑制器"命令效果既可抑制人物身体边缘残留的绿色。

6.2.4 差值遮罩

1. 作用及参数介绍

"差值遮罩"效果通过源图层与对比图层进行比较后，将源图层和对比图层中相同颜色区域键出，实现抠像处理，如图 6-12 所示。

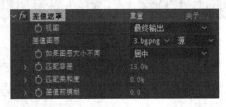

图 6-12

该效果中各项参数的含义如下。

- 视图：设置不同的图像视图。
- 差值图层：指定与效果图层进行比较的差异图层。

- 如果图层大小不同：如果差异图层与效果图层大小不同，可以选择居中对齐或拉伸差异图层。
- 匹配容差：设置颜色对比的范围大小。值越大，包含的颜色信息量越多。
- 匹配柔和度：设置颜色的柔和程度。
- 差值前模糊：可以在对比前将两个图像进行模糊处理。

2. 应用效果

（1）在项目窗口中导入"素材与源文件\Chapter6\其他素材\difference matte"文件夹下的 girl.png、bg.png、bg2.jpg，按住鼠标左键将其拖动到窗口下方 ▦ （新建合成）按钮上，产生一个合成图像，将 bg2.jpg 拖至 girl.png 图层下方。

（2）在时间线窗口中选择对比图层 bg.png，将该图层前的 ◉ 关闭，隐藏该图层。

（3）选择 girl.png 图层，右键单击该图层，在弹出的快捷菜单中选择"效果"|"抠像"|"差值遮罩"命令。在"效果控件"面板的差值遮罩下拉列表中选择 bg.png 对比层。

（4）拖动"匹配容差"滑块调整宽容程度，直到效果满意，然后使用蒙版控制工具"简单阻塞工具"对边缘进行收缩，去除残留的边缘色。最后应用"高级溢出抑制器"效果对身体边缘残留的绿色进行色彩抑制。效果如图 6-13 所示，图 6-13（a）为原图，图 6-13（b）为对比图层，图 6-13（c）为抠图后的效果。

（a）　　　　　　　　　　（b）　　　　　　　　　　（c）

图 6-13

6.2.5 提取

"提取"效果通过指定一个亮度范围来进行抠像，键出图像中所有与指定键出亮度相近的像素，产生透明区域。该效果常用于前景对象与背景明暗对比非常强烈的情况下，如图 6-14 所示。

该效果中各项参数的含义如下。

- 通道：选择要提取的颜色通道，以制作透明效果。
- 黑场：设置黑场的范围，小于该值的黑色区域将变透明。

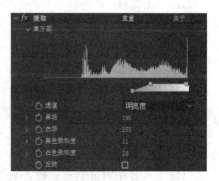

图 6-14

- 白场：设置白场的范围，大于该值的白色区域将变透明。
- 黑色柔和度：设置黑色区域的柔化程度。
- 白色柔和度：设置白点区域的柔化程度。
- 反转：反转上面参数设置的颜色提取区域。

效果如图 6-15 所示，图 6-15（a）为原图，图 6-15（b）为背景，图 6-15（c）为键出后的效果。

　　　　（a）　　　　　　　　　　（b）　　　　　　　　　　（c）

图 6-15

6.2.6　内部/外部键

1. 作用及参数介绍

"内部/外部键"效果可以通过指定的蒙版来定义内边缘和外边缘，根据内外蒙版进行图像差异比较，得出透明效果，如图 6-16 所示。

该效果中各项参数的含义如下。

- 前景（内部）：为效果图层指定内边缘蒙版。
- 其他前景：可以为效果图层指定更多的内边缘蒙版。
- 背景（外部）：为效果图层指定外边缘蒙版。
- 其他背景：可以为效果层指定更多的外边缘蒙版。

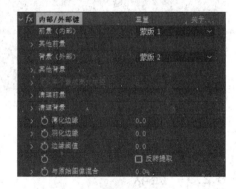

图 6-16

- 单个蒙版高光半径：当使用单一蒙版时，修改该参数可以扩展蒙版的范围。
- 清理前景：该选项组可用于指定蒙版来清除前景颜色。
- 清理背景：该选项组可用于指定蒙版来清除背景颜色。
- 薄化边缘：设置边缘的粗细。
- 羽化边缘：设置边缘的羽化程度。
- 边缘阈值：设置边缘颜色阈值。
- 反转提取：选中该复选框，将设置的提取范围进行反转操作。
- 与原始图像混合：设置效果图像与原图像间的混合比例，值越大越接近原图。

2. 应用效果

（1）在项目窗口中导入"素材与源文件\Chapter6\其他素材\inner outer key"文件夹下的 beauty.jpg、bg.jpg 文件，按住鼠标左键将 beauty.jpg 拖动到窗口下方 ![] （新建合成）按钮上，产生一个合成图像，将 bg.jpg 拖至 beauty.jpg 图层下方。

（2）选择 beauty.jpg 图层，利用钢笔工具沿着演员内边缘绘制一个封闭的路径，如图 6-17（a）所示。

（3）回到时间线窗口，按 M 键展开 beauty.jpg 图层的"蒙版"属性，将蒙版合成模式设置为"无"，屏蔽其蒙版功能，只作为将来"内部/外部键"效果的参考路径，并将此蒙版命名为 inner，如图 6-17（b）所示。

（a）　　　　　　　　　　　　（b）

图 6-17

（4）再次回到合成窗口中，沿着演员外边缘绘制一个封闭的路径，如图 6-18（a）所示。同样将蒙版合成模式设置为"无"，并将此蒙版命名为 outer。

（5）选择 beauty.jpg 图层，右键单击该图层，在弹出的快捷菜单中选择"效果"|"抠像"|"内部/外部键"命令。在"效果控件"面板中，将"前景（内部）"设置为 inner，"背景（外部）"设置为 outer，After Effects 将根据两个区域中间的像素差别进行键出抠像，如图 6-18（b）所示。

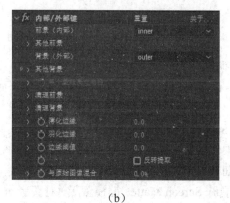

（a）　　　　　　　　　　　　（b）

图 6-18

（6）如果感觉抠像效果内外边缘范围需要简单修正，可以调整"薄化边缘"属性；如果觉得边缘过于生硬，可以调整"羽化边缘"属性，得到更自然的效果，效果如图6-19所示。

6.2.7 Keylight

Keylight效果可以处理一些比较复杂的场景，如玻璃的反射、半透明的流水等。

（1）以"素材与源文件\Chapter6\其他素材\keylight"文件夹下 bg.tif 和 renwu.tif 两个素材建立合成。

（2）右键单击 renwu.tif 图层，在弹出的快捷菜单中选择 "效果" | Keying | Keylight 命令，如图6-20（a）所示。

图 6-19

（3）在 Screen Colour（键控颜色）栏选择滴管工具，在合成窗口中的蓝色部分单击，吸取键去颜色。在 View（视图）下拉列表中选择 Combined Matte（合成蒙版），以蒙版方式显示图像，这样更有助于观察抠像的细节效果，如图 6-20（b）所示。在键去蓝色后产生的 Alpha 通道中，黑色表示透明的区域，白色表示不透明区域，灰色则根据深浅表示半透明。

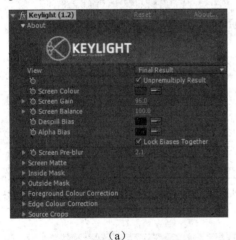

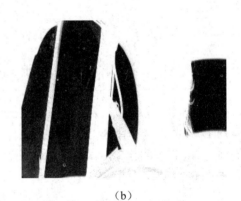

（a） （b）

图 6-20

（4）调整 Screen Gain（键控增量）参数，该参数控制抠像时有多少颜色被移除产生透明。数值比较高时，会有更多的区域变透明。而 Screen Balance（键控平衡）则控制色调的均衡。

（5）Screen Pre-blur（键控预模糊）参数可以设定一个较小的模糊值，可以对抠像的边缘产生柔化效果。这样可以让抠像的前景同背景融合得更好，但注意柔化的值不宜过高，以免损失细节。

（6）展开 Screen Matte（键控蒙版）对蒙版进行调整，如图 6-21（a）所示。在 Clip Black 和 Clip White 中，分别控制图像的透明区域和不透明区域。数值为 0 时表示完全透明，数值为 100 则表示完全不透明。Screen Shrink/Grow 可以对蒙版边缘进行扩展或者收缩。负值为收缩蒙版，正值为扩展蒙版。Screen Softness 选项用于对蒙版边缘产生柔化效果。两个 Despot 参数对图像的透明和不透明区域分布进行调节，对颜色相近部分进行结晶化处理，以对一些去除不尽的杂色进行抑制。

（7）激活 Foreground Colour Correction（前景颜色校正）卷展栏，如图 6-21（b）所示，可以对前景进行调节，包括色相、饱和度、对比度、亮度、颜色的抑制等，主要用于前景和背景的协调统一。

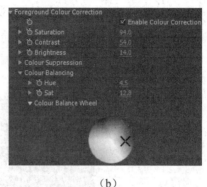

(a)　　　　　　　　　　　　　　　(b)

图 6-21

（8）如图 6-22（a）所示，背景换为黄昏的色调，这时，车内的色调和背景不协调。首先调整车体和人物，展开 Colour Balance Wheel（彩色平衡色轮）出现一个色轮，将色轮向红色方向拖动，使前景色偏青偏红，以符合夕阳下的背光色调。调整 Brightness 和 Contrast 参数，提高亮度和对比度。

（9）接下来对透明的边缘区域进行调整，选中 Enable Edge Colour Correction（启用边缘颜色校正）复选框，如图 6-22（b）所示。展开 Colour Balance Wheel（彩色平衡色轮）卷展栏，在色轮中调整颜色，观察车窗玻璃的色调，调整到暖黄色即可。

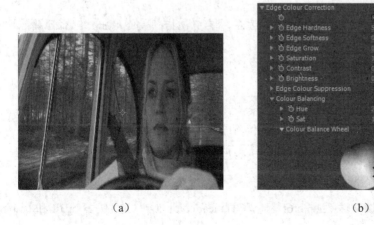
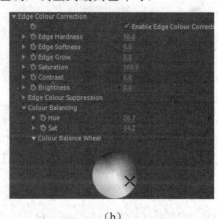

(a)　　　　　　　　　　　　　　　(b)

图 6-22

（10）如果影片中有一些难抠的细节，如发丝等。这时，Keylight 特效还提供 Mask 抠像的方法。首先需要在影片中对象的抠像边缘建立里外两个 Mask，然后在 Keylight 中展开

Inside Mask（内部蒙版）和 Outside Mask（外部蒙版）来指定 Mask 抠像。系统会根据内外边缘的不同，比较像素差别，得出非常精细的抠像结果，这和 Inner/Outer Key 非常相似。

6.2.8 线性颜色键

1. 作用及参数介绍

"线性颜色键"效果通过指定"使用 RGB""使用色相"或"使用色度"的信息对像素进行键出抠像。也可以使用该效果保留前边使用其他抠像变为透明的颜色。例如，键出背景时，对象身上与背景相似的颜色也被键出，可以应用该效果，返回对象身体上被键出的相似颜色，如图 6-23 所示。

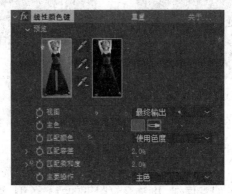

图 6-23

该效果中各项参数的含义如下。

- ▶ ✎：从缩略图或者合成窗口中吸取键出色。
- ▶ ✎：增加键出颜色范围。
- ▶ ✎：减少键出颜色范围。
- ▶ 视图：设置在合成窗口中的预览方法，其中包括"最终输出""仅限源""仅限蒙版"。
- ▶ 主色：键出颜色选择。
- ▶ 匹配颜色：指定匹配方式。
- ▶ 匹配容差：值越高被抠掉的像素越多。
- ▶ 匹配柔和度：可以调节透明区域和不透明区域之间的羽化程度。
- ▶ 主要操作：指定键出色是被抠掉还是被保留。

2. 应用效果

（1）以"素材与源文件\Chapter6\其他素材\linear color key"文件夹下 bg.tif 和 lanping.tga 两个素材建立合成。

（2）选择 lanping.tga 图层，右键单击该图层，在弹出的快捷菜单中选择"效果"|"抠像"|"线性颜色键"命令。在"效果控件"面板的"匹配颜色"下拉列表中选择"使用色度"。

（3）选择 工具，在合成窗口中单击键出颜色；选择工具，在模特两腿间的阴影部分单击，使阴影更为明显。

（4）对残留的蓝色进行抑制。为 lanping.tga 图层应用"高级溢出抑制器"效果，抠像前后效果如图 6-24 所示。

图 6-24

6.2.9 抠像清除器和高级溢出抑制器

1. 抠像清除器

利用"抠像清除器"效果，可恢复通过典型抠像效果抠出的场景中的 Alpha 通道细节，包括恢复因压缩伪像而丢失的细节，如图 6-25 所示。

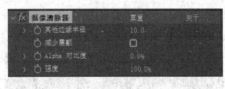

图 6-25

2. 高级溢出抑制器

利用"高级溢出抑制器"效果，可去除用于颜色抠像的彩色背景中的前景主题颜色溢出。"高级溢出抑制器"效果有两种溢出抑制方法：标准和极致。"标准"方法比较简单，可自动检测主要抠像颜色，需要的用户操作较少，如图 6-26（a）所示。"极致"方法基于 Premiere Pro 中的"极致键"效果的溢出抑制，如图 6-26（b）所示。

该效果中各项参数的含义如下。

➢ 容差：从背景中滤出前景图像中的颜色。增加了偏离主要颜色的容差。可以使用"容差"移除由色偏所引起的伪像。也可以使用"容差"控制肤色和暗区上的溢

137

出。值的范围为 0~100，默认值为 50，0 为不影响图像。

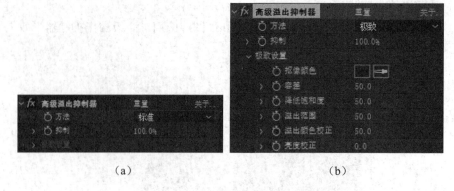

（a） （b）

图 6-26

- 降低饱和度：控制颜色通道背景颜色的饱和度。降低接近完全透明的颜色的饱和度。值的范围为 0~50，0 为不影响图像，默认值为 25。
- 溢出范围：控制校正的溢出的量。值的范围为 0~100，0 为不影响图像，默认值为 50。
- 溢出颜色校正：调整溢出补偿的量。值的范围为 0~100，0 为不影响图像，默认值为 50。
- 亮度校正：控制校正的溢出的亮度。值的范围为 0~100，0 为不影响图像，默认值为 50。

6.2.10 颜色键

"颜色键"效果通过指定一种颜色，然后将与其近似的像素键出抠像，使其透明，所以它可以抠出与指定的主色相似的所有像素。此功能相对比较简单，对于拍摄质量好、背景比较单纯的素材有不错的效果，但是不适合处理复杂背景，特效参数如图 6-27 所示。从 After Effects CC 开始，"颜色键"效果已移到"过时"类别中。

图 6-27

该效果中各项参数含义如下。
- 主色：选择将要被抠掉的颜色。
- 颜色容差：用于多少近似颜色被抠掉，设置的值越高，越多的近似色被抠除。
- 薄化边缘：抠像边界扩展或收缩，正值为收缩边界，负值为扩展边界。
- 羽化边缘：边缘羽化程度设置。

选择素材中键出颜色，调节相应参数，效果如图 6-28 所示，左图为原图，右图为合成效果。

图 6-28

6.3 项目实施

6.3.1 导入素材

（1）启动 After Effects CC 2019，选择"编辑"|"首选项"|"导入"命令，打开"首选项"对话框，设置"静止素材"的导入长度为 18 秒。

（2）在项目窗口中双击，打开"导入文件"对话框，选择"素材与源文件\Chapter6\Footage"文件夹中的 sucai1.jpg～sucai4.jpg 和 wuran1.jpg～wuran4.jpg 文件，在"导入种类"下拉列表框中选择"素材"选项，将素材导入。用同样的方法将 leaves.psd、TV.psd 和 wall.psd 以"素材"方式导入。

6.3.2 图片素材准备

（1）在项目窗口中的空白处右键单击，在弹出的快捷菜单中选择"新建合成"命令，在打开的"合成设置"对话框中进行设置，预设为 PAL D1/DV，持续时间为 9 秒，新建 tupian 合成。

（2）从项目窗口中拖动 sucai1.jpg～sucai4.jpg 至 tupian 合成中，按 Ctrl+Alt+F 组合键使 4 个图层的大小放大至和合成大小一致，设置 sucai1.jpg 图层的入点在 0 秒处，sucai2.jpg 图层的入点在 2 秒处，sucai3.jpg 图层的入点在 4 秒处，sucai4.jpg 图层的入点在 6 秒处。

（3）选择 sucai1.jpg 图层，右键单击该图层，在弹出的快捷菜单中选择"效果"|"颜色校正"|"色相/饱和度"命令，为该图层添加"色相/饱和度"效果。移动时间线至 0 秒处，在"效果控件"面板中，单击"通道范围"左侧的关键帧开关，设置"主饱和度"值

为-100，使图像转变为黑白图像，如图6-29所示。移动时间线至2秒处，调整"主饱和度"的值为0，制作图像由黑白逐渐转变为彩色的动画效果。

图6-29

（4）在"效果控件"面板中选择"色相/饱和度"效果，按Ctrl+C快捷键复制。选择sucai2.jpg图层，移动时间线在2秒处，按Ctrl+V快捷键粘贴该效果，同理复制到其他图层上。

（5）新建tupian1合成，持续时间设置为8秒，其他参数同tupian合成。从项目窗口中拖动wuran1.jpg～wuran4.jpg至tupian1合成中，按Ctrl+Alt+F组合键使4个图层的大小放大至和合成大小一致，设置wuran1.jpg图层的入点在0秒处，wuran2.jpg图层的入点在0:00:01:10处，wuran3.jpg图层的入点在0:00:03:20处，wuran4.jpg图层的入点在0:00:06:00处。

（6）选择wuran1.jpg图层，右键单击该图层，在弹出的快捷菜单中选择"效果"|"过渡"|"CC Line Sweep（CC线扫描）"命令，为该图层添加CC Line Sweep效果。在"效果控件"面板中设置Slant（斜线）属性值为60，如图6-30（a）所示。移动时间线至0:00:01:10处，单击Completion（完成）左侧的关键帧开关，在此处建立一个关键帧，移动时间线至0:00:01:20处，设置Completion（完成）的属性值为100，自动在此处建立一个关键帧，完成过渡动画。

（7）同理为wuran2.jpg图层添加CC Grid Wipe（CC网格擦除）效果，参数设置如图6-30（b）所示。移动时间线至0:00:03:20处，单击Completion（完成）左侧的关键帧开关，移动时间线至0:00:04:05处，调整Completion（完成）的属性值为100%。

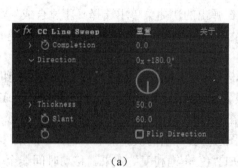

(a)

(b)

图6-30

（8）同理为 wuran3.jpg 图层添加"百叶窗"效果，参数设置如图 6-31 所示。移动时间线至 0:00:06:00 处，单击"过渡完成"左侧的关键帧开关，移动时间线至 0:00:06:10 处，调整"过渡完成"的属性值为 100%。

图 6-31

6.3.3 最终合成

（1）新建 final 合成，持续时间设置为 18 秒，其他参数同 tupian 合成。从项目窗口中拖动 wall.psd 素材到 final 合成中，按 S 键展开其"缩放"属性，设置属性值为（54,54%）。

（2）从项目窗口中拖动 leaves.psd 素材到 final 合成中 wall.psd 图层的上方，在时间线上展开该图层的"变换"属性，设置其"位置"属性为（636,22），"缩放"属性为（62%,62%），如图 6-32（a）所示。右键单击该图层，在弹出的快捷菜单中选择"效果"|"透视"|"投影"命令，为该图层添加"投影"效果，参数设置如图 6-32（b）所示。

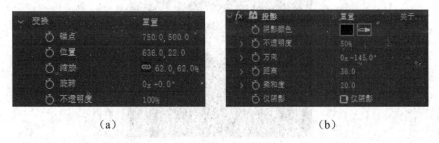

(a)　　　　　　　　　　(b)

图 6-32

（3）选择 leaves.psd 图层，按 Ctrl+D 快捷键复制该图层。展开复制图层的"变换"属性栏，调整该图层的"位置"属性为（16,406），"缩放"属性为（49%,49%），如图 6-33（a）所示，调整后的效果如图 6-33（b）所示。

(a)　　　　　　　　　　(b)

图 6-33

（4）从项目窗口中拖动 TV.psd 素材至 final 合成的 wall.psd 图层的上方，继续拖动 tupian 合成至 TV.psd 图层的下方。选择 TV.psd 图层，右键单击该图层，在弹出的快捷菜单中选择"效果"|"过时"|"颜色键"命令，为该图层添加"颜色键"效果，在"效果控件"面板中单击"主色"右侧的吸管，在合成窗口 TV.psd 图层上的绿色屏幕部分单击，吸取抠像颜色。设置"薄化边缘"为1，使抠像边缘收缩1像素，抠除边缘残留的颜色，如图6-34（a）所示。

（5）选择 tupian 图层，按 S 键展开该图层的"缩放"属性，设置属性值为（67.1,67.1%），在时间线上显示"父级和链接"列，设置 tupian 图层的父图层为 TV.psd 图层。选择 TV.psd 图层，按 S 键展开该图层的"缩放"属性，设置属性值为（73,73%），如图6-34（b）所示。

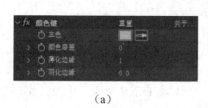   

(a)　　　　　　　　　　　　　　(b)

图 6-34

（6）选择 TV.psd 图层，按 R 键展开该图层的"旋转"属性，设置属性值为 0x-17，在工具栏中选择锚点工具，调整该图层的锚点位置，如图 6-35 所示。

图 6-35

（7）选择 TV.psd 图层，移动时间线至 0:00:00:10 处，在时间线上单击"旋转"属性左侧的关键帧开关，在此处建立一个关键帧。移动时间线至 0 秒处，调整"旋转"属性值为 0x-103，完成旋转进入动画制作。移动时间线至 0:00:08:14 处，调整"旋转"属性值为 0x-17；移动时间线至 0:00:08:24 处，调整"旋转"属性值为 0x+87，完成旋转移动动画制作。

（8）在合成窗口中输入文字"让环境越来越美"，字体为"微软雅黑"，颜色为橙色（#FF8105），字号为46，参数设置如图 6-36（a）所示。移动时间线至 0:00:00:10 处，选择文字图层并按"["键，设置该图层的入点。右键单击该图层，在弹出的快捷菜单中选择"效果"|"生成"|"梯度渐变"命令，为该图层添加"梯度渐变"效果。其中"起始颜色"为黄绿色（#B4FF00），"结束颜色"为黄色（#FFF000），如图 6-36（b）所示。

（9）选择文字图层，右键单击该图层，在弹出的快捷菜单中选择"效果"|"过渡"|"百叶窗"命令，为该图层添加"百叶窗"效果，在"效果控件"面板中设置该效果的"宽

度"属性值为 11。移动时间线至 0:00:00:10 处,单击该效果的"过渡完成"属性左侧的关键帧开关,设置该属性值为 100%。移动时间线至 0:00:00:20 处,设置该属性值为 0%,完成文字的显示动画制作。移动时间线至 0:00:08:14 处,在此处建立一个关键帧,移动时间线至 0:00:08:24 处,设置该属性值为 100%,完成文字的消失动画制作。

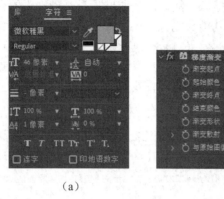

图 6-36

(10)另外一幅屏幕画面的制作同上,具体参数可参照该项目的源文件。输入文字"还是……",设置该图层的入点在 0:00:09:00 处。选择"让环境越来越美"文字图层,在"效果控件"面板中复制"梯度渐变"效果,粘贴到"还是……"文字层。

(11)在"还是……"文字图层上绘制如图 6-37(a)所示的矩形蒙版。按两次 M 键展开该图层"蒙版"属性,设置"蒙版羽化"属性值为(41,0),移动时间线至 0:00:09:15 处,单击"蒙版形状"左侧的关键帧开关,自动在此处建立一个关键帧。移动时间线至 0:00:15:15 处,在此处建立一个关键帧。移动时间线至 0:00:09:00 处,调整蒙版形状如图 6-37(b)所示。复制 0:00:09:00 处的关键帧至 0:00:15:24 处,完成文字的动画制作。

图 6-37

(12)输入文字"请爱护环境",字体大小为 90,其他属性同上。复制"还是……"文字图层的"梯度渐变"效果至"请爱护环境"文字图层。同上,调整该文字图层的轴心点,制作该图层的旋转动画。

6.4 项目小结

本项目的实施中只应用了简单的抠像功能，但是通过项目基础知识的介绍，让读者系统了解了 After Effects 中强大的抠像功能。抠像是一个非常讲究技巧的工作，必须通过大量的练习才能在实际操作中选择合适的效果对素材进行抠像。同时也要认识到，前期对素材的拍摄对于后期的效果制作也是非常重要的，只有认真仔细地做好前期拍摄工作，然后在掌握抠像技巧的基础上，才能制作出预期的合成效果。

6.5 扩展案例

1. 案例描述

该案例是一个手机广告动画，手机的界面展示是通过抠图后把界面图片置于手机上进行展示的，通过此案例简单抠图效果激发大家对绿屏抠图、蓝屏抠图及其他复杂抠图的兴趣。

2. 案例效果

本案例效果如图 6-38 所示。

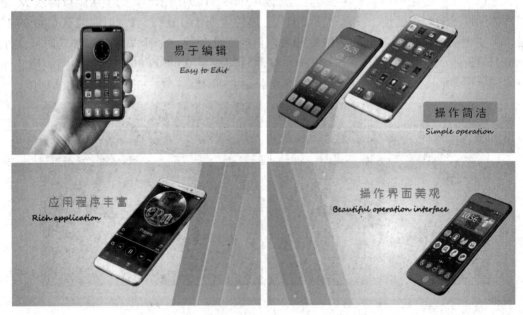

图 6-38

3. 案例分析

我们着重分析第二个场景动画的制作，其他的场景动画大家可以举一反三，进行扩展，制作更多的展示动画效果。

（1）新建 key 合成，合成设置：预设 HDTV 1080 25，持续时间为 9 秒。在该合成中新建橙色纯色图层，使用矩形工具在纯色图层上添加矩形蒙版，选择矩形下面两个控点并向左移动使之变为平行四边形，在时间线窗口复制"蒙版 1"并向右移动该蒙版并调整"蒙版不透明度"属性值为 60%，同理，复制"蒙版 3"，调整"蒙版不透明度"属性值为 30%，如图 6-39（a）所示，效果如图 6-39（b）所示。设置该图层的位置左移动画效果。

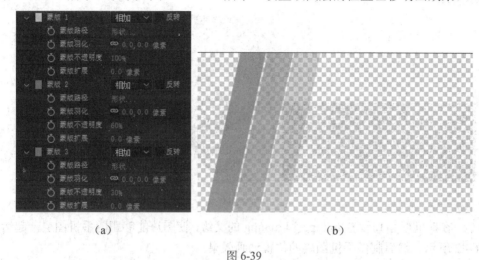

(a)　　　　　　　　　　　　　　(b)

图 6-39

（2）从项目窗口中拖动两次 ji1.jpg 放置到时间线上，按 S 键展开"缩放"属性，将图层缩放为 67%。使用钢笔工具分别在两个 ji1.jpg 图层上绘制蒙版，分别将两个手机单独显示。选择 ji1.jpg 图层，右键单击该图层，在弹出的快捷菜单中选择"效果"| Keying | Keylight1.2 命令，为该图层添加 Keylight 效果，在"效果控件"面板中单击 Screen Colour（键控色）右侧的吸管，在手机上吸取绿色即可，如图 6-40 所示。

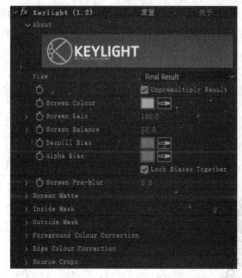 

图 6-40

（3）从项目窗口中拖动 tu2.jpg 和 tu3.jpg 放置于 ji1.jpg 图层的下方，选择 tu3.jpg 图层，右键单击该图层，在弹出的快捷菜单中选择"效果"|"扭曲"|"边角定位"命令，为该图层添加"边角定位"效果，在"效果控件"面板中分别单击"左上"右侧的  按钮，在合成窗口中将该图层的左上角定位到手机屏幕的左上角位置，其他的定位方式相同，如图 6-41 所示。

图 6-41

（4）在时间线窗口设置 tu2.jpg 和 tu3.jpg 的父级，使图片能够跟随手机图层一起运动，如图 6-42 所示。然后制作手机图层的位置动画效果。

图 6-42

（5）输入文字，然后新建橙色纯色图层，使用圆角矩形工具在纯色图层上绘制圆角矩形，并制作"蒙版路径"动画。文字图层制作缩放和透明度动画。

4．案例扩展

（1）其他的场景动画大家可以参考案例讲解中的步骤进行自主完成制作，也可以参考扩展案例的源文件。

（2）课外作业：利用本案例中原有的图片素材制作自己原创的手机展示广告动画效果。

本项目素材与源文件请扫描下面二维码。

项目 7

《徽风皖韵》宣传片头制作

7.1 项目描述及效果

1. 项目描述

《徽风皖韵》栏目主要是以徽州为出发点,开掘山水间的历史意蕴,诠释文明的兴衰,全景式地扫描勾勒出水墨徽州斑驳意象。本项目主要通过水墨场景中的一幅幅徽州的特色美景来展示水墨徽州的主题。为了突出水墨画一样的徽州美景,特意用水墨竹子做掩映,水墨竹影掩映徽州的自然美景,如诗如画;文字介绍也采用墨笔做底色,字体的选取也是体现古风古色。

2. 项目效果

本项目效果如图 7-1 所示。

图 7-1

图 7-1（续）

7.2 项目知识基础

7.2.1 路径文本

1. 路径文字参数设置

After Effects 允许文字沿着一条指定的路径运动。该路径必须为文本图层上的一个开放或者闭合的蒙版。文本图层有一个路径选项属性列表，在该属性列表的路径属性中选择文本所要依附的路径。在应用路径文本后，在路径选项列表中将多出 5 个选项，用来控制文字与路径的排列关系，如图 7-2 所示。

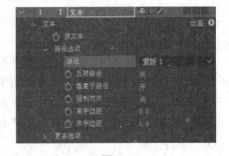

图 7-2

- 反转路径：该选项可以将路径上的文字进行反转，反转路径为关的效果如图 7-3（a）所示，反转路径为开的效果如图 7-3（b）所示。

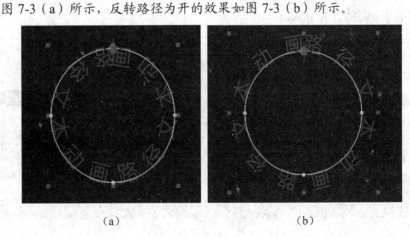

(a)   (b)

图 7-3

➡ 垂直于路径：该选项控制文字与路径的垂直关系，如果开启垂直功能，不管路径如何变化，文字始终与路径保持垂直。垂直于路径为关的效果如图7-4（a）所示，垂直于路径为开的效果如图7-4（b）所示。

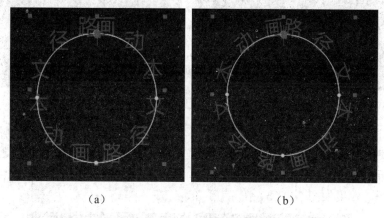

图7-4

➡ 强制对齐：强制将文字与路径两端对齐。如果文字较少，将出现文字分散的效果。强制对齐为关的效果如图7-5（a）所示，强制对齐为开的效果如图7-5（b）所示。

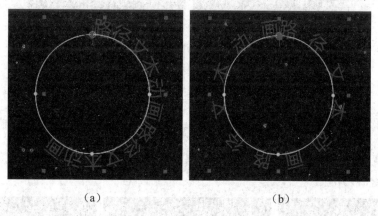

图7-5

➡ 首字边距：用来控制开始文字的位置。
➡ 末字边距：用来控制结束文字的位置。

2. 路径文字动画

路径文字动画制作的思路是：首先需要在文本图层上绘制一个路径，然后指定文字沿该路径移动。

（1）建立文本图层并输入文字。在工具面板中选择钢笔工具，在合成窗口中文本图层上绘制一条开放路径，效果如图7-6所示。

（2）展开文本图层路径选项属性列表，在路径下拉列表中指定刚才绘制的路径为文本路径，在合成窗口中可以看到文字自动沿着路径排列的效果，如图7-7所示。

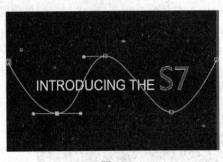 

图 7-6　　　　　　　　　　　　图 7-7

（3）在时间线窗口展开路径选项属性列表，单击首字边距左侧的关键帧记录器，在 0:00:00:00 帧位置添加一个关键帧，并修改其值为-730，将文字移出窗口之外，效果如图 7-8（a）所示。将时间线移动到最后一帧，设置首字边距的值为 1188，在合成窗口中将文字移出画面，效果如图 7-8（b）所示。

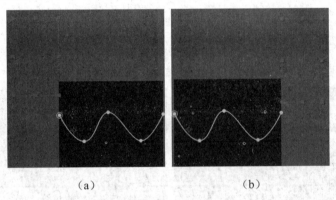

（a）　　　　　　　　（b）

图 7-8

这样，就完成了路径文字动画的制作，按空格键或小键盘上的 0 键预览动画效果，其中的几帧如图 7-9 所示。

图 7-9

7.2.2　文字的高级动画

利用文字的高级动画可以实现对文本的局部动画制作。展开文本图层的文本属性后，可以看到动画参数栏，单击其右侧的小箭头可弹出所有可以设置动画的属性，如图 7-10 所示。

选择需要设置动画的属性，After Effects 会自动在文本属性栏下增加一个动画制作工具属性，如图 7-11 所示。每个动画制作工具组中都包含一个范围选择器。可以在一个动画制作工具中继续添加范围选择器，或者在一个范围选择器中添加多个动画属性。动画制作工具属性由 3 部分组成，分别是范围选择器、高级和指定动画的属性。

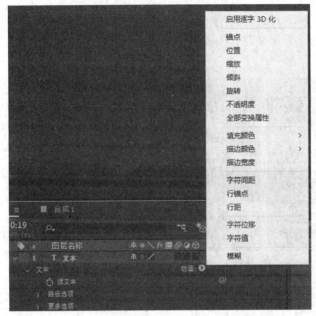

图 7-10

图 7-11

- 范围选择器：用于指定动画参数影响的范围，可以使文字按照特定的顺序进行移动和缩放。
- 起始：设置选择器的开始位置。
- 结束：设置选择器的结束位置。
- 偏移：设置选择器的整体偏移量。
- 单位：设置选择范围的单位，有百分比和索引两种。
- 依据：设置选择器动画的基于模式，包含字符、不包含空格的字符、词和行 4 种。
- 模式：设置多个选择器范围的混合模式，包含相加、相减、相交、最小值、最大值和差值 6 种模式。
- 数量：设置属性动画参数对选择器文字的影响程度。0%表示动画参数对选择器文字没有任何作用，50%表示动画参数只能对选择器文字产生一半的影响。
- 形状：设置选择器边缘的过渡方式，包括正方形、上斜坡、下斜坡、三角形、圆形和平滑 6 种方式。
- 平滑度：在设置形状类型为正方形方式时，该选项才起作用，它决定了一个字符到另一个字符过渡的动画时间。

- 缓和高：特效缓入设置。
- 缓和低：原始状态缓出设置。
- 随机排序：决定是否启用随机设置。
- 随机植入：设置随机的变数。

1. 局部文字动画

（1）文字选区动画

本例将制作文字由屏幕外逐个快速飞入的效果，如图 7-12 所示。制作思路：在本例中，文字逐个由下向上飞入屏幕，可以通过为文本设置位置属性来达到效果，而局部范围的影响则必须通过指定选取范围来实现。

图 7-12

① 在项目窗口中导入"素材与源文件\Chapter 5\text"文件夹下的 bg.jpg，并以其产生一个合成。在合成设置中，将影片的时间设置为 4 秒。

② 在工具面板中选择文本工具，在合成窗口中输入文本。在"字符"面板中指定字体、尺寸和颜色，并将其设为"在描边上填充"模式。右键单击文字图层，在弹出的快捷菜单中选择"图层样式"|"投影"命令，为该图层添加"投影"图层样式，效果和"字符"面板如图 7-13 所示。

图 7-13

③ 在时间线窗口中展开文本图层，显示文本属性。单击文本属性右侧"动画"选项旁的 ，在弹出的菜单中选择"位置"属性。

④ 展开"范围选择器1"设置动画。由于文字逐个由下向上飞入，所以必须让选取范围由小变大来接受位置属性影响。在 0:00:00:00 处单击起始左侧的关键帧记录器开关，在此处建立一个关键帧，移动时间线至 0:00:03:00 处，设置起始的值为 100%，自动建立一个关键帧。

⑤ 修改位置。将文本放置在字符发射的位置。设置位置参数值为（189,126），效果如图 7-12 所示。只有起始和结束范围之内的文字才受到动画属性"位置"的影响，随着起始的值逐渐变大，文字动画范围逐渐向右移动，左侧逐渐脱离文字动画范围的文字就逐渐恢复到原本的位置。源文件 text01.aep 存储在"素材与源文件\Chapter 7\text"文件夹下。

（2）文字多个选区动画

本例将制作文字逐个显示，最后一个字单独放大的效果如图 7-14 所示。制作思路：在本例中，文字首先逐个显示，可以通过为文本设置透明度属性来达到效果，而局部范围的影响则必须通过指定选取范围来实现。最后一个字单独放大的效果不能在上一个动画序列完成，因为动画的范围不同，所以继续为文本设置缩放属性动画来达到效果。

图 7-14

① 建立文本图层并输入文字。在时间线窗口中展开文本图层，显示文本属性。单击文本属性右侧"动画"选项旁的■，在弹出的菜单中选择"不透明度"属性，调整不透明度参数值为（0%,0%），由于当前所有文字都在动画序列范围内，所以都受到动画属性不透明度的影响，均不可见。

② 为了让文字从左侧逐个显示，可以制作起始的关键帧动画，使起始逐渐向右移动，左侧逐渐脱离动画序列范围的就恢复原来的透明度，逐渐显示出来。在 0:00:00:00 处设置起始的值为 0%，在 0:00:02:00 处设置起始的值为 100%。

③ 继续单击文本属性右侧"动画"选项旁的■，在弹出的菜单中选择"缩放"属性，新建"动画制作工具2"，如图 7-15（a）所示。最后一个字单独放大效果是动画序列范围不变，而是范围内的文字进行缩放。调整起始的值使动画序列开始标记在"风"字的左侧，其值为 75%，如图 7-15（b）所示。

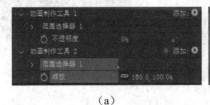 

（a） （b）

图 7-15

④ 设置"风"字的缩放动画。在 0:00:02:00 处设置"动画制作工具 2"的动画属性"缩放"的值为（100%,100%），在 0:00:03:00 处设置其值为（327%,327%）；但是此时"风"字与"生"字间距太近，"风"字放大后遮挡住"生"字，所以需要为"动画制作工具 2"添加"字符间距"属性。单击"动画制作工具 2"右侧"添加"选项旁的 ⬤，在弹出的菜单中选择"属性"|"字符间距"，在 0:00:02:00 处设置字符间距大小为 0，设置 0:00:03:00 处字符间距大小的值为 60，实现"风"字的放大动画效果。源文件 text02.aep 存储在"素材与源文件\Chapter 7\text"文件夹下。

2. 随机变化动画

本例将制作文字由随机乱动到排列成为一行整齐的文本。首先需要对影响区域进行设置，然后添加动画属性并进行随机设置即可，效果如图 7-16 所示。

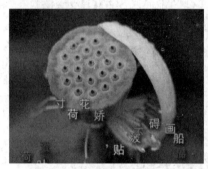

图 7-16

（1）建立文本图层并输入文字。在时间线窗口中展开文本图层，显示其文本属性，单击文本属性右侧"动画"选项旁的 ⬤，在弹出的菜单中选择"位置"属性。

（2）单击"动画制作工具 1"右侧"添加"选项旁的 ⬤，在弹出的菜单中选择"选择器"|"摆动"，为文字添加随机波动，随机波动可以影响处于该动画设置下的所有属性。

（3）调整"位置"参数值为（17,77），可以看到字符位置在屏幕中随机运动。

（4）展开"波动选择器 1"卷展栏，如图 7-17 所示。

- 模式：用于设置每个选择器与其上部选择器的合并方式。
- 最大量和最小量：用于分别设置随机效果的最大和最小程度。
- 依据：随机变化是基于字符、不包含空格的字符、词、行。
- 摇摆/秒：用于控制随机速度，数值越高，随机变化速度越快。
- 关联：用于设置字符间的关联程度，100%表示所有字符使用相同的随机值，0%

图 7-17

项目7 《徽风皖韵》宣传片头制作

表示所有字符使用独立的随机值。
- 时间相位和空间相位：分别控制随机字符在时间和空间上的开始相位。
- 锁定维度：参数设置为开，可以在随机缩放的同时保持字符的宽高比不变。
- 随机植入：通过指定数值来改变动画的开始时间。

（5）设置"摇摆/秒"为5，得到一个合适的字符抖动速度。继续单击"动画制作工具1"右侧"添加"选项旁的 ，在弹出的菜单中选择"填充颜色"|"色相"，并设置其属性值为0x+195，这样文本的颜色也产生随机变化。

（6）移动时间线到2秒处，展开"动画制作工具1"，为"范围选择器1"下的"起始"参数记录关键帧（0%），移动时间线至3秒处，修改起始参数值为100%。源文件text03.aep存储在"素材与源文件\Chapter 7\text"文件夹下。

3. 动画属性设置

本例将制作文字从右向左逐个从模糊到清晰显示，效果如图7-18所示。

图7-18

（1）新建合成PAL D1/DV，时长8秒。新建蓝色（#034B62）纯色图层，在其上层新建黑色纯色图层，并在黑色纯色图层上建立椭圆蒙版，设置蒙版羽化值为（232,232）像素，效果如图7-19所示。

图7-19

（2）输入文字，单击文本属性右侧"动画"选项旁的 ，在弹出的菜单中选择"不透明度"属性。调整不透明度属性的值为0，动画范围之内的文字全部不可见。

（3）展开"动画制作工具 1"下的"范围选择器 1"设置动画。在 0 秒处激活"偏移"参数关键帧记录器，设置"偏移"参数值为 100%，在 2 秒处设置其参数值为-100%。播放动画，可以看到文字从右往左逐个消失又逐个显示。

（4）接下来单击"动画制作工具 1"右侧"添加"选项旁的■，在弹出的菜单中选择"属性"|"缩放"，将"缩放"属性增加到动画中，设置其值为（400%,400%）；继续在添加下拉列表属性栏中选择"模糊"，设置模糊参数值为（200,200）。

（5）展开"高级"卷展栏，如图 7-20 所示。

- 单位：其中索引是使用绝对值计算字符、字或者文本行，百分比是使用百分数计算字符、字或者文本行。
- 形状：设置文本动画变化的形状。

（6）设置"形状"为"下斜坡"，播放动画可以看到文字从右向左由模糊到清晰缩放显示。接下来制作文字消失动画。在 4 秒处设置偏移参数值为 100%。

（7）变换文本。在 0:00:04:00 处激活文本属性下的"源文本"关键帧记录器，在 0:00:04:01 处，双击文本进入文本编辑方式，修改文本为"热点透视"。继续制作"热点透视"的显示和消失动画。在 6 秒处设置偏移参数值为-100%，在 0:00:07:23 处设置偏移参数值为 100%。

（8）最后添加光效。新建黑色纯色图层，右键单击该图层，在弹出的快捷菜单中选择"效果"|"生成"|"镜头光晕"命令，添加"镜头光晕"特效。设置镜头类型，如图 7-21 所示。设置光晕中心关键帧动画，使光斑随着文字的显示进行左右移动。源文件 text04.aep 存储在"素材与源文件\Chapter 7\text"文件夹下。

图 7-20

图 7-21

4．预设文本动画

After Effects CC 2019 提供了更多、更丰富的效果预置创建文本动画，并可以借助 Adobe Bridge 软件可视化地预览这些特效预置。基本创建过程如下所示。

（1）在时间线窗口中选中要应用特效预置的文本图层，并将当前时间指针放置到开始特效的时间位置。

（2）通过"窗口"|"效果和预设"命令，打开特效预置面板，如图 7-22 所示。

（3）在特效预置面板找到需要的文本特效，直接拖曳到目标文本上即可。

（4）如果想更直观地观看预置动画，然后赋予给当前选择图层，可以通过菜单"动画"|"浏览预设"命令，打开 Adobe Bridge 软件动态预览各特效预置。最后，在合适的特效预置上双击即可。

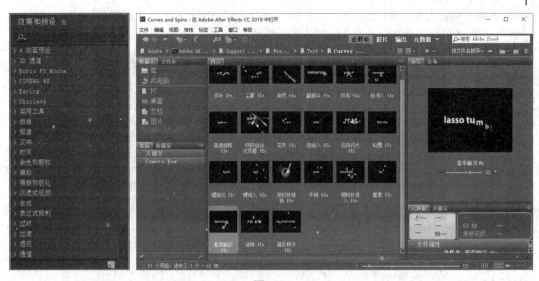

图 7-22

7.2.3 三维文本动画

After Effects CC 2019 可以对文本图层中单个的字母或者单词进行维度上的控制。本例制作文字一行一行逐个倒下的动画，效果如图 7-23 所示。

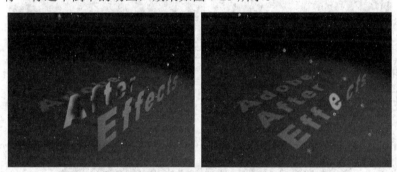

图 7-23

（1）新建时长为 2 秒的 PAL D1/DV 制作的合成。新建暗绿色（#095D4A）纯色图层，打开该图层的三维开关。按 R 键展开该图层的旋转属性，设置 X 轴旋转值为 90。

（2）新建摄像机，利用摄像机工具调整视角。输入文字图层，文字属性如图 7-24（a）所示。单击文本属性右侧"动画"选项旁的 ▶，在弹出的菜单中选择"启用逐字 3D 化"属性，启用文本三维功能。选择文本图层，按 R 键展开旋转属性，设置 X 轴旋转值为-90，按 P 键展开位置属性，设置其值为（228,286,0），效果如图 7-24（b）所示。

（3）再次单击文本属性右侧"动画"选项旁的 ▶，在弹出的菜单中选择"旋转"属性，设置 X 轴旋转值为 90，效果如图 7-25 所示。

（4）展开"动画制作工具 1"下的"范围旋转器 1"中的属性，移动时间指针至 1 秒处，激活"偏移"的关键帧记录器，产生第 1 个关键帧，移动时间指针至 0:00:01:24 位置，设置"偏移"属性值为100,完成文字逐个倒下动画。摄像机动画和灯光参照源文件text04.aep存储在"素材与源文件\Chapter 7\text"文件夹下。

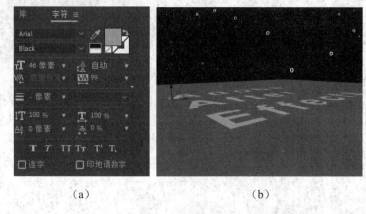

(a)　　　　　　　　　(b)

图7-24

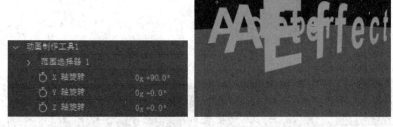

图7-25

7.2.4　文本图层转换为Mask或Shape

After Effects CC 2019可以将文本的边框轮廓自动转换为蒙版,如图7-26所示。

图7-26

具体操作步骤是在时间线窗口中选择某个文本图层,选择"图层"|"创建"|"从文字创建蒙版"命令,系统会自动产生一个新的纯色图层,并且在该图层上产生由文本轮廓转换的蒙版。

After Effects CC 2019也可以将文本的边框轮廓自动转换为形状,如图7-27所示。

具体操作步骤是在时间线窗口中选择某个文本图层,选择"图层"|"创建"|"从文字创建形状"命令,系统会自动产生该文本的形状图层。

图 7-27

7.3 项 目 实 施

7.3.1 导入素材

（1）启动 After Effects CC 2019，选择"编辑"|"首选项"|"导入"命令，打开"首选项"对话框，设置"静止素材"的导入长度为 15 秒。

（2）在项目窗口中双击，打开"导入文件"对话框，选择"素材与源文件\Chapter7\Footage"文件夹中的 tu1.jpg～tu4.jpg 文件，在"导入种类"下拉列表框中选择"素材"选项，将素材导入。用同样的方法将"画笔.psd""墨迹.psd""竹子.psd""水波.psd"以"素材"方式导入。

7.3.2 场景一的制作

（1）在项目窗口中的空白处右键单击，在弹出的快捷菜单中选择"新建合成"命令，在打开的"合成设置"对话框中进行设置，新建 final 合成，如图 7-28 所示。

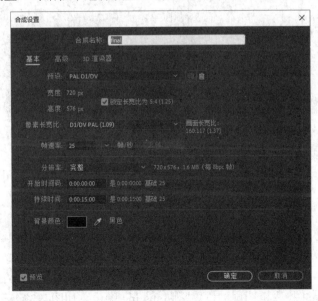

图 7-28

（2）将项目窗口中"水波.psd"素材拖至 final 合成中，按 Ctrl+Alt+F 组合键将该图层放大至满屏。继续拖动 tu4.jpg 素材至"水波.psd"图层的上方，按 S 键展开该层的"缩放"属性，设置属性值为（66%,66%），按 Ctrl+D 快捷键复制该图层。选择复制图层，更改该图层的名称为"tu4 投影"。

（3）选择"tu4 投影"图层，绘制如图 7-29（a）所示的矩形蒙版，按两次 M 键展开该图层的"蒙版"属性，设置"蒙版羽化"属性为（0,168），如图 7-29（b）所示。

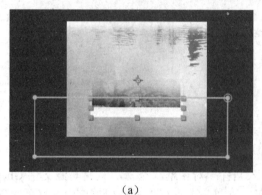

(a)　　　　　　　　　　　　　　(b)

图 7-29

（4）选择工具栏中的轴心点工具，调整"tu4 投影"图层的轴心点至图像的底端，如图 7-30（a）所示。打开 tu4.jpg 和"tu4 投影"图层的 3D 开关，选择"tu4 投影"图层，按 R 键展开该图层的"旋转"属性，设置"X 轴旋转"属性值为 0x+90。拖动"tu4 投影"图层至 tu4.jpg 图层的下端，效果如图 7-30（b）所示。

(a)　　　　　　　　　　　　　　(b)

图 7-30

（5）新建摄像机图层，参数设置如图 7-31 所示。使用统一摄像机工具调整画面的视角，效果可以参照图 7-34（b）。

（6）选择"tu4 投影"图层，在合成窗口中单击按钮，取消蒙版的显示。切换到"左侧"视图，调整"tu4 投影"图层的位置紧贴 tu4.jpg 图层，如图 7-32 所示。

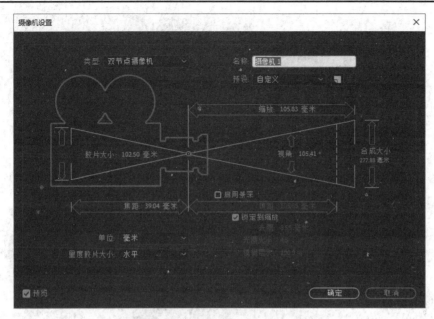

图 7-31

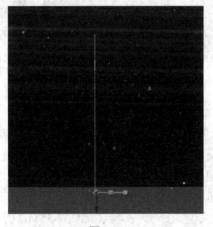

图 7-32

（7）切换到 Active Camera 视图中，从项目窗口中拖曳"墨迹.psd"素材至 tu4.jpg 图层上方，打开该图层的 3D 开关，设置位置属性值为（360,68,0），尺寸属性值为(-23,23,23%)，取消尺寸的超链接。

（8）选择"墨迹.psd"图层，在该图层上绘制矩形蒙版，如图 7-33（a）所示。按两次 M 键展开其"蒙版"属性，设置"蒙版羽化"属性值为（171,0）。拖动时间线到 0:00:00:08 处，单击"蒙版路径"左侧的关键帧开关，在此处建立一个关键帧，移动时间线至 0 秒处，双击蒙版路径，调整路径变换框，如图 7-33（b）所示，系统自动在此处建立关键帧。

（9）从项目窗口中拖动"竹子.psd"素材至"墨迹.psd"图层下方，打开该图层的 3D 开关，调整该图层的"位置"属性值为（579,371,-308），"缩放"属性值为（-100,100,100），注意此处断开"缩放"属性的链接，如图 7-34（a）所示，效果如图 7-34（b）所示。

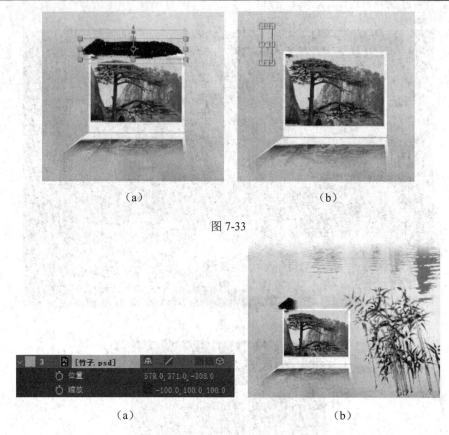

(a)   (b)

图 7-33

(a)

(b)

图 7-34

（10）输入文字"名山秀水"，字体为"经典繁圆艺"、颜色为#1A9F00、字号为59，属性设置如图 7-35（a）所示。展开文本图层显示其"文本"属性，单击文本属性右侧"动画"选项旁的，在弹出的菜单中选择"不透明度"属性。设置"动画制作工具 1"中的"不透明度"属性设置为0%，拖动时间线至 0:00:00:05 处，单击"范围选择器 1"属性下的"起始"左侧的关键帧开关，在此处建立一个关键帧，如图 7-35（b）所示。拖动时间线至 0:00:00:14 处，调整"起始"属性值为 100%，自动在此处建立一个关键帧，完成文字逐个显示效果。

(a)   (b)

图 7-35

(11) 选择文字图层，继续单击文本属性右侧 "动画" 选项旁的 ，在弹出的菜单中选择 "缩放" 属性，展开 "动画制作工具 2" 下的 "范围选择器 1"，调整 "结束" 属性值使范围选择器的结束端在 "名" 字的右侧，如图 7-36（a）所示。调整时间线至 0:00:00:14 处，单击 "缩放" 左侧的关键帧开关，在此处建立一个关键帧，移动时间线至 0:00:01:00 处，调整 "缩放" 属性值为（247%,247%）。效果如图 7-36（b）所示。

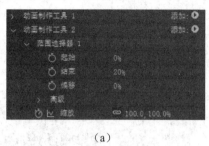 

（a） （b）

图 7-36

(12) 由于 "名" 字逐渐放大过程中遮挡旁边的文字，所以需要调整文字的间距。在 "动画制作工具 2" 右侧 "添加" 的下拉列表中选择 "属性" | "字符间距" 命令，调整时间线至 0:00:00:14 处，单击 "字符间距大小" 属性的关键帧开关，在此处建立关键帧，移动时间线至 0:00:01:00 处，调整该属性的值为 57，自动在此处建立关键帧，制作文字间距拉开动画效果。

7.3.3 其他场景的制作

(1) 其他场景的制作可以参照上面的方法，也可以通过复制替换的方式制作。选择 "tu4 投影" 图层、tu4.jpg 图层、"竹子.psd" 图层、"墨迹.psd" 图层和 "名山秀水" 文本图层，按 Ctrl+D 快捷键复制，将原本的 5 个图层隐藏，将复制的 5 个图层拖放在一起，如图 7-37（a）所示。在时间线窗口上选择 tu4.jpg 图层，在项目窗口中选择 tu3.jpg，按住 Alt 键，将 tu3.jpg 拖至时间线窗口的 tu4.jpg 图层，将其替换。投影图层替换方法相同，替换后更改图层的名称，如图 7-37（b）所示。更改文本图层的文字并删除文本图层的 "动画制作工具 1" 和 "动画制作工具 2"。

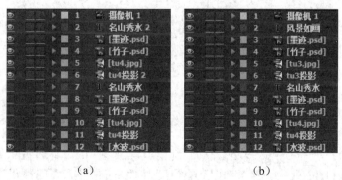

（a） （b）

图 7-37

(2)"风景如画"文字图层制作。展开文本图层显示其"文本"属性,单击文本属性右侧"动画"选项旁的 ,在弹出的菜单中选择"不透明度"属性。设置"动画制作工具 1"中的"不透明度"属性为0%,拖动时间线至0:00:03:19处,单击"范围选择器1"选项下"起始"属性左侧的关键帧开关,在此处建立一个关键帧。拖动时间线至0:00:04:04,调整"起始"属性值为100%,自动在此处建立一个关键帧,完成文字逐个显示效果。

(3)选择文本图层,继续单击文本属性右侧"动画"选项旁的 ,在弹出的菜单中选择"旋转"属性,设置"动画制作工具 2"中的"旋转"属性值为 0x+73。在"动画制作工具 2"右侧的"添加"的下拉列表中选择"选择器"|"摇摆"命令。移动时间线至0:00:04:04,单击"动画制作工具2"下的"范围选择器1"属性下的"偏移"左侧的关键帧开关,在此处建立一个关键帧。移动时间线至0:00:05:00处,调整"偏移"值为100%,自动在此处建立一个关键帧,完成文字随机摇摆到逐渐恢复的动画效果。

(4)第三场景的"古色古香"文本图层制作。单击文本属性右侧"动画"选项旁的 ,在弹出的菜单中选择"不透明度"属性。设置"动画制作工具 1"中的"不透明度"属性为0%,拖动时间线至0:00:07:20处,单击"范围选择器1"属性下"起始"和"结束"左侧的关键帧开关。移动时间线至0:00:08:13处,调整"起始"和"结束"属性值均为50%,制作从两边往中间逐渐显示的动画效果。

(5)在"动画制作工具 1"右侧"添加"的下拉列表中选择"属性"|"缩放"命令,并调整"动画制作工具 1"右中的"缩放"的属性值为(323%,323%);继续在"添加"的下拉列表中选择"属性"|"模糊"命令,并调整"动画制作工具 1"中的"模糊"的属性值为(200,200),效果如图7-38所示,制作从两端往中间逐渐从模糊到清晰的缩小显示动画效果。

图7-38

7.3.4 定版画面制作

(1)隐藏背景图层外的其他图层,从项目窗口中拖动"竹子.psd"素材和"画笔.psd"素材到final合成中,输入文字"徽风皖韵",并调整各图层的位置,效果如图7-39(a)所示。

(2)选择"画笔.psd"图层,绘制如图7-39(b)所示的矩形蒙版,按两次M键,展开其"蒙版"属性,设置"蒙版羽化"属性值为(96,0),移动时间线至0:00:12:10处,单击"蒙版路径"左侧的关键帧开关,在此处建立一个关键帧。移动时间线至0:00:12:00处,双击蒙版边框,调节蒙版边框周围的变换框,如图7-40所示,自动在此处建立关键帧,完成从右往左逐渐显示的动画制作。

(3)选择"徽风皖韵"文本图层,单击文本属性右侧"动画"选项旁的 ,在弹出的菜单中选择"不透明度"属性。设置"动画制作工具 1"中的"不透明度"属性为0%,拖动时间线至0:00:11:13处,单击"范围选择器1"属性下的"偏移"属性左侧的关键帧开关,设置"偏移"属性值为100%,移动时间线至0:00:12:00处,设置"偏移"属性值为-100%。

（a） （b）

图 7-39

（4）在"动画制作工具 1"右侧"添加"的下拉列表中选择"属性"|"缩放"命令，并调整"动画制作工具 1"中的"缩放"属性值为（400%,400%）；继续在"添加"的下拉列表中选择"属性"|"模糊"命令，并调整"动画制作工具 1"中的"模糊"的属性值为（120,120）。展开"高级"属性栏，设置"形状"为"下斜坡"，"随机排序"为"开"，如图 7-41 所示。

图 7-40　　　　　　　　　　图 7-41

（5）选择场景中的各个画面的若干图层，在左视图中调整其前后位置，如图 7-42 所示，并制作摄像机的"目标点"和"位置"的关键帧动画，制作摄像机推进动画效果，具体参数可参照该项目的源文件。

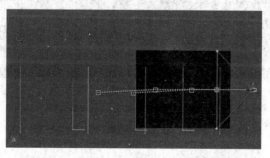

图 7-42

7.4　项目小结

本项目使用摄像机动画制作逐渐进入镜头的徽州的特色美景图，在一个镜头的制作中需要将不同元素添加进去，其色彩搭配与镜头构成都需要精心的策划，在元素选择上要秉持符合主题的原则。在处理镜头时，需要事先做好构思工作，通过草稿设计出最终效果，所以说，在项目制作中对于元素的把握和处理是至关重要的。

7.5　扩展案例

1. 案例描述

该案例讲的是一个文字逐字动画制作的城市相册，大家可以通过此案例的文字动画增强对文字逐字动画原理的理解，扩展制作出多种多样的文字动画效果，达到举一反三的目的。

2. 案例效果

本项目效果如图 7-43 所示。

图 7-43

3. 案例分析

我们着重分析第一个文字场景动画的制作，其他的场景文字动画大家可以举一反三，进行扩展，制作更多的文字动画效果。

（1）新建"场景1"合成，合成设置：预设HDTV 1080 25，持续时间为20秒。在该合成中新建白色纯色图层，然后从项目窗口中拖动 03.jpg 素材放置到白色纯色图层的上方，继续在 03.jpg 图层的上方新建调整图层，右键单击调整图层，在弹出的快捷菜单中选择"效果"|"扭曲"|"光学补偿"命令，为该图层添加"光学补偿"效果，在"效果控件"面板中设置"光学补偿"效果的参数：选中"反转镜头扭曲"，"视场（FOV）"设置为50，如图7-44（a）所示，效果如图7-44（b）所示。

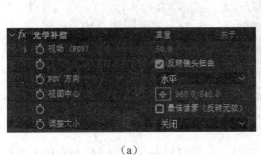 

(a) (b)

图7-44

（2）新建橙色纯色图层（#F38420），使用钢笔工具在此纯色图层上绘制矩形，并调整矩形下面两个控制点，如图7-45所示，在5帧至13帧制作"蒙版路径"的关键帧动画，使图形从无逐渐向右伸展出现。

图7-45

（3）输入文字"桂林山水"，设置文本属性为：字体为"华康海报体"，字号为132，橙色。单击文本图层下"文本"选项右侧"动画"选项旁的◯，在弹出的菜单中选择"不透明度"，设置"不透明度"属性为0%，继续单击"动画制作工具1"右侧"添加"选项旁的◯，在弹出的菜单中选择"缩放"属性，并设置"缩放"属性值为（502,502%）。展开"范围选择器1"选项，在6帧处打开"起始"属性的关键帧开关，在1秒处设置该属性值为100%，如图7-46（a）所示。展开"高级"选项，打开"随机排序"选项，如图7-46（b）所示。

（4）输入文字"桂林山水甲天下"，设置文本属性为：字体为"方正稚艺_GBK"，字号为79，黑色。单击文本图层下"文本"选项右侧"动画"选项旁的◯，在弹出的菜单中选择"不透明度"，设置"不透明度"属性为0%。在10帧至23帧设置"范围选择器1"

选项的"起始"属性的关键动画,属性值从 0 变化至 100。同上,展开"高级"选项,打开"随机排序"选项。

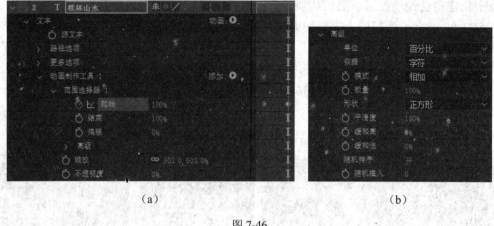

(a)   (b)

图 7-46

4. 案例扩展

（1）其他的场景动画大家可以参考场景 1 进行自主完成制作,也可以参考扩展案例的源文件。

（2）课外作业：利用图片和各种文字动画效果制作一个电子相册（可以是城市风景、人物介绍等）。

本项目素材与源文件请扫描下面二维码。

项目 8

片花制作

8.1 项目描述及效果

1. 项目描述

该项目是少儿频道广告播放前的一段片花。这是一个针对儿童观众群的栏目片花,因为目标对象的定位为儿童,所以在画面色彩、图形风格、动画效果等方面多侧重于绚丽、活泼、卡通的效果表现,以迎合儿童的审美观。这样不仅可以突出主旨,还能引起小朋友的关注。

2. 项目效果

本项目效果如图 8-1 所示。

图 8-1

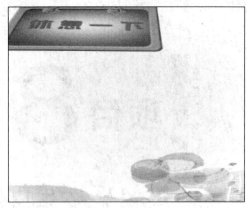

图 8-1（续）

8.2 项目知识基础

8.2.1 人偶工具

人偶工具提供了对图层进行可控制的歪曲变形的处理功能。就好像图像被打印到了一个橡皮泥上，揉、捏、拉、扯橡皮泥就会让图像表演各种动作，并且人偶工具会自动修整图层的相应轮廓，以适应动画的效果，进行抠像融合。动画角色的脚和手位置上的操控点被任意拖曳，从而形成角色的各种动作，如图 8-2 所示。

图 8-2

"人偶引擎"控件可以选择高级人偶引擎和旧版人偶引擎。可以在时间线窗口中，单击"人偶引擎"旁边的下拉菜单，然后选择引擎，如图 8-3 所示；也可以在两个引擎之间切换，但 After Effects 建议避免在放置控点或设置控点动画后切换，原因如下。

- 由于这两种引擎用不同方式解释控点，因此切换可能会更改变形。
- 高级人偶引擎中的扑粉控点（即是固化控点）有所不同，因此旧版人偶引擎会

图 8-3

将高级里固化控点当作普通位置控点，而高级人偶引擎会忽略旧版扑粉控点。

人偶工具其实由 5 个工具组成，分别是人偶位置控点工具、人偶固化控点工具、人偶弯曲控点工具、人偶高级控点工具和人偶重叠控点工具，如图 8-4（a）所示。使用这些工具可在用网格包裹图层的同时拉扯动画，如图 8-4（b）所示。

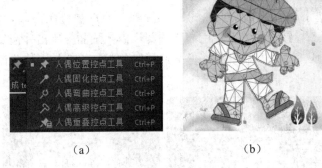

(a)　　　　　　　　　(b)

图 8-4

1. 人偶位置控点工具

（1）工具介绍

人偶位置控点工具是人偶工具组中的核心工具，这个工具至少有两个最关键的用处，一是可以固定不想移动的某个元素，二是可以拖曳移动想要移动的某个元素。这些操控点在用户界面中显示为黄色圆圈。当在画面中放置了人偶位置控点工具之后，人偶工具随之将通过网格细分的方式包裹住图层，作为将来拉伸和挤压的依据。在工具栏右侧，还有几个参数很重要，如图 8-5 所示。

图 8-5

- 网格：是否显示网格。
- 扩展：通过此参数扩展或者收缩被包裹的区域范围。
- 密度：密度控制在网格中自动计算三角形的布局、大小和数量。密度越高，最大和最小三角形大小将减小，可以在控点之间添加更多三角形，且允许的最大三角形数量增加。降低密度，三角形大小将增加，且会创建稀疏网格。
- 记录选项：角色动画录制选项，可以通过"速度"和"平滑"等参数来调整录制动画时的效率和动作平滑度。

（2）应用

下面举例说明使用人偶位置控点工具的操作流程。

① 在项目窗口中导入"素材与源文件\Chapter8\Puppet"文件夹下的 katong.psd，按住鼠标左键将其拖动到窗口下方的 （创建新合成）按钮上，产生一个合成图像，并设置该合成时长为 2 秒。

② 在工具面板中单击"人偶位置控点工具"图标，激活该工具，工具面板右侧出现

一系列可选参数，选中显示网格复选框，其余参数保持默认状态。

③ 移动当前时间线至第 0 帧位置（注意：当创建一个位置控点时，会在当前时间位置自动产生一个关键帧，所以在创建前应先回到第 0 帧位置）。

④ 在角色的脚踝处产生一个操控点，同时可以看到 katong.psd 图层被一个网格包裹，每个网格都由三角形构成，这样通过网格分布就可以明确这个图层是怎样被分割和包裹的。接下来，在另一个脚踝处单击产生另一个操控点，如图 8-6（a）所示。

⑤ 在左手处单击产生一个操控点，保持这个操控点的被选择状态，将鼠标指针移动到黄色的操控点上方，指针变成一个白色的移动图标，在画面中单击并拖曳这个操控点，观察角色其他部分相应的改变。脚踝处好像被钉子钉住了，不会被影响，但身体和头部都会旋转移动，所以在头部、腰部、膝关节等处放置操控点，如图 8-6（b）所示。

（a）　　　　　　　　　　（b）

图 8-6

⑥ 移动时间线至 1 秒处，在手部和右脚处的操控点移动到一个新的位置，如图 8-7（a）所示，选择当前图层，按下 U 键展开所有关键帧，After Effects 为每一个操控点显示单独的位置信息，实现对不同操控点的不同运动路径的记录，如图 8-7（b）所示。

 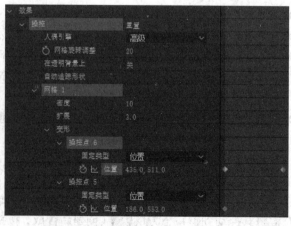

（a）　　　　　　　　　　（b）

图 8-7

2. 人偶固化控点工具

（1）工具介绍

这些控点在用户界面中显示为红色圆圈。有时图层的某个部分可能比想象中更灵活，更容易受其他部分动作的影响，或者在动画过程中会出现一些扭曲错误。解决方法就是通过增加三角形来增加包裹图层的网格三角形元素，对图层进行更为细致的细分操作，让操控点的影响范围控制得更加细腻，调整其中的一个不会影响太多的部分；又或者再添加几个操控点进行关键点的切割，使影响范围分摊、减小；另一种解决方法是通过人偶固化控点工具强制某些部分不受操控点的影响，不会被拉扯变形。在工具栏右侧还有两个重要的参数，如图8-8所示。

图8-8

- 扩展：通过此参数扩展或者收缩被包裹的区域范围。
- 密度：密度控制在网格中自动计算三角形的布局、大小和数量。密度越高，最大和最小三角形大小将减小，可以在控点之间添加更多三角形，且允许的最大三角形数量增加。降低密度，三角形大小将增加，且会创建稀疏网格。

（2）应用

下面举例说明使用人偶固化控点工具的操作流程。

① 在项目窗口中导入"素材与源文件\Chapter8\Puppet"文件夹下的katong.psd，按住鼠标左键将其拖动到窗口下方 按钮上，产生一个合成图像，设置该合成时长为2秒。

② 在katong.psd 图层上使用人偶位置控点工具设置4个操控点，分别在角色各个部位上添加操控点，如图8-9（a）所示。移动时间线至1秒处，移动左手和右手上的操控点，可能会出现头部的移动过于强烈而不自然，如图8-9（b）所示。

（a）　　　　　　　　　　（b）

图8-9

③ 为了修正头部的反应过度错误，在工具栏中选择人偶固化控点工具 。一个灰色的外框描绘在被包裹图层的外型边缘，单击角色头部中间偏上的区域，添加一个红色的操控

点，如图 8-10（a）所示。

④ 通过观察，一些区域还是拉扯变形，保持红色的人偶固化控点工具被选中的状态，通过调整工具面板最右侧的扩展参数（数组为 2）和密度参数（数值为 12）来调整其控制范围和控制程度，效果如图 8-10（b）所示。

（a） （b）

图 8-10

3．人偶弯曲控点工具

（1）工具介绍

这些操控点可自动计算自身与周边操控点（例如人偶固化操控点）的相对位置，同时还允许用户控制控点的缩放和旋转。这些操控点在用户界面中显示为橙褐色圆圈。在工具栏的右侧有两个很重要的参数，如图 8-11 所示，参数和其他几个工具参数含义相同。

图 8-11

（2）应用

下面举例说明使用人偶弯曲控点工具的操作流程。

① 在项目窗口中导入"素材与源文件\Chapter8\Puppet"文件夹下的 katong1.psd，按住鼠标左键将其拖动到窗口下方 ▣ 按钮上，产生一个合成图像，设置该合成时长为 2 秒，选择 katong.psd 图层，按 S 键展开缩放属性，设置为 66%。

② 在 katong.psd 图层上使用人偶位置控点工具设置 4 个操控点，分别在 katong1.psd 图层的各个部位，如图 8-12（a）所示。选择"人偶弯曲控点工具"，在角色的头部单击，移动时间线至 1 秒处，当鼠标放在一个较大褐色外圈的方形手柄上，鼠标上带有缩放标志时，可以缩放操控点，会相对于褐色外圈出现放大或缩小的虚线框，如图 8-12（b）所示。按住 Shift 键的同时进行拖动，将缩放约束为以 5% 为增量。

③ 当鼠标放在一个方形手柄的较大褐色外圈，鼠标上带有旋转标志时，可以旋转操控点，达到弯曲的目的。按住 Shift 键的同时进行拖动，将旋转约束为以 15 度为增量，如图 8-12（c）所示。

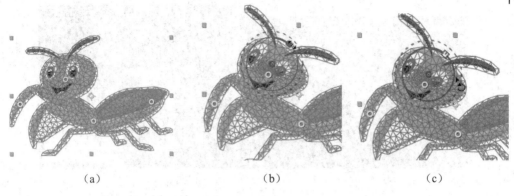

（a）　　　　　　　　　（b）　　　　　　　　　（c）

图 8-12

④ 也可以在时间线上进行数字的精确调整，如图 8-13 所示。

图 8-13

4．人偶高级控点工具

人偶高级控点工具可用于控制操控点的位置、缩放和旋转。使用此功能，可有效控制操控点周围"操控"效果网格的变形方式。如果没有驱动所有 3 个属性，网格可能会生成明显的切变。这些操控点在用户界面中显示为蓝绿色圆圈。在工具栏的右侧有两个很重要的参数，如图 8-14 所示，参数和其他几个工具参数含义相同。

图 8-14

人偶高级控点工具的使用：拖动操控直接移动操控点。当鼠标放在一个方形手柄的较大蓝绿色外圈的方形手柄上，鼠标上带有缩放标志时，可以缩放操控点，会相对于蓝绿色外圈出现放大或缩小的虚线框。按住 Shift 键的同时进行拖动，将缩放约束为以 5%为增量。当鼠标放在一个方形手柄的较大蓝绿色外圈，鼠标上带有旋转标志时，可以旋转操控点，达到弯曲的目的。按住 Shift 键的同时进行拖动，将旋转约束为以 15 度为增量，操作方法和人偶弯曲控点工具相同。

还可以在时间线上精确控制这些操控点的位置、缩放、旋转，如图 8-15（a）所示。而且在固定类型的下拉菜单中可以切换成另外的其他工具，如位置即为人偶位置控点工具；扑粉即为人偶固化控点工具；弯曲即为人偶弯曲控点工具，如图 8-15（b）所示。

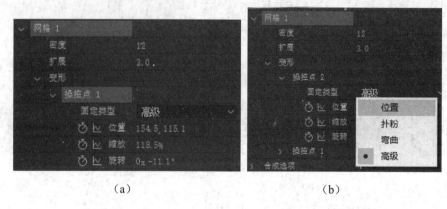

(a)　　　　　　　　　　　　(b)

图 8-15

5. 人偶重叠控点工具

（1）工具介绍

通过人偶重叠控点工具可以在同一图层的不同元素之间产生层次关系，以解决动画中的遮挡问题。这些操控点在用户界面中显示为蓝色圆圈，在工具栏的右侧有两个很重要的参数，如图8-16所示。

图 8-16

- 置前：指定层次深度，数值越高，层次越高；数值越低，则层次越低。
- 范围：控制节点的影响范围。

（2）应用

下面举例说明使用人偶重叠控点工具的操作流程。

① 在项目窗口中导入"素材与源文件\Chapter8\Puppet"文件夹下的 katong.psd，按住鼠标左键将其拖动到窗口下方的 按钮上，产生一个合成图像，设置该合成时长为 2 秒。

② 在 katong.psd 图层上使用人偶位置控点工具设置 4 个操控点，如图 8-17（a）所示的 4 个黄色小圈，一个在角色头部，一个在角色腰部，一个在手上，一个在胳膊上。

③ 拖动时间线至 1 秒处，拖曳角色左手处的操控点，将其移动到身体部分，如图 8-17（b）所示。

④ 在工具面板中选择人偶重叠控点工具 ，在灰色外框里单击角色衣服部分，将出现一个蓝色的点，并且在点的周围部分三角形网格将变成浅白色，如图 8-18（a）所示。其中，颜色越浅、越趋向白色，就代表这部分层次越高，能遮挡住其他部分；而颜色越深、越趋向黑色，就代表这部分层次越低，将被其他部分遮盖。这种层次关系可以通过工具栏右侧的置前或者通过时间线窗口中重叠属性下的置前参数来调整，数值越高则层次越高，如果为负值，则层次向低级别发展。在本例中如果希望手在身体衣服的后面，可将置前参数调整为 5。如果希望手在身体衣服的前面，可将置前参数调整为-5，如图 8-18（b）所示。

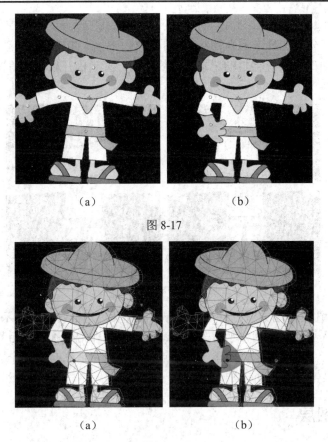

图 8-17

图 8-18

⑤ 默认情况下，围绕此蓝点的部分面积比较小，并没有包含整个衣服区域，可通过调整工具栏右侧的范围参数或者时间线窗口中重叠属性下的范围参数来实现层次范围面积的控制，如图 8-19 所示。

图 8-19

6. 实时动画

（1）在项目窗口中按住鼠标左键将 katong.psd 拖动到窗口下方的 ▣ 按钮上，产生一个合成图像，设置该合成时长为 2 秒。

（2）在 katong.psd 图层上使用"人偶位置控点工具"设置 5 个操控点，在合成窗口或"图层"面板中。分别选择卡通人物左腿上的两个操控点，按下 Ctrl 键，单击这两个操控点并拖曳做踢腿动作，系统将自动记录当前的动画，直到松开鼠标或时间走到合成时间的末尾停止，如图 8-20 所示。

图 8-20

（3）按住 Ctrl 键拖动关节点时，可以看到出现黄色边框，实时显示当前的动作状态，这样就可以完全依靠真实的动作手感来调节动画，效果非常逼真，之后只需简单地对关键帧做一些调整即可。动画可以针对单个关节点设置，也可以同时对多个关节点一起设置，这样它们的影响范围也会有所区别。

8.2.2　形状图层

1．矢量图形

After Effects CC2019 提供了一系列的矢量图形绘制工具，如图 8-21（a）所示，其中包括矩形工具■、圆角矩形工具■、椭圆工具●、多边形工具■、星形工具★和钢笔工具✎。

与创建蒙版不同的是，在形状图层上创建矢量图形之后，仍然可以对绘制工具的某些特殊属性参数进行修改，如图 8-21（b）所示。例如，调整星形的角的数量、多边形边的数量等。

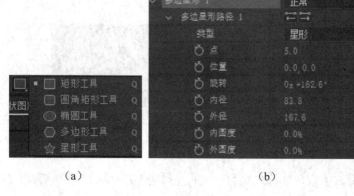

（a）　　　　　　　　　　　（b）

图 8-21

同蒙版相同的是，除了创建规则矢量图形以外，After Effects CC 2019 还提供了自由绘制矢量图形的能力，并且每个图形都可以单独控制其描边和填充等效果。另外，为了配合形状图层，After Effects CC 2019 还提供了诸如"摆动路径"和"扭转"之类的效果，如图 8-22 所示，专门用来修改形状图层和创作形状图层动画的。

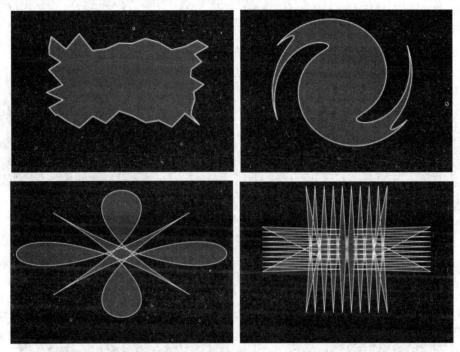

图 8-22

一个形状图层可以有多个矢量图形，并且 After Effects CC 2019 还提供了多种组合和混合这些图形的功能，如图 8-23 所示。

图 8-23

2. 矢量图形的创建

（1）新建一个项目文件 shape1.aep，新建 PAL D1/DV 制式的合成，时长 2 秒。选择圆角矩形工具，当选择了这类矢量图形工具时，在工具栏右侧将出现一些相应的参数和选项，如填充、描边和描边宽度等，如图 8-24 所示。

图 8-24

（2）在单击并拖曳鼠标绘制圆角矩形时，不要松开鼠标，可以通过按键盘的"↑"键和"↓"键或滚动鼠标中间键来调整圆角的大小。同样，这种方式也可以用于绘制多边形和星形，只不过一个是调整边的数量，一个是调整角的数量。

（3）单击属性栏的"填充"，打开"填充选项"对话框，如图 8-25 所示。在该对话框中可以选择各种填充方式，如无、纯色、线性渐变和径向渐变，还可以设置"混合模式"和"不透明度"选项。单击属性栏的"描边"，打开"描边选项"对话框，其界面类似于"填充选项"对话框。

图 8-25

（4）单击"填充"和"描边"右侧的色块，可以打开调色板，选择需要的填充色和描边色，本例中选择红色为填充色，黄色为描边色。

（5）将"描边"色块右侧"描边宽度"设置为 5px，在合成窗口中单击并拖曳鼠标绘制图形，如图 8-26（a）所示，一个形状图层将被添加到时间线窗口中，如图 8-26（b）所示。

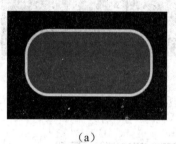
（a）

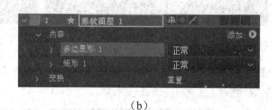
（b）

图 8-26

注意：矢量图形工具和蒙版工具是同一工具，绘制时一般有以下 3 种规律。
- 如果当前选择的是一个非形状图层，After Effects 会假定用户想绘制蒙版。
- 如果在没有选择任何图层的情况下，After Effects 会假定用户想要绘制图形，并自动创建一个形状图层。
- 如果当前选择的是一个形状图层，工具栏将自动出现两个选项切换按钮 ★ ▨，通过这两个按钮可以切换矢量工具，进行图形绘制或蒙版绘制。

3. 矢量图形的编辑

（1）打开 shape1.aep 文件，展开第一个图形 Rectangle 1，可以看到以下基本属性：路径属性、描边属性、填充属性和变换属性。默认情况下描边总是在填充之上，在时间线窗口中拖曳"填充 1"到"描边 1"之上，则填充将覆盖到描边之上。设置填充的"不透明度"为 50%，这样能够透过填充色看到部分描边色，如图 8-27 所示。

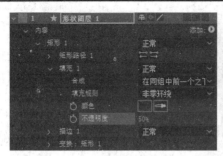 

图 8-27

(2)单击"矩形路径 1"左侧的小三角形按钮,展开其详细属性和参数,如图 8-28(a)所示。其中,"大小"用于图形尺寸设置;"位置"用于位置偏移设置,即让图形基于路径和图层实现一定的偏移;"圆度"用于圆角大小参数设置。这里设置"位置"属性值为(150,0)。

(3)单击"变换:矩形 1"左侧的小三角形按钮,展开其详细属性和参数,如图 8-28(b)所示。其中各项参数用于控制各个图形组中本组的属性信息。

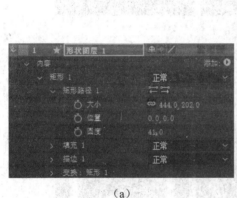 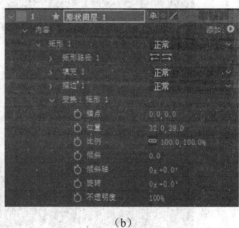

(a)　　　　　　　　　　　　　　　(b)

图 8-28

(4)如图 8-29 所示的形状图层下的变换属性同其他普通图层属性是一样的,用于控制整个图形层的"位置""缩放""旋转"等属性。

图 8-29

4. 同一图层添加多个矢量图形

（1）新建一个项目文件 shape2.aep，新建 PAL D1/DV 制式的合成，时长 2 秒。选择"图层"|"新建"|"形状图层"命令，在合成中创建一个形状图层，这是一个暂时没有内容的图层。

（2）在时间线窗口展开形状图层，在"内容"右侧单击"添加："后的 ◯ 按钮，在弹出的菜单中选择"多边星形"命令，添加一个"多边星形路径 1"，设置"点"为 3，"内径"为 112，参数设置和效果如图 8-30 所示。

图 8-30

（3）在形状图层下的"内容"右侧单击"添加："后的 ◯ 按钮，在弹出的菜单中选择"描边"命令，添加一个"描边"效果，设置"颜色"为白色，"描边宽度"为 15，参数设置和效果如图 8-31 所示。

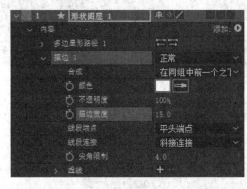 

图 8-31

（4）在形状图层下的"内容"右侧单击"添加："后的 ◯ 按钮，在弹出的菜单中选择"渐变填充"命令，添加一个"渐变填充"效果，设置渐变"类型"为"径向"，"起始点"为（-21,0），"结束点"为（200,0），单击颜色右侧的"编辑渐变"，打开渐变编辑器对话框，设置渐变起始颜色为#4569DF，参数设置和效果如图 8-32 所示。

（5）在形状图层下的"内容"右侧单击"添加："后的 ◯ 按钮，在弹出的菜单中选择"多边星形"命令，添加一个"多边星形路径 2"，设置"点"为 6，"内径"为 52，"外径"为 90，参数设置和效果如图 8-33 所示。

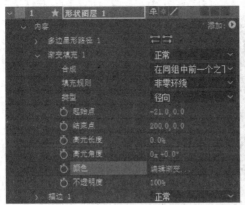 

图 8-32

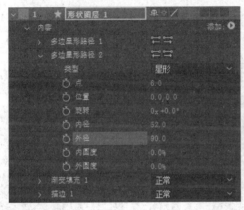 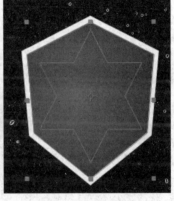

图 8-33

（6）在形状图层下的"内容"右侧单击"添加："后的 ▶ 按钮，在弹出的菜单中选择"椭圆"命令，添加一个"椭圆路径 1"，设置"大小"为（67,67），参数设置和效果如图 8-34 所示。

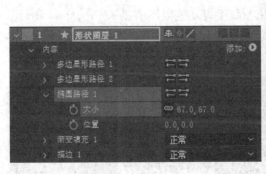 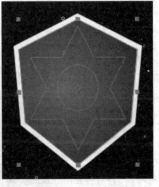

图 8-34

（7）在形状图层下展开"渐变填充 1"，设置"填充规则"为"奇偶"，可发现图形重叠处填充方式发生变化，实现了镂空效果，参数设置和效果如图 8-35 所示。

183

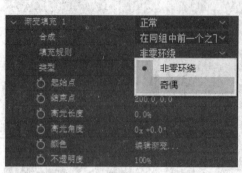

图 8-35

5. 图形效果的利用

（1）打开项目文件 shape1.aep，在形状图层下的"内容"右侧单击"添加："后的 按钮，在弹出的菜单中选择"修剪路径"命令，添加"修剪路径"效果。

（2）展开"修剪路径"详细属性和参数，设置及效果如图 8-36 所示。通过调整开始和结束参数决定路径勾画的"起始"和"结束"位置，实现只有部分图形被绘制的效果。

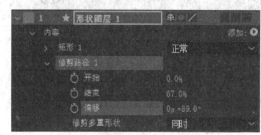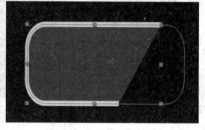

图 8-36

（3）为了更有效地测试其他的一些路径效果，单击"修剪路径"左侧的 按钮，暂时关闭此效果功能。再次单击"添加："后的 按钮，在弹出的菜单中选择"扭转"命令，添加"扭转"效果。

（4）展开"扭转"，详细属性和参数设置及效果如图 8-37 所示。"扭转"效果的具体参数有角度和扭转中心的控制，调整此参数，并观察合成预览窗口中得到的各种不同结果，完成后，暂时关闭此效果功能。

图 8-37

（5）再次单击"添加："后的 按钮，在弹出的菜单中选择"收缩和膨胀"命令，添加"收缩和膨胀"效果。展开其具体参数，设置及效果如图 8-38 所示。多尝试几个不同的数值，看看都会有一些什么样的特殊效果。完成后暂时关闭此效果功能。

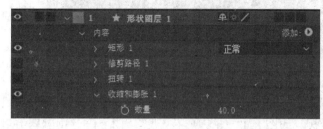

图 8-38

（6）再次单击"添加："后的 按钮，在弹出的菜单中选择"Z 字形"命令，添加"Z 字形"效果。展开其具体参数，设置及效果如图 8-39 所示。调整大小和每段的背脊，并调整点参数，在边角和平滑之间切换，看看各种不同的特效效果。完成之后，单击"锯齿 1"左侧的 按钮，暂时关闭此效果功能。

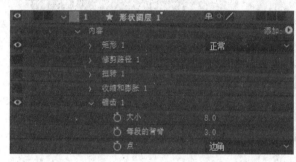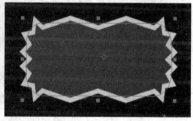

图 8-39

（7）再次单击"添加："后的 按钮，在弹出的菜单中选择"摆动路径"命令，添加"摆动路径"效果。展开其详细属性和参数及效果，如图 8-40 所示。"摆动路径"效果同其他图形效果不同，其他效果都是静态的，必须有两个或两个以上的不同关键帧信息才能形成效果动画；而"摆动路径"效果可以在没有关键帧变化的情况下根据"摇摆/秒"和"关联"参数设置，产生随机的动画信息。完成后选择该效果，按 Delete 键删除此效果。

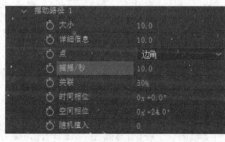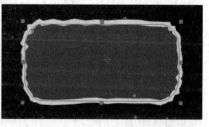

图 8-40

（8）单击"矩形 1"下"填充 1"左侧的 按钮，暂时关闭填充功能，参数设置及效果如图 8-41 所示，仅留下描边效果。

图 8-41

（9）再次单击"添加："后的 ◯ 按钮，在弹出的菜单中选择"中继器"命令，添加"中继器"效果。展开其详细属性和参数，如图 8-42（a）所示。调整副本为 5，中继器 1 下的变换：中继器 1 中的属性是重复图形的"变换"属性，设置"位置"属性为（0,0），"比例"属性为（75%,75%），"旋转"属性为 30，"结束点不透明度"为 10%，参数设置及效果如图 8-42（b）所示。

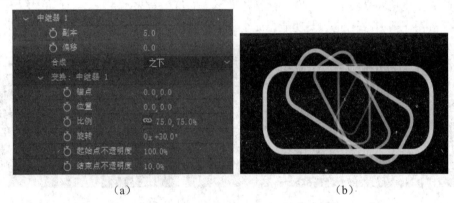

（a） （b）

图 8-42

（10）移动时间先至第 0 秒处，调整偏移直到图形在合成预览窗口中消失，本例中其值大约为 16，单击"偏移"属性左侧的关键帧开关，打开关键帧自动记录器，产生第 1 个关键帧。按下 End 键，移动当前时间指针至时间线的末端，再次调整"偏移"值直到图形在合成预览窗口中出现、放大、超出屏幕消失，本例中其值大约为-10。按下数字键盘的 0 键对动画进行内存预览，可看到一个时空虫洞的动画效果。

6. 复合路径

（1）新建一个项目文件 shape4.aep，新建 PAL D1/DV 制式的合成，时长 2 秒。选择"图层"|"新建"|"形状图层"命令，在合成中创建一个形状图层，这是一个暂时没有内容的图层。

（2）在形状图层下的"内容"右侧单击"添加："后的 ◯ 按钮，在弹出的菜单中选择"多边星形"命令，添加一个"多边星形路径 1"。继续添加"描边"效果，将颜色设为 #64B4FF，Stroke Width 设为 15，如图 8-43 所示。

（3）在形状图层下的"内容"右侧单击"添加："后的 ◯ 按钮，在弹出的菜单中选择

"渐变填充"命令,添加一个"渐变填充"效果,设置渐变类型为"径向",结束点为(200,0),单击颜色右侧的编辑渐变,打开渐变编辑器对话框,设置渐变起始颜色为#647DFF,参数设置及效果如图 8-44 所示。

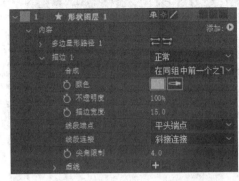

图 8-43

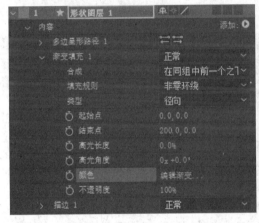

图 8-44

(4)在形状图层下的"内容"右侧单击"添加:"后的 按钮,在弹出的菜单中选择"矩形"命令,添加一个矩形路径效果,将"大小"设为(250,250),"圆度"设为 30,参数设置及效果如图 8-45 所示。

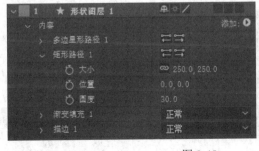

图 8-45

(5)在形状图层下继续添加"合并路径"命令,设置"模式"为"排除交集",参数设置及效果如图 8-46 所示。

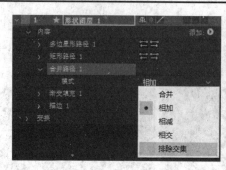

图 8-46

8.3 项目实施

8.3.1 导入素材

（1）启动 After Effects CC 2019，选择"编辑"|"首选项"|"导入"命令，打开"首选项"对话框，设置"静止素材"的导入长度为 5 秒。

（2）在项目窗口中双击，打开"导入文件"对话框，选择"素材与源文件\Chapter 8\Footage"文件夹中的 baloom.psd、rope1.psd、rope2.psd、texture01.jpg 文件，在"导入种类"下拉列表框中选择"素材"选项，将文件以"素材"方式导入。用同样的方法将 cartoon.psd 和 cartoon1.psd 以"合成-保持图层大小"方式导入。

8.3.2 卡通动画制作

（1）在项目窗口中双击 Cartoon 合成，在时间线窗口中打开该合成。选择 Layer1 和 Layer3 图层，按 T 键展开两个图层的"不透明度"属性，移动时间线至第 0 秒处，单击"不透明度"属性左侧的关键帧开关，设置当前时间线处两个图层的该属性值均为 0%，移动时间线至 0:00:00:05 处，设置当前时间线处两个图层的该属性值均为 100%，制作两个图层的渐显动画。

（2）选择 Layer2 图层，使用钢笔工具添加图 8-47（a）所示的"蒙版"，移动时间线至 0:00:00:05 处，按 M 键展开"蒙版路径"属性，单击"蒙版路径"左侧的关键帧开关，移动时间线一段距离，修改蒙版形状，直到 3 秒处使该图层的图像完全显示出来，如图 8-47（b）所示，制作蔓藤生长动画。

（3）选择 Layer3 图层，使用人偶位置控点工具 在卡通人物身上放置 7 个操控点，在 0:00:00:05 至 0:00:02:09 时间范围内制作"操控点"动画，使卡通人物自由扭动，如图 8-48 所示。

（4）在项目窗口中双击 Cartoon1 合成，在时间线窗口中打开该合成。选择 GIRL 图层、BOY 图层和 BALLON1 合成，按 P 键展开其"位置"属性，制作 3 个图层 2 秒至 3 秒间的移动动画。

(a)　　　　　　　　　　　　　(b)

图 8-47

 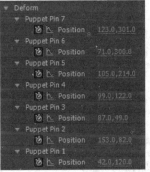

图 8-48

（5）选择 GIRL 图层、BOY 图层，使用人偶位置控点工具 分别在卡通人物身上放置 2 个操控点，在 3 秒至 4 秒时间范围内制作"操控点"动画，使卡通人物做移动动作，如图 8-49 所示。

图 8-49

8.3.3　文字板的制作

（1）在项目窗口的空白处右键单击，在弹出的快捷菜单中选择"新建合成"命令，在打开的"合成设置"对话框中进行设置，新建"文字 1"合成，其中"宽度"为 720，"高度"为 576，"像素长宽比"为"方形像素"，"帧频率"为 25，"持续时间"设置为 0:00:05:00。

（2）在"文字1"合成中新建白色纯色图层，在白色纯色图层的上方新建黑色纯色图层，在此纯色图层上绘制椭圆形蒙版，按两次M键展开该图层的"蒙版"属性，设置"蒙版羽化"值为（260,260）像素，"蒙版不透明度"值为65%，如图8-50（a）所示，制作渐变背景。

（3）在黑色纯色图层上方新建文字图层，输入文字"休息一下"，字体为"黑体"、字号为135、颜色为橙色（#FF6C00），参数如图8-50（b）所示。右键单击该文字图层，在弹出的快捷菜单中选择"层样式"|"投影"命令，为文字图层添加"投影"图层样式。

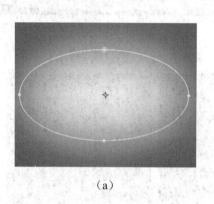 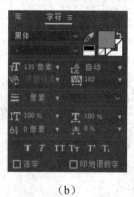

（a） （b）

图8-50

（4）在项目窗口中复制"文字1"合成，生成"文字2"合成，更改"文字2"合成中的文字为"广告也精彩"，字体为"微软雅黑"、字号为90、颜色为橙色（#FF6C00），属性设置如图8-51（a）所示。

（5）展开"文字2"合成的文字图层，在"文本"属性右侧单击"动画"旁边的按钮，在弹出的下拉列表中选择"属性"|"旋转"命令；再次单击"添加"旁边的按钮，在弹出的下拉列表中选择"选择器"|"摇摆器"命令；继续单击"添加"旁边的按钮，在弹出的下拉列表中选择"属性"|"填充色相"命令，并设置"旋转"属性值为55、"填充色相"的属性值为338，如图8-51（b）所示。展开"范围选择器1"，在2秒至4秒制作"起始"属性的关键帧动画，属性值从0变化至100。

 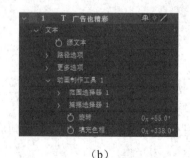

（a） （b）

图8-51

（6）新建"文字板"合成，合成设置同"文字1"合成。从项目窗口中拖曳 texture01.jpg 素材至"文字板"合成，单击该图层左侧的 ◎ 按钮，隐藏该图层。

（7）不选择任何图层，选择圆角矩形工具 ▣ ，在窗口中绘制圆角矩形，系统自动新建 "形状图层1"图层，展开该图层"内容"属性中"矩形1"中的属性，删除其中的"填充1" 和"描边1"属性，设置"矩形路径1"中的"大小"属性值为（424,304），"圆度"属性值 为20，设置"变换：矩形1"中的"位置"属性值为（-12,58），如图8-52（a）所示。

（8）单击"形状图层1"图层"添加"右侧的 ◎ 按钮，在弹出的下拉列表中选择"椭圆"命令，在矩形上添加一个椭圆图形，设置椭圆的"大小"属性值为（18,18）、"位置"属性值为（-110,-61），设置如图8-52（b）所示。

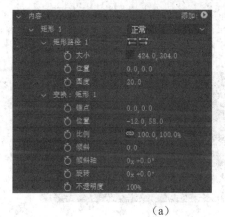
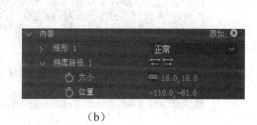

(a)   (b)

图 8-52

（9）单击"形状图层1"图层"添加"右侧的 ◎ 按钮，在弹出的下拉列表中选择"椭圆"命令，设置"椭圆路径2"的"大小"属性值为（18,18）、"位置"属性值为（84,-61），设置如图8-53（a）所示，效果如图8-53（b）所示。

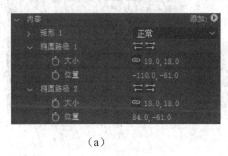
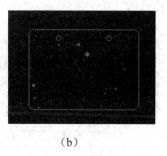

(a)   (b)

图 8-53

（10）单击"形状图层1"图层"添加"右侧的 ◎ 按钮，在弹出的下拉列表中选择"矩形"命令，设置"矩形路径1"中的属性，属性设置如图8-54（a）所示，效果如图8-54（b）所示。

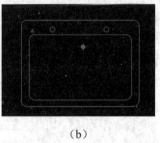

(a) (b)

图 8-54

（11）单击"形状图层 1"图层"添加"右侧的 ▶ 按钮，在弹出的下拉列表中选择"填充"命令，设置"填充 1"中的"填充规则"为"奇偶"，"颜色"设置为#53BEF0，如图 8-55 所示。右键单击"形状图层 1"图层，在弹出的快捷菜单中选择"图层样式"|"斜面和浮雕"命令，为文字图层添加"斜面和浮雕"图层样式。

图 8-55

（12）右键单击"形状图层 1"图层，在弹出的快捷菜单中选择"效果"|"风格化"|"纹理化"命令，为该图层添加"纹理化"效果，设置"纹理图层"为 8.texture01.jpg，参数设置如图 8-56（a）所示，效果如图 8-56（b）所示。

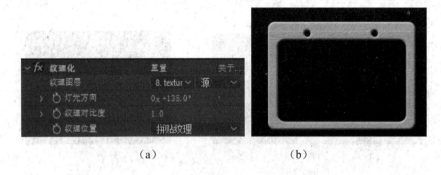

(a) (b)

图 8-56

（13）从项目窗口中拖曳素材 rope1.psd 至"文字板"合成的"形状图层 1"图层上方。展开 rope1.psd 图层的"变换"属性，设置其"位置"属性值为（-210.1,828.3）、"缩放"属性值为（161.4,161.4%）、"旋转"属性值为 15，如图 8-57（a）所示。选择钢笔工具，在该图层上绘制蒙版将绳子上面的部分隐藏，并选中"反转"复选框，效果如图 8-57（b）所示。

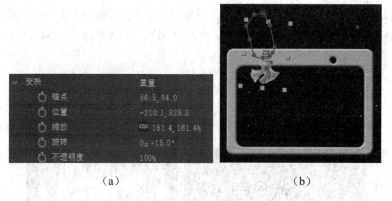

(a)　　　　　　　　　　　　(b)

图 8-57

（14）同理，再次从项目窗口中拖曳 rope1.psd 至"文字板"合成中，设置其"变换"属性并添加"蒙版"隐藏绳子的上半部分。从项目窗口中拖曳 rope2.psd 至"文字板"合成中"形状图层 1"图层的下方，设置该图层的"缩放""旋转""位置"属性，如图 8-58 所示。

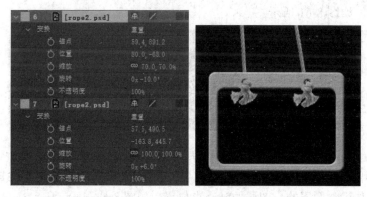

图 8-58

（15）选择 rope1.psd 图层，右键单击该图层，在弹出的快捷菜单中选择"效果"|"颜色校正"|"色相/饱和度"命令，为该图层添加"色相/饱和度"效果。在"通道控制"中选择"红色"通道，设置红色通道的"红色色相""红色饱和度""红色亮度"的值分别为 21、50 和-50，如图 8-59 所示。

图 8-59

（16）从项目窗口中拖曳"文字1"合成至"文字板"合成中的"形状图层1"图层的下方，调整该图层的"缩放"和"位置"属性值分别为（52,52%）和（348,348），如图8-60所示。

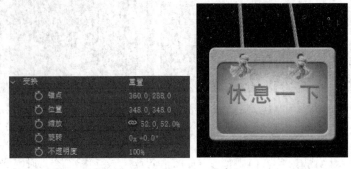

图 8-60

（17）打开"形状图层1"和"文字1"图层的3D开关，设置"文字1"图层的父图层为"形状图层1"图层。设置两个rope1.psd和一个rope2.psd图层的父图层为另一个rope2.psd图层，如图8-61所示。

图 8-61

（18）使用轴心点工具■调整"形状图层1"的轴心点位置，如图8-62（a）所示，调整rope2.psd（作为父图层的）图层的轴心点位置，如图8-62（b）所示。

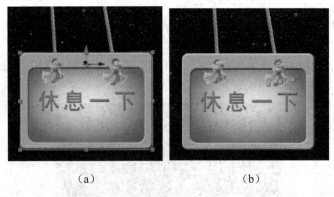

（a）　　　　　　　　　　　（b）

图 8-62

（19）在"文字板"合成中右键单击，在弹出的快捷菜单中选择"新建"|"空对象"命令，新建一个空对象图层。设置"形状图层1"和rope2.psd（作为父图层的）两个图层的父图层为空对象图层"空1"。按P键展开"空1"图层的位置属性，移动时间线至1

秒处，设置位置属性值为（288,242），单击该属性左侧的关键帧开关，移动时间线至 0 秒处，设置位置属性值为（288,-211），制作文字板整体下移动画。

（20）选择"形状图层 1"图层，展开其旋转属性，打开"X 轴旋转"属性的关键帧开关，设置 1 秒至 2 秒做轻微的"X 轴旋转"动画。选择两个 rope1.psd 图层，展开其"位置"和"旋转"属性，制作 1 秒至 2 秒间轻微的旋转和位置动画（具体数值参照源文件）。

（21）在项目窗口中选择"文字板"合成，按 Ctrl+D 快捷键复制该合成，将复制出的合成改名为"文字板 2"，双击该合成名称，在时间线窗口中打开该合成，删除其中的"空 1"图层，选择两个 rope1.psd 图层和"形状图层 1"图层，按 U 键展开其关键帧，移动时间线至 2 秒，关闭（已经设置关键帧的）相应属性的关键帧开关，删除所有的关键帧。

（22）选择"文字板 2"合成中"文字 1"图层，按住 Alt 键，用鼠标从项目窗口中拖曳"文字 2"至该合成的"文字 1"图层上，用"文字 2"素材替换掉该图层。

8.3.4 片花最终合成

（1）在项目窗口中新建 final 合成，设置持续时间为 0:00:04:10，其他参数同"文字 1"合成。

（2）在 final 合成中新建白色纯色图层，然后新建淡绿色（#DFFEAF）纯色图层，在该图层上绘制椭圆形"蒙版"，按两次 M 键展开"蒙版"属性，设置"蒙版羽化"属性值为（251,251）像素，"蒙版不透明度"属性值为 75，效果如图 8-63 所示。

图 8-63

（3）从项目窗口中拖曳 cartoon、cartoon1、文字板、文字板 2 至 final 合成中纯色图层的上方，打开这些图层的 3D 开关。使用锚点工具调整 cartoon 和 cartoon1 两个图层的锚点在图层的底部，调整"文字板"和"文字板 2"两个图层的锚点在图层的顶端。

（4）选择 cartoon 图层，展开该图层的"不透明度"和"旋转"属性，移动时间线至 2 秒处，打开"X 轴旋转"关键帧开关；移动时间线至 0:00:02:10 处，设置"X 轴旋转"的属性值为 0x+90；再移动时间线至 0:00:02:05 处，打开"不透明度"的关键帧开关；移动时间线至 0:00:02:10 处，设置"不透明度"的属性值为 0%，制作该图层的旋转消失动画。

（5）选择 cartoon1 图层，展开该图层的"不透明度"和"旋转"属性，移动时间线至 0:00:02:05 处，打开"X 轴旋转"和"不透明度"属性的关键帧开关，设置属性值为 0x+90

和0%；移动时间线至0:00:02:10处，设置属性值为0x+0和100%，制作该图层的旋转显示动画效果。

（6）选择"文字板"图层，展开其"旋转"属性，移动时间线至2秒处，打开"X轴旋转"关键帧开关；移动时间线至0:00:02:10处，设置该属性值为0x-76。

（7）选择"文字板2"图层，展开其"旋转"属性，移动时间线至0:00:02:10处，打开"X轴旋转"关键帧开关，设置属性值为0x+108；移动时间线至0:00:02:20处，设置属性值为0x+0。

8.4 项目小结

本项目通过片花制作，让大家了解到在视频制作中形状图层也是一个不可或缺的元素。通过这个项目，读者应逐步掌握形状图层的创建、编辑方法和木偶动画工具的使用方法。

8.5 扩展案例

1. 案例描述

该案例是讲如何利用形状图层制作各种图像转场效果的，大家可以在此案例的基础上扩展更多的转场效果，加深对形状图层各项功能的理解和加深。

2. 案例效果

本项目效果如图8-64所示。

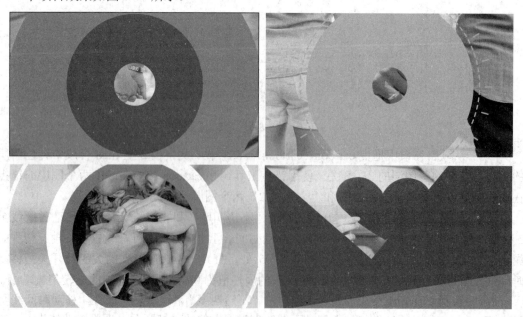

图8-64

3. 案例分析

我们着重分析第一个转场效果的制作，其他的转场效果大家可以举一反三，进行扩展，制作更多的转场效果。

（1）在时间线窗口新建形状图层，使用钢笔工具沿着图像的轴心点为起始点绘制一条线段，如图8-65（a）所示。展开形状图层的"内容"选项，将"形状1"命名为star，设置其下方的"描边"属性："颜色"为#D52949，"描边宽度"为10，"线段端点"为"圆头端点"，如图8-65（b）所示。

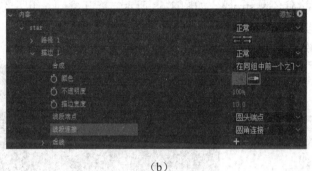

(a)　　　　　　　　　　　　　　　(b)

图 8-65

（2）单击形状图层"添加"右侧的 ◎ 按钮，在弹出的下拉列表中选择"中继器"命令，设置其属性："副本"为12；"变换：中继器1"里的"位置"为（0,0），"旋转"为30度，如图8-66（a）所示，效果如图8-66（b）所示。

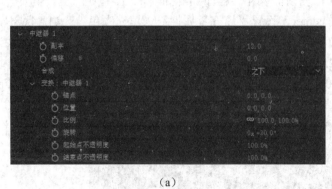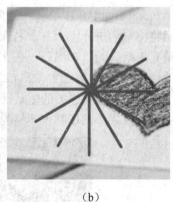

(a)　　　　　　　　　　　　　　　(b)

图 8-66

（3）设置该形状图层的入点在 19 帧处，继续单击形状图层"添加"右侧的 ◎ 按钮，在弹出的下拉列表中选择"修剪路径"命令，在19帧处打开"修剪路径"下的"开始"和"结束"属性的关键帧开关，并设置"结束"属性为9%，然后移动时间线在23帧处设置"开始"和"结束"属性均为100%，如图8-67所示。

图 8-67

（4）下面制作虚线条效果，单击形状图层"添加"右侧的 ◯ 按钮，在弹出的下拉列表中选择"描边"命令，然后继续添加"描边"命令，并设置"描边"属性："颜色"为#F4653A，"描边宽度"为10。选择新添加的"椭圆1"和"描边1"，按Ctrl+G快捷键进行组合，并命名为stroke，如图8-68所示。展开stroke组下的"椭圆路径1"选项，在24帧处设置其"大小"属性为（0,0），在1秒12帧处设置属性值为（2241,2241），制作虚线逐渐向外扩展的动画效果。

图 8-68

（5）下面制作中心圆环效果。同前面操作一样添加"椭圆1""椭圆2""填充"，然后将将它们进行组合并命名为center，设置"填充"属性："填充颜色"为#1A4A8B，"填充规则"为"奇偶"。在27帧至1秒12帧设置"椭圆路径1"的"大小"属性关键帧的值从（0,0）变化到（2254,2254），同样，在1秒02帧至1秒17帧设置"椭圆路径1"的"大小"属性关键帧的值从（0,0）变化到（2396,2396），如图8-69所示，完成圆环的扩展动画效果。同理制作其他的绿色和橙色的圆环扩展动画。

图 8-69

（6）下面制作图像的转场效果，拖曳 1.jpg 至时间线上，然后拖曳 2.jpg 在 1.jpg 图层的上方，入点在 1 秒 02 帧处。"形状图层 1"图层的入点在 19 帧处，复制"形状图层 1"，将复制的形状图层拖至 2.jpg 图层的上方，入点在 21 帧处，展开此形状图层的"内容"选项，取消 star、stroke、green、orange 图形组的显示，展开 center 图形组，取消"椭圆路径 1"的显示。然后设置 2.jpg 图层以上层为"Alpha 遮罩"，如图 8-70 所示。

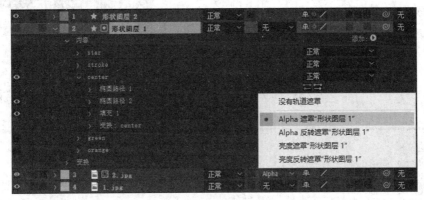

图 8-70

4．案例扩展

（1）其他的转场效果大家可以参考上面的转场进行自主完成制作，也可以参考扩展案例的源文件。

（2）课外作业：利用形状图层制作自己独特风格的转场动画效果。

本项目素材与源文件请扫描下面二维码。

项目 9

《节目预告》栏目制作

9.1 项目描述及效果

1. 项目描述

《节目预告》栏目主要展示即将播出的节目单,由于涉及要播出的节目名称和时间等文字信息,所以本项目使用描边文字板和蒙版文字动画来动态展示文字信息。在色彩上,为了拉近和观众的距离,统一使用红黄暖色调,加强温馨效果。在制作中涉及表达式和一些常用的基础效果的应用。

2. 项目效果

本项目效果如图 9-1 所示。

图 9-1

图 9-1（续）

9.2 项目知识基础

9.2.1 常用基础效果

1. 使用和控制效果

（1）调整效果顺序

当某个图层应用多个效果时，效果会按照使用的先后顺序从上到下排列，即新添加的效果位于原效果的下方，如果想更改效果的位置，可以在"效果控件"面板中通过直接拖动的方法，将某个效果上移或下移。不过需要注意的是，效果应用的顺序不同，产生的效果也会不同。

（2）临时关闭效果

在添加效果后，可以临时关闭它们。在"效果控件"面板或时间线窗口中选择图层，然后在"效果控件"面板单击效果名称左侧的效果开关 fx 或者在时间线窗口中单击效果名称左侧的效果开关，均可关闭相应效果。也可以单击该图层开关栏中的效果开关，关闭该图层的所有效果，如图 9-2 所示。

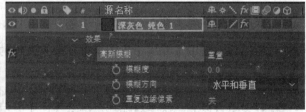

图 9-2

（3）删除效果

如果要删除一个效果，在"效果控件"面板中选择效果名称，然后按 Delete 键即可。若要删除一个或多个图层的所有效果，可在时间线窗口或合成窗口中选择相应的图层，

然后选择"效果"|"全部移除"命令。

2. 3D 通道效果组

3D 通道效果组主要用于对图形进行三维方面的修改,所修改的图形要带有三维信息,如 Z 通道、材质 ID 号、物体 ID 号、法线等,通过对这些信息的读取,进行效果的处理。该效果组一般用于模拟一些类似于景深、3D 雾或者蒙版的效果。

3. 音频效果组

音频效果主要用于对声音进行效果方面的处理,如回声、降噪等。After Effects CC 2019 为用户提供了 10 种音频效果,以供用户更好地控制音频文件。

4. 模糊与锐化效果组

模糊与锐化效果组主要用于对图形进行各种模糊和锐化处理。

5. 通道效果组

通道效果组通过控制、抽取、插入和转换图像的通道,对图像进行混合计算。

6. 颜色校正效果组

颜色校正效果组用于对图像颜色进行调整,例如,调整图像的色彩、色调、明暗度及对比度等。

7. 扭曲效果组

扭曲效果组可应用不同的形式对图像进行扭曲变形处理。

8. 生成效果组

生成效果组可以在图像上创造各种常见的效果,如闪电、圆、镜头光晕等,还可以对图像进行颜色填充等。

9. 蒙版效果组

蒙版效果组利用蒙版效果可以将带有 Alpha 通道的图像进行收缩或描绘的操作。

10. 杂色和颗粒效果组

杂色和颗粒效果组主要用于为图像进行杂点颗粒的添加设置。

11. 透视效果组

透视效果组可以为二维素材添加三维效果,主要用于制造各种透视效果。

12. 模拟效果组

模拟效果组主要用来模拟各种符合自然规律的粒子运动效果。其中包括卡片动画、焦散、泡沫、粒子运动场、碎片、波形环境等效果。

13. 风格化效果组

风格化效果组主要用于模仿各种绘画技巧，使图像产生丰富的视觉效果。

14. 时间效果组

时间效果组主要以素材的时间作为基准来控制素材的时间特性。

15. 过渡效果组

过渡效果组主要用来制作图像间的过渡效果。

9.2.2 常用基础效果实例应用

1. 模糊文字

（1）在项目窗口中导入"素材与源文件\Chapter9\Effects\Blur"文件夹下的 bg.avi，按住鼠标左键将其拖动到窗口下方的 ■（创建新合成）按钮上，产生一个合成。在项目窗口中以"合成-保持图层大小"方式导入 wenzi.psd。

（2）在项目窗口中展开 wenzi 图层文件夹，拖动"时事追踪报道/wenzi.psd"素材至 bg 合成的 bg.avi 的上层，移动时间线至 0:00:01:15 处，按 Alt+]快捷键切割该图层的出点。

（3）同理，从项目窗口中拖动"新闻背景分析/wenzi.psd"素材至 bg 合成的"时事追踪报道/wenzi.psd"图层的上方。移动时间线至 0:00:01:15 处，按 Alt+[快捷键切割该图层的入点。

（4）选择"时事追踪报道/wenzi.psd"图层并右键单击，在弹出的快捷菜单中选择"效果"|"模糊&锐化"|"定向模糊"命令，为该图层添加"定向模糊"效果。

（5）在"效果控件"面板中设置"方向"属性为 90，"模糊长度"为 50。移动时间线至 0 秒处，单击"模糊长度"属性左侧的关键帧开关，参数设置如图 9-3 所示。

（6）选择"时事追踪报道/wenzi.psd"图层，如图 9-4 所示，按 T 键展开该图层的"不透明度"属性，在 0 秒处打开该属性的关键帧开关，并设置属性值为 0。

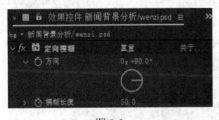

图 9-3

图 9-4

（7）移动时间线至 0:00:00:05 处，设置"不透明度"和"模糊长度"的属性值分别为 100 和 0，制作文字模糊出现动画效果。移动时间线至 0:00:01:10 处，单击图 9-5 处方框标注内的小方块，建立"不透明度"和"模糊长度"属性的关键帧，移动时间线至 0:00:01:15 处，设置"不透明度"和"模糊长度"的属性值分别为 0 和 50，制作文字模糊消失动画效果，并设置该图层的"位置"属性值为（150,264）。

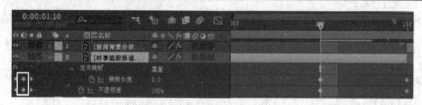

图 9-5

（8）制作"新闻背景分析/wenzi.psd"图层的文字模糊出现和文字模糊消失动画效果，最终效果如图 9-6 所示。具体参数可以参照"素材与源文件\Chapter9\Effects\Blur"文件夹下的 Directional Blur.aep 源文件。

图 9-6

2. 图片转场

（1）在项目窗口中导入"素材与源文件\Chapter9\Effects\Noise"文件夹下的 1.jpg～4.jpg，按住鼠标左键将 1.jpg 拖动到窗口下方的 ▣（创建新合成）按钮上，产生一个合成，设置该合成的时长为 3 秒。在项目窗口中继续导入 bg.mp4 素材。

（2）在项目窗口中拖动 bg.mp4 素材至 1 合成的最底层，按 Ctrl+Alt+F 组合键将该图层放大至满屏。在 bg.mp4 图层的上方新建橙色纯色图层，并使用圆角矩形工具 ▣ 在该图层上绘制圆角矩形蒙版，如图 9-7（a）所示。右键单击橙色纯色图层，在弹出的快捷菜单中选择"效果"|"生成"|"梯度渐变"命令，为该图层添加"梯度渐变"效果，参数设置如图 9-7（b）所示。

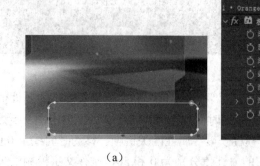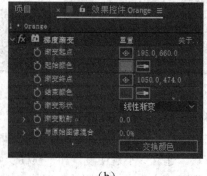

（a）　　　　　　　　　　　（b）

图 9-7

（3）在项目窗口中新建 block 合成，参数设置如图 9-8 所示。在该合成中新建黑色纯色图层，右键单击黑色纯色图层，在弹出的快捷菜单中选择"效果"|"杂色和颗粒"|"分形杂色"命令，为该图层添加"分形杂色"效果。移动时间线至 0 秒处，单击"演化"属性左侧的关键帧开关，移动时间线至 0:00:02:24 处，设置"演化"的属性值为 5x+0.0，制作噪波演化变形动画。

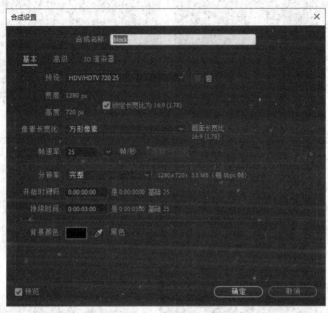

图 9-8

（4）继续右键单击黑色纯色图层，在弹出的快捷菜单中选择"效果"|"风格化"|"马赛克"命令，为该图层添加"马赛克"效果，参数设置如图 9-9（a）所示。继续选择"效果"|"生成"|"网格"命令，为该图层添加"网格"效果，参数设置如图 9-9（b）所示。

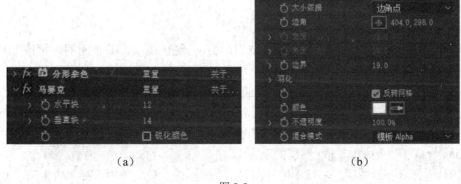

图 9-9

（5）继续选择"效果"|"颜色校正"|"色阶"命令，为该黑色纯色图层添加"色阶"效果，参数设置如图 9-10（a）所示。使用钢笔工具在该图层上绘制蒙版，如图 9-10（b）所示。

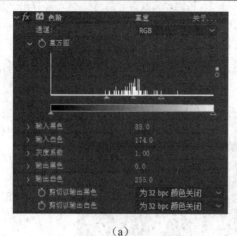 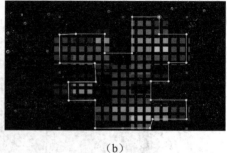

(a) (b)

图 9-10

（6）从项目窗口中拖动 block 合成至 1 合成的橙色纯色图层的上方，右键单击 block 图层，在弹出的快捷菜单中选择"效果"|"颜色校正"|"色相/饱和度"命令，为该图层添加"色相/饱和度"效果，参数设置如图 9-11（a）所示。选择 block 图层，按 P 键展开该图层的"位置"属性，设置属性值为（1012,303），按 S 键展开"缩放"属性，设置属性值为（43%,43%），效果如图 9-11（b）所示。

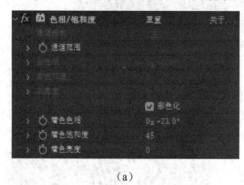 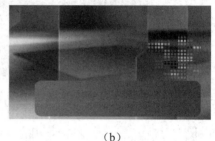

(a) (b)

图 9-11

（7）在 block 图层的上方新建灰色（#161616）纯色图层，并使用圆角矩形工具▢在该图层上绘制圆角矩形蒙版，如图 9-12 所示。

（8）选择 1.jpg 图层，使用圆角矩形工具▢在该图层上绘制圆角矩形蒙版，如图 9-13 所示。选择 1.jpg 图层，按 Shift+Ctrl+C 组合键重组该图层，在项目窗口中双击"1.jpg 合成 1"合成，打开该合成。在"1.jpg 合成 1"合成中，将 2.jpg～4.jpg 素材从项目窗口中拖动至"1.jpg 合成 1"合成中 1.jpg 图层的下方。

（9）选择 1.jpg 图层，右键单击该图层，在弹出的快捷菜单中选择"效果"|"过渡"|"块溶解"命令，为该图层添加"块溶解"转场效果。移动时间线至 0 秒处，单击"块溶解"效果的"过渡完成"属性左侧的关键帧开关，移动时间线至 0:00:00:20 处，设置"过渡完成"属性的值为 100，完成转场动画效果。同理，为 2.jpg 图层添加"卡片擦除"效果，

为 3.jpg 图层添加"线性擦除"效果，分别制作转场动画效果。

图 9-12

图 9-13

（10）输入文字"城市美景"，文字属性设置如图 9-14（a）所示，设置文字位置属性为（810,627），效果如图 9-14（b）所示。

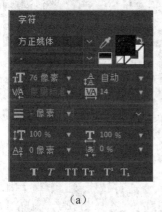

（a）

（b）

图 9-14

3. 描边文字

（1）在项目窗口中以"合成-保持图层大小"方式导入"素材与源文件\Chapter9\Effects\Stroke"文件夹下的 tu.psd。

（2）在项目窗口中双击合成 tu，打开该合成。拖动"图层 04"图层至"泸沽湖"图层的上方，复制"泸沽湖"图层并打开该图层的独奏开关，效果如图 9-15 所示。

图 9-15

（3）选择"泸沽湖"图层，右键单击该图层，在弹出的快捷菜单中选择"效果"|"风格化"|"查找边缘"命令，为该图层添加"查找边缘"效果。继续右键单击该图层，在弹出的快捷菜单中选择"效果"|"颜色校正"|"色相/饱和度"命令，为该图层添加"色相/饱和度"效果，参数设置如图 9-16（a）所示，为图层进行去色处理。

（4）选择"泸沽湖"图层并右键单击，在弹出的快捷菜单中选择"效果"|"颜色校正"|"色阶"命令，为该黑色纯色图层添加"色阶"效果，参数设置如图 9-16（b）所示。继续右键单击该图层，在弹出的快捷菜单中选择"效果"|"模糊&锐化"|"高斯模糊"命

令，为该图层添加"高斯模糊"效果，然后再次添加"色相/饱和度"效果，参数设置如图 9-17（a）所示，效果如图 9-17（b）所示。

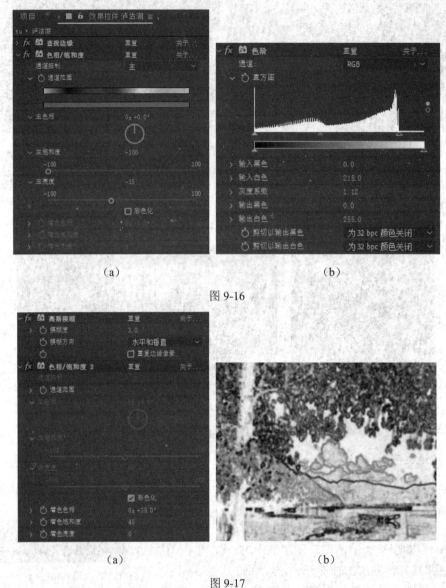

图 9-16

图 9-17

（5）关闭"泸沽湖"图层的独奏开关。选择"图层 04"图层，设置该图层的"位置"和"缩放"属性值分别为（359.5,254.5）和（100%,309%）。使用钢笔工具在该图层上绘制蒙版路径，如图 9-18（a）所示。右键单击"图层 04"图层，在弹出的快捷菜单中选择"效果"|"生成"|"描边"命令，为该图层添加"描边"效果。在"效果控件"面板中设置"画刷大小"属性值为 8，移动时间线至 0 秒处，单击"结束"属性左侧的关键帧开关，设置"结束"的属性值为 0%，在此处建立一个关键帧；移动时间线至 1 秒处，设置"结束"属性值为 100%，制作描边动画效果，参数设置如图 9-18（b）所示。

项目9 《节目预告》栏目制作

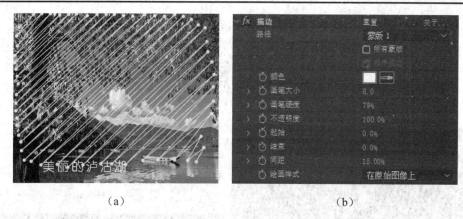

(a)　　　　　　　　　　　　　　(b)

图 9-18

（6）设置"泸沽湖 2"图层以"图层 04"为亮度蒙版，如图 9-19 所示。

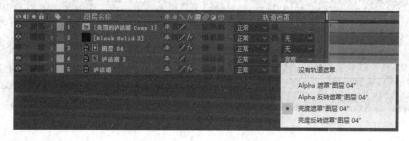

图 9-19

（7）在"图层 04"图层的上方新建黑色纯色图层，右键单击黑色纯色图层，在弹出的快捷菜单中选择"效果"|"生成"|"写入"命令，为该图层添加"写入"效果。在"效果控件"面板中设置"颜色"属性为#204CF0，"画笔大小"属性为 6，"画笔间距"属性为 0.005，"绘画样式"属性为"在透明背景上"，如图 9-20（a）所示。移动时间线至 0:00:00:15 处，单击"画刷位置"属性左侧的关键帧开关，设置属性值为（377,550），移动时间线至 0:00:01:00 处，设置属性值为（688,550），制作画线动画效果，如图 9-20（b）所示。

(a)　　　　　　　　　　　　　　(b)

图 9-20

（8）选择"美丽的泸沽湖"图层，设置该图层的"位置"属性为（520,518），然后右键单击该图层，在弹出的快捷菜单中选择"效果"|"生成"|"填充"命令，为该图层添加"填充"效果，设置填充颜色为黑色。继续在快捷菜单中选择"效果"|"生成"|"勾画"命令，为该图层添加"勾画"效果，参数设置如图 9-21（a）所示。按 Shift+Ctrl+C 组合键重组该图层，如图 9-21（b）所示。

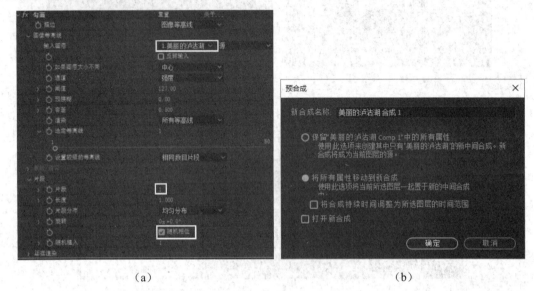

图 9-21

（9）选择"美丽的泸沽湖"图层，使用矩形蒙版工具在重组后的图层上绘制矩形蒙版，移动时间线至 0:00:01:10 处，按 M 键展开该图层的"蒙版"属性，单击"蒙版路径"左侧的关键帧开关，在此处建立一个关键帧；移动时间线至 0:00:00:20 处，调整蒙版大小直至所有文字不可见，系统自动建立一个关键帧，制作文字从左至右显示的动画效果，设置"蒙版羽化"属性值为（45,0），最终效果如图 9-22 所示。

图 9-22

4. 移动条动画

（1）在项目窗口中导入"素材与源文件\Chapter9\Effects\Particle"文件夹下的 1.jpg，

按住鼠标左键将 1.jpg 拖动到窗口下方的 ■（创建新合成）按钮上，产生一个合成，设置该合成的时长为 5 秒。

（2）在 1.jpg 图层上方新建白色纯色图层，更名为 bar，右键单击该图层，在弹出的快捷菜单中选择"效果"|"模拟"|"粒子运动场"命令，为该图层添加"粒子运动场"效果。在"效果控件"面板中展开"发射"卷展栏，设置"位置"属性值为（-3.6,365），"方向"属性值为 90，设置发射点在窗口左侧，向右侧发射粒子；设置"随机扩散方向"属性值为 0，"速率"属性值为 400，"随机扩散速率"属性值为 200，"颜色"属性为白色，"粒子半径"属性值为 20，如图 9-23（a）所示。继续展开"重力"卷展栏，设置"方向"属性值为 90，设置重力方向向右，如图 9-23（b）所示。

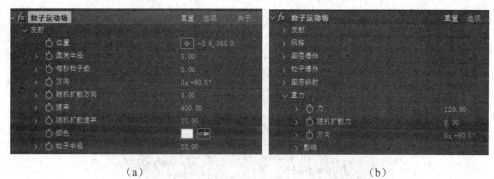

(a)　　　　　　　　　　　　　　　(b)

图 9-23

（3）使用矩形工具在 bar 图层上绘制蒙版，蒙版要适当宽于合成宽度，如图 9-24 所示。

图 9-24

（4）继续展开"墙"卷展栏，设置"边界"属性值为"蒙版 1"，如图 9-25（a）所示。移动时间线至 0:00:00:24 处，展开"发射"卷展栏，单击"每秒粒子数"属性左侧的关键帧开关，设置属性值为 3；移动时间线至 0:00:01:00 处，设置"每秒粒子数"的属性值为 0，产生关键帧动画。

（5）选择 bar 图层，按 S 键展开该图层的"缩放"属性，设置属性值为（100%,10000%），如图 9-25（b）所示。

图 9-25

(6) 选择 bar 图层,按 Ctrl+D 快捷键复制该图层,选择复制出来的图层,展开 "发射" 卷展栏,更改如图 9-26 所示的参数值。

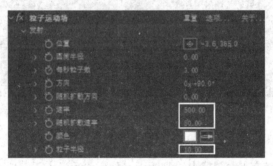

图 9-26

(7) 从项目窗口中拖动 2.jpg 素材至合成中 1.jpg 图层的下方。选择两个纯色图层,按 Shift+Ctrl+C 组合键重组两个纯色图层,更改重组图层的名称为 movingbar,设置 1.jpg 图层以 movingbar 图层为亮度蒙版,如图 9-27 (a) 所示,最终效果如图 9-27 (b) 所示。

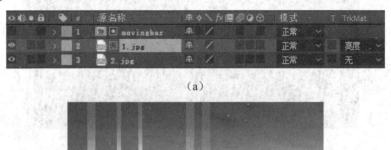

图 9-27

9.2.3 表达式控制动画

After Effects CC 2019 的表达式是一组功能强大的工具，可以利用它们控制图层属性的行为。利用表达式控制动画，可以在图层与图层之间进行联动，利用一个图层的某项属性影响其他图层等。

1. 表达式概述

添加表达式后，其属性上添加了 4 个新的工具图标，并把属性值的颜色改为红色（指示该属性值由表达式确定的），并且保持表达式文本高亮显示，以便进行编辑，如图 9-28 所示。

图 9-28

- ▶ ■：表达式开关，当图标处于■状态时，表示关闭表达式，不使用表达式控制动画；当图标处于■状态时，表示开启表达式。
- ▶ ■：当该按钮被激活后，系统显示表达式所控制的动画图表。
- ▶ ◎：表达式关联器，可以将一个图层的属性连接到另外一个图层的属性上，对其进行影响。例如，可以将一个图层的不透明度属性连接到图层的旋转属性上，使对象的不透明度跟随旋转变化。
- ▶ ▶：表达式语言弹出式菜单。单击此图标可以弹出 After Effects 所提供的表达式语言列表。

如果表达式文本中有错误，After Effects CC 2019 将会在合成窗口底部显示错误消息，并禁用表达式，在时间线添加表达式的位置显示一个黄色的小警告图标。单击黄色警告图标会弹出警告对话框，如图 9-29 所示。

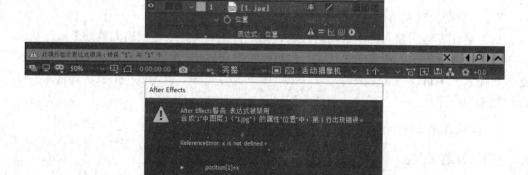

图 9-29

2. 编辑表达式

在 After Effects CC 2019 中，可以在表达式输入框中手动输入表达式，也可以使用表达式语言菜单来完整地输入表达式，同时也可以使用表达式关联器或从其他表达式实例中复制表达式。

为动画属性添加表达式的方法主要有以下 3 种。

- 在时间线窗口中选择要建立表达式的动画属性，然后选择"动画"|"添加表达式"命令，可以为目标图层增加一个表达式。
- 选择需要添加表达式的动画属性，然后按 Shift+Alt+=组合键激活表达式输入框。
- 选择需要添加表达式的动画属性，然后按住 Alt 键的同时单击该动画属性前面的关键帧开关按钮 。

移除动画属性中表达式的方法主要有以下 3 种。

- 选择需要移除表达式的动画属性，然后选择"动画"|"移除表达式"命令。
- 选择需要添加表达式的动画属性，然后按 Shift+Alt+=组合键。
- 选择需要添加表达式的动画属性，然后按住 Alt 键的同时单击该动画属性前面的关键帧开关按钮 。

（1）使用表达式关联器编辑表达式

使用表达式关联器可以将一个动画的属性关联到另外一个动画的属性中，如图 9-30 所示。可以将表达式关联器按钮 拖曳到其他动画属性的名字或是值上，来关联动画属性。

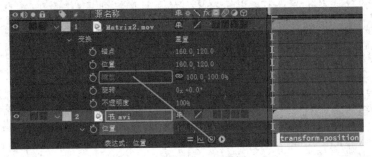

图 9-30

（2）手动编辑表达式

如果要在表达式输入框中手动输入表达式，首先要确定表达式输入框处于激活状态，在表达式输入框中输入或编辑表达式，也可以根据实际情况结合表达式语言菜单来输入表达式。输入或编辑表达式完成后，可以按小键盘上的 Enter 键，或单击表达式输入框以外的区域来完成操作。

3. 表达式语法

（1）表达式语言

After Effects CC 2019 表达式语言基于标准的 JavaScript 语言，并在其中内嵌如图层、合成、素材和摄像机之类的扩展对象，这样表达式就可以访问到 After Effects 项目中绝大多数属性值。

在输入表达式时需要注意以下 3 点。

- 编写表达式时一定要注意大小写,因为 JavaScript 程序要区分大小写。
- After Effects 表达式需要使用分号作为一条语句的分行。
- 单词之间多余的空格将被忽略(字符串中的空格除外)。

(2)访问对象的属性和方法

使用表达式可以获得图层属性中的属性和方法。After Effects 表达式语法规定全局对象与次级对象之间必须以点号来进行分割,以说明物体之间的层级关系。同样,目标与属性和方法之间也使用点号来进行分割,如图 9-31 所示。

图 9-31

对于图层以下的级别(如滤镜、蒙版和文字动画组等),可以使用圆括号来进行分级。例如,要将 LayerA 图层中的"不透明度"属性,使用表达式链接到 LayerB 图层"高斯模糊"滤镜的"模糊量"属性中时,可以在 LayerA 图层的"不透明度"属性中编写如下所示表达式。

thisComp.layer("LayerB").effect("Gaussian Blur") ("blurriness")

(3)数组

数组是一种按顺序存储一系列参数的特殊对象,它使用英文状态下的逗号来分隔多个参数列表,并且使用"[]"(中括号)将参数列表首尾包括起来,如[10,25]。

为了方便以后调用,可以为数组赋予一个变量,如下所示:

myArray=[10,25]

数组中的某个具体属性可以通过索引数来调用,数组中的第一个索引数是从 0 开始,如上面的表达式中,myArray[0]表示的是数字 10,myArray[1]表示的是数字 25。

在图层的各种参数中,有的只需要一个数值就能表示,例如不透明度,被称为一维数组;有的需要两个数值才能表示,例如,二维图层的缩放属性,需要用两个数值表示图层在 X 轴和 Y 轴方向上的缩放,被称为二维数组;而三维图层的旋转属性,需要用 3 个数值表示图层在 X 轴、Y 轴和 Z 轴方向上的旋转,被称为三维数组。例如,在三维图层的"位置"属性中,通过索引数可以调用某个具体轴向的数据,Position[0]表示 X 轴位置数值,Position[1]表示 Y 轴位置数值,Position[2]表示 Z 轴数值。

4. 表达式案例

(1)打开"素材和源文件\Chapter 9\Expression"文件夹中的 expression-1.aep 文件。

(2)在时间线窗口中选择 Cyan 图层,按 P 键展开该图层的"位置"属性,在 0 秒处单击"位置"属性左侧的关键帧开关,移动时间线至合成结束处,设置"位置"属性值为

（612,470），制作位移动画。

（3）选择 Green 图层，展开该图层的"位置"属性，按住 Alt 键单击"位置"属性左侧的关键帧开关，为该属性建立表达式，单击 图标并按住鼠标左键拖放至 Cyan 图层的"位置"属性上释放鼠标，系统自动添加了表达式。修改原来的表达式为 thisComp.layer("Cyan").transform.position+[0,-200]，如图 9-32 所示。此时，椭圆随着矩形的运动做同方向的右移动画。

图 9-32

（4）展开 Green 图层的"变换"属性，按住 Alt 键单击"缩放"属性，为该属性建立表达式。单击 图标并按住鼠标左键拖放至本图层的"旋转"属性上释放鼠标，系统自动添加了表达式。修改原来的表达式为 temp=transform.rotation; [temp,temp*2]，如图 9-33 所示。在合成窗口中，Green 图层的"缩放"参数显示图层 Y 轴方向上的缩放是 X 轴方向上的两倍，随着旋转值的增加，该图层的尺寸也越来越大。

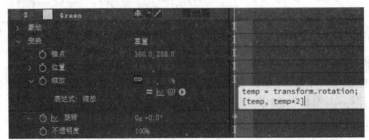

图 9-33

9.3 项目实施

9.3.1 导入素材、背景制作

（1）启动 After Effects CC 2019，选择"编辑"|"首选项"|"导入"命令，打开"首选项"对话框，设置"静止素材"的导入长度为 6 秒。

（2）在项目窗口中双击，打开"导入文件"对话框，选择"素材与源文件\Chapter 9\Footage"文件夹中的 02.psd 和 world mask.psd 文件，在"导入种类"下拉列表框中选择"素材"选项，将文件以"素材"方式导入。

（3）在项目窗口中的空白处右键单击，在弹出的快捷菜单中选择"新建合成"命令，在打开的"合成设置"对话框中进行设置，新建 bg 合成，如图 9-34 所示。

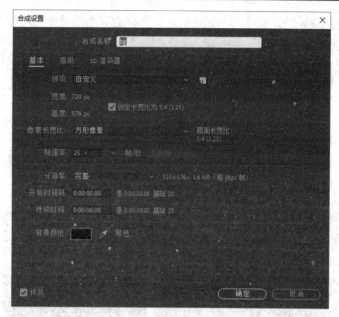

图 9-34

（4）在 bg 合成中新建橙色（#8C4602）纯色图层，按 P 键展开其"位置"属性，按 Shift+S 快捷键和 Shift+T 快捷键同时展开其"缩放"和"不透明度"属性。按住 Alt 键单击"位置"属性左侧的关键帧开关，为该属性添加表达式，同理为"缩放"和"不透明度"属性添加表达式。在"位置"属性右侧输入表达式[random(0,720), random(0,576)]，在"缩放"属性右侧输入表达式[random(5,50),random(10,60)]，在"不透明度"属性右侧输入表达式[random(0,50)]，如图 9-35 所示。

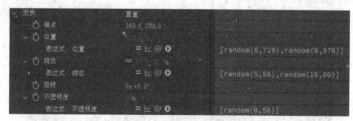

图 9-35

（5）选择橙色纯色图层，按 Ctrl+D 快捷键复制该图层，选择复制图层，选择"图层"|"纯色设置"命令，打开"纯色设置"对话框，调整复制图层的颜色为浅黄色（#FFFE89）。同理再复制一个图层，更改纯色图层颜色为浅绿色（#A1F08C）。

9.3.2 旋转球体制作

（1）在项目窗口中新建 block 合成，合成设置同 bg 合成。在 block 合成中新建黑色纯色图层，使用蒙版工具在黑色纯色图层上绘制圆角矩形蒙版。右键单击黑色纯色图层，在弹出的快捷菜单中选择"效果"|"生成"|"梯度渐变"命令，为该图层添加"梯度渐变"

效果。其中"渐变形状"设置为"径向渐变","起始颜色"设置为暗红色(#C01111),"结束颜色"设置为黑色,如图 9-36 所示。

图 9-36

(2)选择黑色纯色图层,按 Ctrl+D 快捷键复制该图层。将复制的黑色纯色图层的蒙版适当放大,调整其上的"梯度渐变"效果的参数,"起始颜色"设置为灰色(#858585),"结束颜色"设置为白色,如图 9-37 所示。

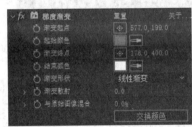

图 9-37

(3)在两个纯色图层的上方输入文字"节目预告",字体设置为"华文琥珀",字号为 50,具体参数设置如图 9-38(a)所示。右键单击该文字图层,在弹出的快捷菜单中选择"图层样式"|"投影"命令,为该图层添加"投影"图层样式,效果如图 9-38(b)所示。

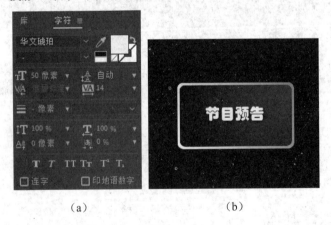

(a)　　　　　　　　　　(b)

图 9-38

(4)在项目窗口中新建 huan 合成,合成设置同 bg 合成。在 huan 合成中新建白色纯色图层,并在此纯色图层上绘制 3 个矩形蒙版,如图 9-39(a)所示。移动时间线至 0 秒处,按 M 键展开该图层蒙版的"蒙版形状"属性,单击 3 个蒙版的"蒙版形状"左侧的关键帧开关，自动在此处建立关键帧。移动时间线至 1 秒处，调整 3 个蒙版的位置，如图 9-39（b）所示。继续移动时间线至 2 秒处，调整 3 个蒙版的位置，如图 9-40 所示。

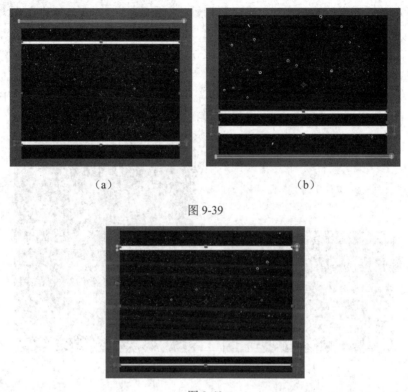

图 9-39

图 9-40

（5）从项目窗口中拖动 block 合成至 huan 合成的白色纯色图层的上方，展开该图层的"变换"属性，移动时间线至 0:00:01:06 处，单击"位置"和"不透明度"左侧的关键帧开关，设置其属性值如图 9-41（a）所示。移动时间线至 0:00:01:10 处，调整"位置"和"不透明度"的属性值如图 9-41（b）所示。打开该图层的运动模糊开关（图 9-41（a）方框标注处）。

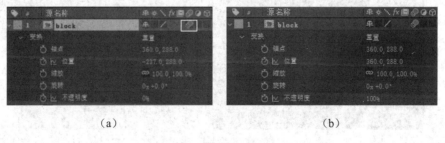

图 9-41

（6）在项目窗口中新建"球体"合成，合成设置同 bg。从项目窗口中拖动 world mask.psd 素材至"球体"合成中，右键单击该图层，在弹出的快捷菜单中选择"效果"|"透视"| CC Sphere 命令，为该图层添加 CC Sphere 效果，参数保持默认。

(7) 右键单击 world mask.psd 图层，在弹出的快捷菜单中选择"效果"|"生成"|"梯度渐变"命令，为该图层添加"梯度渐变"效果，"渐变形状"属性设置为"径向渐变"，"起始颜色"为土黄色（#AB915F）、"结束颜色"为暗红色（#3A0505），具体参数设置如图 9-42（a）所示。

(8) 右键单击 world mask.psd 图层，在弹出的快捷菜单中选择"效果"|"风格化"|"发光"命令，为该图层添加"发光"效果，"发光阈值"设置为 17%、"发光半径"设置为 453、"发光强度"设置为 1.5、"发光颜色"属性设置为"A 和 B 颜色"，其中"颜色 A"为土黄色（#8F7914）、"颜色 B"为红色（#942A0D），具体参数设置如图 9-42（b）所示。

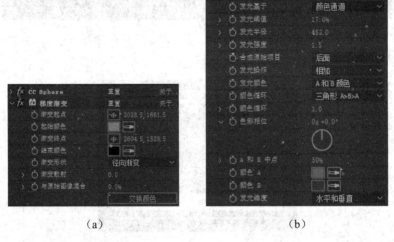

图 9-42

(9) 右键单击 world mask.psd 图层，在弹出的快捷菜单中选择"效果"|"透视"|"投影"命令，为该图层添加"投影"效果，其中"不透明度"设置为 62%，"方向"属性设置为 135，"距离"属性设置为 12，"柔和度"属性设置为 500，具体参数设置如图 9-43（a）所示，效果如图 9-43（b）所示。

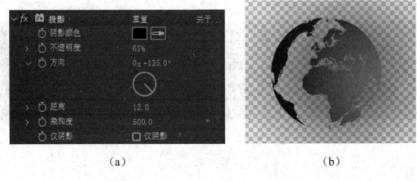

图 9-43

(10) 从项目窗口中选择 huan 合成，拖动至"球体"合成的 world mask.psd 图层的上方，更改图层名称为 huan-back。右键单击 huan-back 图层，在弹出的快捷菜单中选择"效

果"|"透视化"|CC Sphere 命令，为该图层添加 CC Sphere 效果，设置 Render（渲染）值为 Inside（里），如图 9-44（a）所示。

（11）选择 huan-back 图层，按 Ctrl+D 快捷键复制该图层，更名为 huan-front。选择复制的 huan-front 图层，在"效果控件"面板调整 CC Sphere 效果的参数，调整 Render 属性值为 Outside（外），如图 9-44（b）所示。

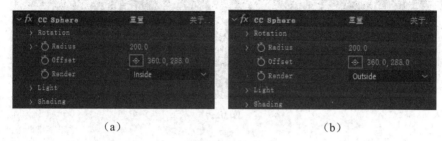

（a）　　　　　　　　　　　　　　（b）

图 9-44

（12）在"球体"合成的时间线窗口的空白处右键单击，在弹出的快捷菜单中选择"新建"|"空对象"命令，新建空对象图层。设置其他 3 个图层的父图层为空对象图层，如图 9-45 所示。

图 9-45

（13）打开"空 1"图层的 3D 开关，移动时间线至 0 秒处，打开"位置""缩放""X 轴旋转""Y 轴旋转""Z 轴旋转"的关键帧开关，并设置其属性值，如图 9-46（a）所示。移动时间线至 2 秒处，设置这些属性的属性值，如图 9-46（b）所示。

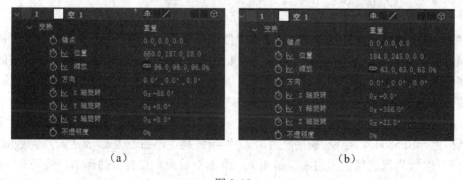

（a）　　　　　　　　　　　　　　（b）

图 9-46

（14）此时制作的球体不能跟随父图层（"空 1"图层）进行旋转。选择 world mask.psd 图层，在时间线窗口展开 CC Sphere 效果下的 Rotation（旋转）属性，按住 Alt 键单击 Rotation X、Rotation Y 和 Rotation Z 左侧的关键帧开关为这些属性添加表达式，为 Rotation X 属性右侧输入表达式：thisComp.layer("空 1").transform.xRotation，为 Rotation Y 属性右侧输入表达式：thisComp.layer("空 1").transform.yRotation，为 Rotation Z 属性右侧输入表达式：thisComp.layer("空 1").transform.zRotation，具体如图 9-47 所示。或者直接使用属性关联器关联到"空 1"图层的相应的"X 轴旋转""Y 轴旋转""Z 轴旋转"上即可。

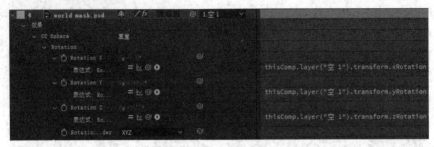

图 9-47

9.3.3 节目板制作

（1）在项目窗口中新建 Circle 合成，合成的持续时间设置为 4 秒，其他设置同 bg 合成，并在该合成中新建黑色纯色图层。

（2）右键单击该黑色纯色图层，在弹出的快捷菜单中选择"效果"|"生成"|"圆形"命令，为该图层添加"圆形"效果。在"效果控件"面板中设置"颜色"属性为灰色（#6A6A6A），"半径"属性值为 75。在时间线窗口中展开"圆形"效果，按 Alt 键单击"半径"属性左侧的关键帧开关，为该属性建立表达式，在右侧输入表达式 wiggle(2,20)，如图 9-48 所示。

图 9-48

（3）继续为黑色纯色图层添加第 2 个"圆形"效果。更改"图形"效果中的"混合模式"属性为"正常"，后面添加"圆形"效果做相同的设置。设置"圆形 2"效果的"颜色"属性为红色（#8F0202），设置"半径"属性值为 60，为"半径"属性添加表达式，表达式为 wiggle(2,15)。

（4）继续为黑色纯色图层添加第 3 个"圆形"效果。设置"圆形 3"效果的"颜色"属性为橙色（#BF5804），"半径"属性值为 35，为"半径"属性添加表达式，表达式为 wiggle(2,10)。

（5）继续为黑色纯色图层添加第 4 个"圆形"效果。设置"圆形 4"效果的"颜色"属性为浅黄色（#FCDD7E），设置"半径"属性值为 20，为"半径"添加表达式，表达式为 wiggle(2,5)。

（6）在项目窗口中新建"节目板"合成，合成的"持续时间"设置为 4 秒，其他设置同 bg 合成。在该合成中新建浅灰色纯色图层（#B1B1B1），即"浅灰色 纯色 1"图层，在此纯色图层上绘制圆角矩形蒙版，如图 9-49 所示，按 P 键展开其"位置"属性，设置属性值为（360,269）。按 T 键展开该图层的"不透明度"属性，在 0:00:00:05 处单击"不透明度"左侧的关键帧开关并设置属性值为 0%，移动时间线至 0:00:00:17 处，设置"不透明度"的属性值为 100%，制作渐显动画。

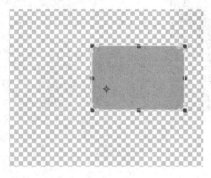

图 9-49

（7）复制"浅灰色 纯色 1"图层，选择复制的"浅灰色 纯色 1"图层并更名为"浅灰色 纯色 2"，按 T 键展开该图层的"不透明度"属性，单击"不透明度"左侧的关键帧开关删除所有关键帧，设置"不透明度"属性值为 100%。

（8）右键单击"浅灰色 纯色 2"图层，在弹出的快捷菜单中选择"效果"|"生成"|"描边"命令，为该图层添加"描边"效果。其中描边的颜色为白色，在时间线窗口展开该效果的参数，移动时间线至 0 秒处，单击"起始"属性左侧的关键帧开关，设置属性值为 100%，移动时间线至 0:00:00:13 处，设置属性值为 0%，制作描边动画。

（9）从项目窗口中拖动 02.psd 至"节目板"合成中两个纯色图层的上方，展开"变换"属性，设置该图层的"位置"属性为（549,257）、"缩放"属性为（69,69%），如图 9-50 所示。同"浅灰色 纯色 1"图层，制作 0:00:00:05 至 0:00:00:17 的"不透明度"属性值从 0% 变化至 100% 的渐显动画。

图 9-50

（10）从项目窗口中拖动 Circle 合成至"节目板"合成的第 1 层，设置该图层的位置为（360,170）。在合成中输入"19:00 新闻联播"，文字颜色为 #7E100F，其他属性设置如图 9-51（a）所示。在文字图层上绘制矩形蒙版，按两次 M 键展开该图层的"蒙版"属性，设置"蒙版羽化"属性值为（23,0）像素。移动时间线至 0:00:00:20 处，单击"蒙版路径"左侧的关键帧开关，在此处自动建立一个关键帧；移动时间线至 0:00:00:12 处，调整蒙版形状，系统自动建立另一个关键帧，如图 9-51（b）所示，制作文字从中间至两边的渐显动画。

（11）其他两个文字图层制作方法同上，具体参数值可参照源文件。

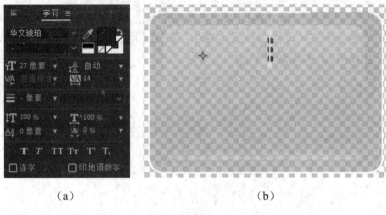

（a）　　　　　　　　　　　　（b）

图 9-51

9.3.4　最终合成

（1）在项目窗口中新建 final 合成，合成设置同 bg 合成。在此合成中新建黑色纯色图层，在纯色图层上绘制椭圆蒙版。按两次 M 键展开该图层的"蒙版"属性，设置"蒙版羽化"属性值为（285,285）像素，效果如图 9-52 所示。

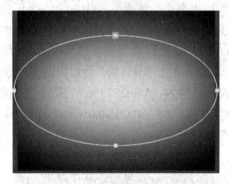

图 9-52

（2）从项目窗口中拖动 bg 合成至 final 合成的纯色图层的上方。在 bg 图层的上方新建橙色纯色图层（#8C4602），更名为 Orange，并在该图层上绘制矩形蒙版。右键单击 Orange 图层，在弹出的快捷菜单中选择"效果"|"过渡"|"百叶窗"命令，为该图层添加"百叶窗"效果，在"效果控件"面板中设置"过渡完成"属性值为 20%、"方向"属性值为 45、"宽度"属性值为 20，如图 9-53（a）所示，效果如图 9-53（b）所示。

（3）选择 Orange 图层，移动时间线至 0:00:03:15 处，按 M 键展开蒙版的"蒙版路径"属性，单击"蒙版路径"属性左侧的关键帧开关，在当前时间处自动建立一个关键帧，移动时间线至 0:00:03:05 处，调整蒙版的形状，如图 9-54（a）所示；移动时间线至 0:00:05:04 处，调整蒙版形状（调细一些），如图 9-54（b）所示，制作橙色纯色图层从左往右的渐显动画。

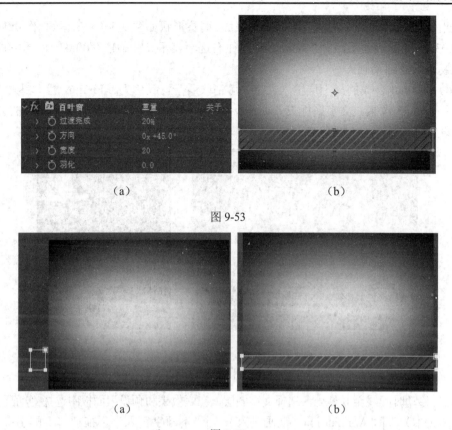

图 9-53

图 9-54

（4）在 Orange 图层的上方新建白色纯色图层，更名为 White 1，并为该图层添加"百叶窗"效果，在"效果控件"面板中设置"过渡完成"属性值为 20%、"方向"属性值为 45、"宽度"属性值为 11，参数设置如图 9-55（a）所示。在 White 1 图层上绘制矩形蒙版，调整形状如图 9-55（b）所示。制作从 0:00:03:18 至 0:00:04:02 间的"蒙版路径"动画，从右往左逐渐显示。制作从 0:00:04:02 至 0:00:05:04 间蒙版逐渐变细的动画。

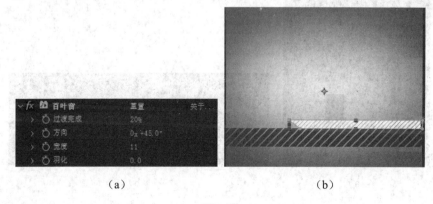

图 9-55

（5）新建白色纯色图层，更名为 White2，添加"百叶窗"效果，参数设置同 White 1

图层的此效果。在 White 2 图层上绘制矩形蒙版，调整形状如图 9-56（a）所示。制作 0:00:03:09 至 0:00:03:18 间的"蒙版路径"动画，从左往右逐渐显示。并制作 0:00:03:18 至 0:00:05:04 间的蒙版逐渐变细动画。

（6）在 final 合成的最上层输入文字"敬请收看"，颜色为#FFF6F6、字体为"华文琥珀"、字号为 37 像素，文字属性设置如图 9-56（b）所示。按 P 键展开文字图层的"位置"属性，设置属性值为（110,488）。

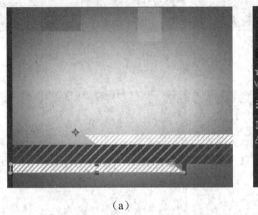 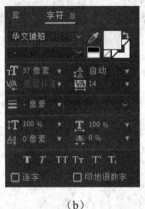

（a） （b）

图 9-56

（7）移动时间线至 0 秒处，选择文字图层，在"效果和预设"面板中选择"动画预设" | "Text（文本）" | "Animate In（动画进入）" | "下雨字符入"，拖动"下雨字符入"预制动画至文字图层上，如图 9-57（a）所示。按 U 键展开该图层的关键帧，移动第二个关键帧至 0:00:05:00 处，移动第一个关键帧至 0:00:03:18 处。展开"动画制作工具 1"，设置"位置"属性值为（0,140），如图 9-57（b）所示。

 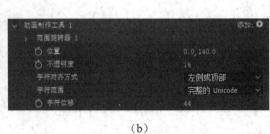

（a） （b）

图 9-57

（8）从项目窗口中拖动"球体"合成至 final 合成的顶端，拖动"节目板"合成至 final

合成的"球体"图层的上层。选择"节目板"图层,移动时间线至 2 秒处,按"["键移动该图层的入点至 2 秒处,该项目制作完成。

9.4　项目小结

本项目的实施涉及前面所学的蒙版动画和文字动画,还有许多系统内置效果的使用和表达式的应用。After Effects 大量的内置效果可以帮助用户完成各种各样的效果制作,能让画面更加漂亮,让制作变得轻松且富有乐趣,从而使工作效率得以提高。读者只要通过不断的练习,就能掌握各种效果的使用特点和使用场合,使创作变得生动而有趣。

9.5　扩展案例

1. 案例描述

该案例是讲解如何利用模拟特效夹下的特效制作扭曲的彩条,利用扭曲特效夹下的特效将彩条扭曲成环状,最后利用破碎特效将环破碎成碎片,碎片凝聚成 logo。大家可以在此案例的基础上扩展 logo 演绎动画效果,加深对各种特效功能和属性的理解。

2. 案例效果

本项目效果如图 9-58 所示。

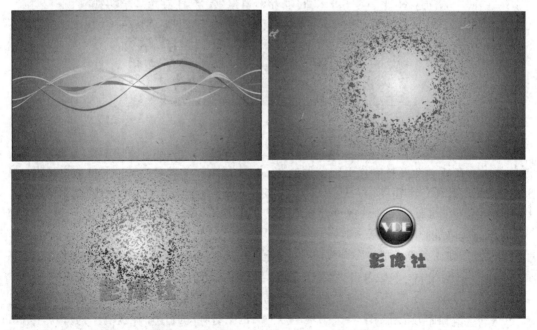

图 9-58

3. 案例分析

我们大致讲解此案例的制作过程，着重分析其中特效的制作。

（1）新建 line1 合成，合成设置：预设为 HDTV 1080 29.97，时长 15 秒。在 line1 合成中新建形状图层，使用钢笔工具绘制图 9-59 所示的形状，填充为黄色。展开该图层的"位置"属性，在 3 秒 20 帧处打开"位置"的关键帧开关，在 0 秒处将该形状移至窗口的右侧，"位置"属性值为（3338.4,644）。同理制作 line2、line3、line4 合成，并更改为不同的颜色。

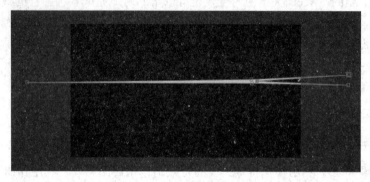

图 9-59

（2）新建 line 合成，合成设置和 line1 合成相同，从项目窗口中拖动 line1～line4 合成至时间线。选择 line1 图层，右键单击该图层，从弹出的快捷菜单中选择"效果"|"模拟"|"CC Scatterize（CC 散射）"命令，为该图层添加"CC 散射"特效，参数设置如图 9-60 所示。其他图层同样添加"CC 散射"特效并调整参数，制作彩条环绕动画。

图 9-60

（3）新建"条纹"合成，合成设置和 line1 合成相同，从项目窗口中拖动 line 合成至时间线中。在 6 秒至 8 秒制作 line 图层的"不透明度"的关键帧动画，属性值变化为：从 100 至 0。新建蓝色纯色图层，使用钢笔工具绘制矩形，在 6 秒至 7 秒 02 帧制作该图层的"不透明度"的关键帧动画，属性值变化为从 0 至 100。最后制作纯色图层的"蒙版路径"关键帧动画，如图 9-61 所示。

（4）新建"条纹合成 1"合成，合成设置和 line1 合成相同，从项目窗口中拖动"条纹"合成至时间线中。右键单击"条纹"图层，在弹出的快捷菜单中选择"效果"|"扭曲"|"极坐标"命令，为该图层添加"极坐标"特效，设置"转换类型"为"矩形到极线"。在 6 秒至 8 秒制作"极坐标"特效下的"插值"的关键帧动画，属性值变化为从 0 至 100。这样完成了彩条变换为蓝色圆环的转变。

图 9-61

（5）新建"条纹破碎"合成，合成设置和 line1 合成相同，从项目窗口中拖动"条纹合成 1"合成至时间线中。新建黑色的纯色图层，右键单击该图层，在弹出的快捷菜单中选择"效果"|"杂色和颗粒"|"杂色"命令，为该图层添加"杂色"特效，设置"杂色数量"为 100%，取消选中"使用杂色"和"剪切结果值"复选框，如图 9-62（a）所示。选择纯色图层，按 Shift+Ctrl+C 组合键将该图层预合成，更名为 shape 图层。

（6）选择"条纹合成 1"图层，右键单击该图层，在弹出的快捷菜单中选择"效果"|"模拟"|"碎片"命令，为该图层添加"碎片"特效，在"效果控件"面板中展开"碎片"特效的"形状"选项，设置"图案"为"自定义"，在"自定义碎片图层"中选择 shape 图层，"重复"为 10，"凸出深度"为 0.02，如图 9-62（b）所示。

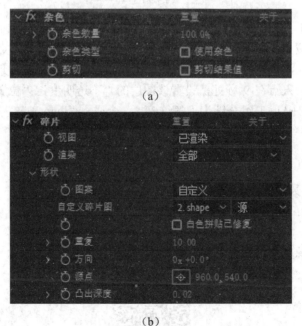

图 9-62

（7）继续设置"碎片"特效的参数，展开"作用力 1"选项，在 8 秒至 10 秒制作"深度"的关键帧动画，属性值变化为从-2 至 2。展开"物理学"选项，设置"重力"属性为 0，如图 9-63 所示。新建"logo 破碎"合成，从项目窗口中拖动 logo.psd 至图层中，制作 logo 的破碎，方法相同。

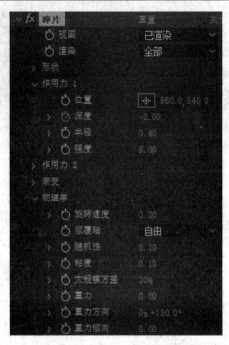

图 9-63

（8）新建 final 合成，从项目窗口中拖动"条纹碎片"合成、"logo 破碎"、shape 合成至时间线上，隐藏 shape 图层的显示，设置"logo 破碎"图层的入点为 9 秒。在最底层新建黑色纯色图层，添加"梯度渐变"特效，制作灰色径向渐变的背景。新建文本图层，输入文字，该图层的入点在 9 秒处，设置该图层的"不透明度""位置""缩放"的关键帧动画。最后按 Ctrl+Alt+T 组合键为"条纹碎片"合成、"logo 破碎"添加"时间重映射"重新编排播放时间。

4. 案例扩展

（1）具体的参数设置，大家可以参考扩展案例的源文件。
（2）课外作业：利用各种特效制作企业或者社团的宣传片头。

本项目素材与源文件请扫描下面二维码。

项目 10

《VDE 影像社》宣传片头制作

10.1 项目描述及效果

1. 项目描述

《VDE 影像社》宣传片头主要是宣传学院的社团组织——VDE 影像社。本项目首先展示 VDE 影像社的标志,使用手法为仿大片风格,然后通过文字展现该社团的主旨,通过 Light Factor 外挂插件的运用制作闪动的光线实现文字的转换,最后通过碎片文字组合展现主题。由于该社团的 logo 使用蓝色调,所以整个宣传片也采用蓝色调,显现神秘、高科技的氛围。

2. 项目效果

本项目效果如图 10-1 所示。

图 10-1

图 10-1（续）

10.2 项目知识基础

10.2.1 时间控制

1. 时间拉伸

（1）使用伸缩控制速度

在时间线窗口中，单击底部的■按钮，展开"伸缩"属性，如图 10-2 所示。"伸缩"属性可以加快或者放慢素材图层的时间，默认情况下"伸缩"属性值为 100%，代表正常速度播放素材；小于 100% 时会加快播放速度；大于 100% 时，将减慢播放速度。但是，"伸缩"属性不可以形成关键帧，因此不能制作变速的动画效果。

图 10-2

"入"和"出"参数面板可以方便地控制图层的入点和出点信息，通过它们同样可以改变素材的播放速度，改变"伸缩"属性值。

（2）反转播放

利用"伸缩"属性可以方便地实现动态影像的倒放功能，只要把"伸缩"属性值调整为负值即可。例如，保持素材原来的播放速度，只是实现倒放，可以将"伸缩"属性值设置为 -100%。

（3）确定时间调整基准点

在进行"伸缩"属性调整过程中，变化时的基准点在默认情况下是以入点为基准的。在 After Effects 中，时间调整的基准点同样是可以改变的。单击"伸缩"参数，弹出"时间伸缩"对话框，下面的"原位定格"选项组可以设置在改变"伸缩"属性值时，图层变化的基准点，如图 10-3 所示。

- 图层进入点：以图层入点为基准，也就是在调整过程中，固定入点的位置。
- 当前帧：以当前时间指针为基准，也就是在调整的过程中，同时影响入点和出点位置。
- 图层输出点：以图层出点为基准，也就是在调整过程中，固定出点的位置。

图 10-3

2. 时间重映射

"时间重映射"可以随时重新设置素材片段播放速度，与"伸缩"不同的是，它可以设置关键帧，进行各种时间变速动画创作。

（1）应用"时间重映射"

在时间线窗口中选中动态素材图层，通过菜单命令"图层"|"时间"|"启用时间重映射"可以为当前图层应用时间重置控制，对图层应用时间重置后，可以在时间线窗口中对其进行精确调整。和"时间伸缩"不同，"时间重映射"并不影响其他图层的时间设置。

（2）时间控制实例

① 在项目窗口中导入"素材与源文件\Chapter10\Time Remap"文件夹下的 time-remap.avi，按住鼠标左键将其拖动到窗口下方的 ■（创建新合成）按钮上，产生一个合成。

② 在时间线窗口中选择 time-remap.avi 图层，选择"图层"|"时间"|"启用时间重映射"命令，此时在时间线窗口中出现了一个"时间重映射"属性，并且在素材的入点和出点自动设置了两个关键帧，这两个关键帧就是该图层的入点和出点的关键帧，如图 10-4 所示。

图 10-4

③ 在时间线窗口中将时间滑块拖曳到第 1 秒位置，在关键帧导航器中增加一个关键帧，并将"时间重映射"右侧的当前帧参数更改为 2 秒，这样原始素材的 2 秒就被压缩为 1 秒内播放，即加速快动作的效果，如图 10-5 所示。

图 10-5

④ 在时间线窗口中将时间滑块拖曳到第 1 秒 10 帧位置，建立一个关键帧，在"时间重映射"当前时间栏中动画属性值和第 1 秒的动画属性值一致，均为 2 秒，这样，这 10

帧动作被暂停，如图 10-6 所示。

图 10-6

➤ 最后将结束帧"时间重映射"右侧的动画属性值设置为 0 秒，从第 10 帧至结束播放的是原始素材的第 2 秒至第 0 秒的内容，即倒播效果，如图 10-7 所示。

图 10-7

➤ 按 0 键预览变速效果，可以发现前 1 秒的时间内，小虫运动的速度被加快了，随后有 10 帧的定帧效果，最后是小虫的倒退运动效果。具体参数可以参照"素材与源文件\Chapter10\Time Remap"文件夹下的 Time-Remap.After Effectsp 源文件。

10.2.2 常用外挂插件

Trapcode 系列插件是 After Effects 最重要的插件系列之一，包含 Shine、3D Stroke、Particular、Starglow、Form 等常用插件。

1. Shine（发光）

Shine 特效可以制作放射光效果，参数如图 10-8（a）所示，效果如图 10-8（b）所示。

（a）

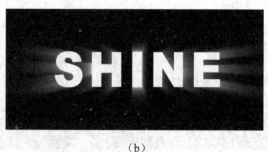
（b）

图 10-8

➤ Pre-Process（预处理）：对发光源范围进行提前调整，不影响发光的可视范围。
➤ Source Point（发光点）：发光源位置，灯光向四周发散的中心点，发光源可以在图层之外但是不能超过本图层的大小。

- Source Point Type（发光点类型）：发光源类型，其中 2D 是选择一个二维的点作为发光的原电；3D Light 是选择一个三维的灯光作为发光的源点。
- Ray Length（射线长度）：射线的长短影响渲染时间。
- Shimmer（微光）：控制微光部分的效果，通过它可以设置出不同层次的光效。
- Boost Light（提高亮度）：提高发光较亮部分的亮度并逐渐扩散范围。
- Colorize（着色）：设置光线的色彩，在其下拉列表中提供了各种不同类型的预设光；当选择 None 时，系统会模拟自然光。
- Fractal Noise（分形噪波）：在光线中加入分型噪波，可以模拟烟雾效果，自动光线变换动画。
- Source Opacity（源不透明度）：源素材的不透明度。
- Shine Opacity（发光不透明度）：发光射线的不透明度。
- Blend Mode（混合模式）：光线预源素材的混合模式，效果与 After Effects 的混合模式一致。

Pre-Process（预处理）：其选项下的 Threshold（阈值）是设置光效的阈值，它控制光线的强弱；选中 Use Mask（使用蒙版）在插件源点建立一个圆形范围，只有在这个范围内插件生效，与 After Effects 中的蒙版无关；Mask Radius（蒙版半径）控制圆形的半径范围；Mask Feather（蒙版羽化）控制圆形范围的羽化，如图 10-9（a）所示。

Shimmer（微光）：其选项下的 Amount（数量）是设置分形噪波影响的程度，数值越大，射线的细节对比越大；Detail（细节）是设置分形噪波整体的缩放，数值越大，射线的细节越多；Source Point affects Shimmer（光源点影响微光）是指当发光源点位置移动时，分形噪波产生动画变化；Radius（半径）是指发光源点位置移动一段距离动画变化的多少，数值越大，动画变化越缓；Reduce flickering（减少闪烁）是指减少上述动画闪烁，在制作扫光动画时，闪烁比较明显，如果选中该项后闪烁结果并不满意，可以增加 Radius（半径）数值减缓动画变化，或者使用 Phase 调节动画；Phase（相位）是指调节分形噪波的变化，相当于分形噪波中演化属性；选中 Use Loop（使用循环）选项可使 Phase（相位）变化变为循环；Revolution in Loop（循环旋转）是指设置循环点，数值为 Phase（相位）中的圈数，即多少圈为一个循环，如图 10-9（b）所示。

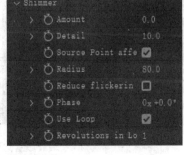

（a）　　　　　　　　　　（b）

图 10-9

Colorize（着色）：其选项下的 Colorize...是设置光线赋予颜色种类，其中 Off（关）是不赋予颜色，光线颜色来源于图层颜色，One Color（一种颜色）是自定义一种单一颜色赋予光线，3-Color Gradient（三色渐变）是自定义 3 种颜色赋予光线，5-Color Gradient（三色渐变）是自定义 5 种颜色赋予光线，以及其他预设颜色方案；Base On...（基于...）是设置基于亮度信息、Alpha 通道、Alpha 通道边缘或者红、绿、蓝通道产生发光效果；Highlights（高光）是设置高光部分颜色拾取；Mid High 是设置中高光部分颜色拾取；Midtones（中间调）是设置中间调部分颜色拾取；Mid Low 是设置中低光部分颜色拾取；Shadows（阴影）是设置暗部部分颜色拾取，如图 10-10（a）所示。

Fractal Noise（分形噪波）：其选项下 Enable 是激活效果开关；Center（中心）是设置分形噪波位置；X Speed 和 Y Speed 是指分形噪波分别在 XY 方向的流动动画速度，便于快速调节动画，模拟风的感觉；Evolution Speed（演化速度）是指分形噪波变化动画速度，便于快速调节动画；Noise Type（噪波类型）是指控制分形噪波位置类型；Noise Point Name 可以选择灯光名字；Parallax Z Depth（视差 Z 深度）是控制多层分形噪波之间的距离；Brightness（亮度）是提高或降低白色空间占据的范围，仅影响分形噪波；Contrast（对比）是增加或降低对比度；Opacity（不透明度）是设置分形噪波的不透明度；Size（缩放）是设置分形噪波的整体缩放，数值越小细节越多；Complexity（复杂度）控制分形噪波的复杂程度；Rotation（旋转）控制分形噪波的整体旋转；Use Noise Mask（使用噪波蒙版）是指建立一个圆形范围限制分形噪波的范围；Fractal Mask Radius（分形噪波蒙版半径）和 Fractal Mask Feather（分形噪波蒙版羽化）是设置圆形范围的半径和羽化，如图 10-10（b）所示。

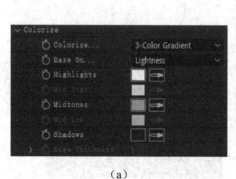

(a)

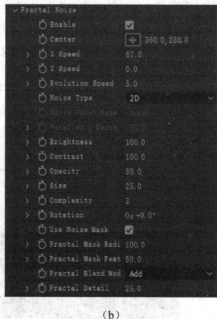

(b)

图 10-10

2. 3D Stroke（3D 描边）

3D Strokek 是具有 40 个预设形状，用于生成轮廓或旋转笔画，可以勾画出光线在三维空间的运动，可以用它来制作光线的三维运动效果，参数如图 10-11（a）所示。

- Presets（预设）：各种预设图形，可以与蒙版同时使用。
- Use All Paths（使用所有路径）：发光源位置，灯光向四周发散的中心点，发光源可以在图层之外但是不能超过本图层的大小。
- Stroke Sequentially（按顺序描边）：这个选项在选中 Use All Paths（使用所有路径）时生效，使描边过程按照蒙版从上到下的顺序进行顺序描边。
- Set Color（设置颜色）：设置描边颜色的类型。
- Color Ramp（颜色渐变）：设置渐变颜色。
- Thickness（厚度）：设置描边的厚度，它控制描边线条的粗细。
- Feather（羽化）：设置描边的羽化程度。
- Start（开始）、End（结束）：设置描边的开始位置和结束位置，如图 10-11（b）所示。

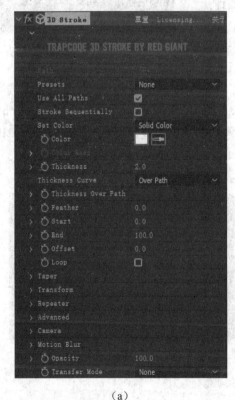
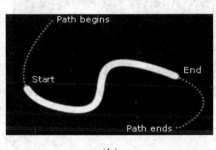

(a)　　　　　　　　　　　(b)

图 10-11

- Offset（偏移）：设置描边线条整体偏移。
- Loop（循环）：选中该项后，偏移时再次出现描边线条。

➡ Taper（锥化）：对线条的两端进行锥化，使两端逐渐变细。

➡ Transform（变换）：可对线条进行三维空间内的变换处理，例如弯曲以及位置的移动等。

➡ Repeater（重复）：可对线条进行复制，制作出多个副本。

➡ Advanced：对线条的细部进行更为深入的设置。

➡ Camera：设置摄像机的角度以及位置等参数。

➡ Motion Blur：设置线条运动模糊。

➡ Opacity（不透明度）：设置描边线条的不透明度。

➡ Transfer Mode（传输模式）：设置描边线条与自身图层的叠加方式。

Thickness Over Path（厚度随路径变化）：该选项可以绘制随路径变化的厚度的曲线图，如图 10-12 所示。

图 10-12

Taper（锥化）：该选项的 Enable（启用）是开启开关，影响线条两头的形状，如图 10-13（a）所示；选中 Compress to fit（压缩以适应）选项，以 Start/End 点作为压缩端点，不选中该选项，以蒙版路径的头尾点作为压缩端点；Start Thickness（开始厚度）和 End Thickness（结束厚度）是设置开始点和结束点描边线条的粗细；Taper Start（锥化开始端）和 Taper End（锥化结束端）是设置锥化的开始位置和结束位置，如图 10-13（a）所示；Start Shape（开始形状）和 End Shape（结束形状）是设置锥形形状；Step Adjust Method（步幅调节方式）指描边线条是由一个个的步幅点组成（None）还是使步幅之间没有空隙更为圆滑（Dynamic，默认选项），参数如图 10-13（b）所示。

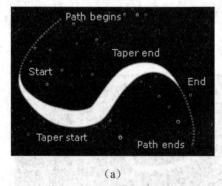

(a)

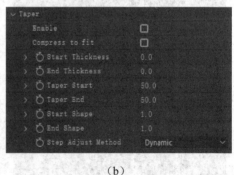

(b)

图 10-13

Transform（变换）：该选项的 Bend（弯曲）是设置描边路径 Z 轴方向上的弯曲变形，以图层 X 轴方向中线为弯曲中心开始弯曲；Bend Axis（弯曲轴）是设置弯曲轴角度，角度沿 X 轴旋转；选中 Bend Around Center（绕中心弯曲）选项，使线条（XY 平面）扭曲包围世界中心；XY Position（XY 位置）是设置 XY 方向位移；Z Position（Z 位置）是设置 Z

轴方向位移；X/Y/Z Rotation（X/Y/Z 旋转）是设置 X/Y/Z 这 3 个轴向上的旋转；Order（顺序）是设置前后顺序，是 Rotate Translate（先旋转后位移）永远围绕自身中心旋转，还是 Translate Rotate（先位移后旋转）永远围绕世界中心旋转，参数如图 10-14（a）所示。

　　Repeater（重复）：该选项的 Enable（启用）是效果开启开关；选中 Symmetric Doubler（对称加倍）选项，产生对策的双倍的描边线条；Instances（实例）是设置重复描边线条的数量；Opacity（不透明度）是设置复制描边线条的不透明度；Scale（缩放）是设置复制描边线条的缩放，相当于缩放蒙版路径而不影响线条的粗细；Factor（因素）控制位移和旋转，参数为一个指数型增长或衰减参数，数值大于 1 变化越来越大，小于 1 变化越来越小，1 为等量变化；X/Y/Z Displace（X/Y/Z 位移）是设置复制描边线条在 X/Y/Z 这 3 个方向上的位移，结合 Factor（因素）进行步幅增量；X/Y/Z Rotation（X/Y/Z 旋转）是设置复制描边线条在 X/Y/Z 这 3 个方向上的旋转，结合 Factor（因素）进行步幅增量，参数如图 10-14（b）所示。

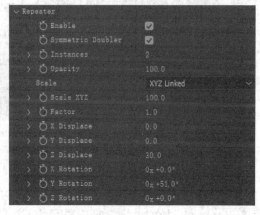

图 10-14

　　Advanced（高级）：该选项的 Adjust Step（步幅调节），步幅的计算用到了 Thickness（厚度）与 Feather（羽化），这两个选项会影响最终结果，该参数为计算后步幅长度的百分比，数值越大，点之间步幅越大，即点之间的间距越大；选中 Exact Step Match（精确步幅匹配）选项后，蒙版路径长度影响步幅平均分配，改善了结束点的位置精度，同时当蒙版路径有动画时，将解决步幅点的闪烁问题；Internal Opacity（内部不透明度），即步幅点的不透明度，叠加部分会有透明叠加；Low Alpha Sat Boost（低 Alpha 饱和度提高），即提高低 Alpha 空间的饱和度，如调节边缘；Low Alpha Hue Rotation（低 Alpha 色相旋转），即改变低 Alpha 空间的色相，数值较大时会出现多种颜色；Hi Alpha Bright Boost（高 Alpha 亮度提升），即提高高 Alpha 空间的亮度；选中 Animated Path（动画路径）选项后，蒙版路径动画影响描边，不选中该选项，描边不跟随蒙版路径变化而变化；Path Time（路径时间），不选中 Animated Path（动画路径）时生效，选择描边的形态为蒙版路径第几秒的形态，参数如图 10-15（a）所示。

　　Camera（摄像机）：该选项的 Comp Camera（合成摄像机）即为选中后使用合成中的

摄像机；View（视图）选项可以切换各个视图；Z Clip Front（摄像机前切点）和 Z Clip Back（摄像机后切点），即为近离摄像机的部分消失和远离摄像机的部分消失；Start Fade（开始衰减），即是当数值小于 Z Clip Back（摄像机后切点）时开始逐渐消失的位置，直到 Z Clip Back（摄像机后切点）全部消失；下面的一些选项是不选中 Comp Camera（合成摄像机）时生效。选中 Auto Orient（自动定向）选项时摄像机一直朝向中心点，不过此时 Rotation（旋转）也生效；X/Y/Z Position（X/Y/Z 位置）即为 X/Y/Z 这3个方向的位移；Zoom（缩放）即为镜头变焦；X/Y/Z Rotation（X/Y/Z 旋转）即为 X/Y/Z 这3个方向的旋转，参数如图 10-15（b）所示。

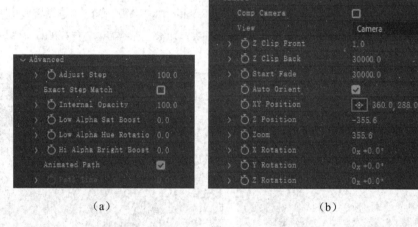

图 10-15

Motion Blur（运动模糊）：该选项 Motion Blur 是设置运动模糊的模式，Off（关）为关闭运动模糊、Comp Setting（合成设置）为运用合成中的设置、On（开）为打开运动模糊，下面属性自行设置；Shutter Angle 为快门角度；Shutter Phase（快门相位）为设置快门角度的偏移；Levels（等级）为产生模糊的数量等级，参数如图 10-16 所示。

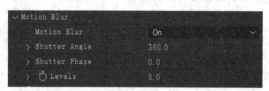

图 10-16

3. Particle（粒子）

Trapcode Particular 3 是 Redgiant 公司出品的一款 After Effects 超炫粒子插件，现在已经是 After Effects 粒子系统创建的行业标准。它是红巨星特效套装 Trapcode Suite 14 中最著名的一个特效插件，重新设计的界面包括大量的预设，简单快捷；不仅支持 GPU 加速，而且新增了多系统，支持三维模型 OBJ 或者 OBJ 动画序列作为发射器，超过 270 个静态和动画的精灵图像，可以轻松地进行加载。通过 Particle 特效可以轻松地制作光线、粒子爆炸、魔法球等酷炫效果，参数如图 10-17 所示。

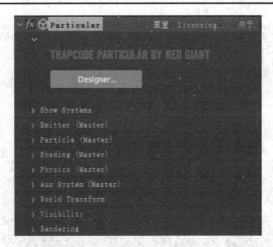

图 10-17

在 Designer（设计师）中为发射器、粒子、物理和辅助粒子，添加具有预设行为和样式的可调节版块。或单击添加完整的、可定制的粒子效果。Designer 立即提供视觉反馈，使新建粒子和预览效果具有直观和创造性的体验。单击图 10-17 所示的 Designer...按钮即可打开 Trapcode Particular Designer 窗口，如图 10-18 所示。

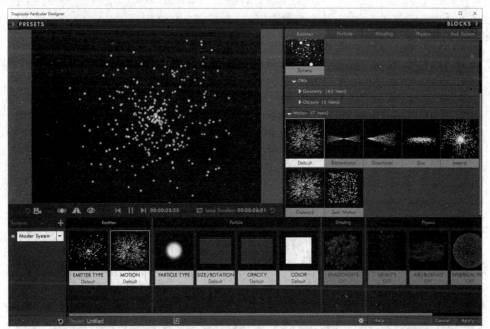

图 10-18

当把鼠标放在 PRESETS（预设）左侧的 ▶ 按钮上单击即可打开预设窗口，可以从中选择适合的预设粒子，然后在右侧可以对其 Particle（粒子）、Shading（光照）、Physics（物理）、Aux System（辅助系统）进行属性设置。例如在窗口的下方选择该粒子的相应属性，在窗口右上方的属性栏中可以进行粒子属性的设置，如图 10-19 所示。

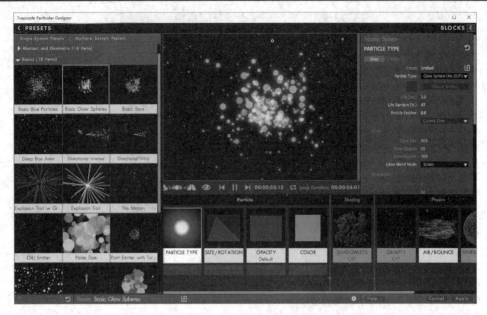

图 10-19

如果想更改粒子类型可以单击图 10-19 所示的 PARTICLE TYPE（粒子类型），然后单击窗口右上角 BLOCKS（块）右侧的 按钮，展开图 10-20 所示的块选项卡，可以从中选择喜欢的粒子类型，同样其他的属性如 COLOR（颜色）、SIZE（大小）等都可以在块选项卡选择不同的预设项目类型。设置完成以后单击窗口右下角的 Apply（应用）按钮就可以应用预设粒子效果了。

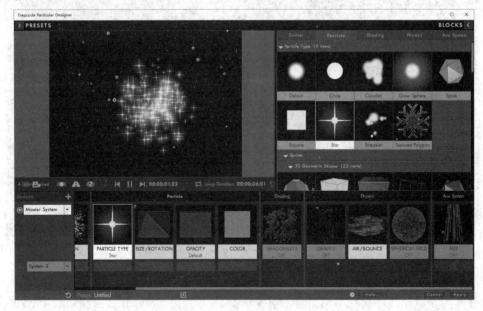

图 10-20

Show Systems（显示系统）：该选项可以增加多个粒子系统，进行粒子系统的叠加，单击图 10-21 所示的 Add a System（增加一个系统）按钮即可打开图 10-20 所示的 Trapcode Particular Designer 窗口，进行新增粒子系统的设置。

4. Starglow（星光）

Starglow 特效是一个根据源图像的高光部分建立星光闪耀的特效。星光的外型包括 8 个方向，每个方向都能被单独赋予颜色贴图和调整强度。Starglow 特效非常类似于在实际拍摄时使用漫射镜头得到星光耀斑，参数如图 10-22 所示。

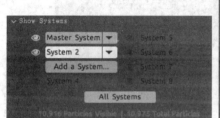

图 10-21

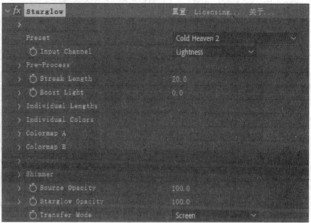

图 10-22

- Preset（预设）：在右侧的下拉列表框中可以选择星光特效的各种预设方案。
- Input Channel（输入通道）：该选项可以设置星光特效是基于红、绿、蓝、Alpha、明度等哪个通道发光。
- Pre-Process（预处理）：该选项的 Threshold（阈值）是定义产生星光特效的最小亮度值，Threshold（阈值）的值越小，画面上产生的星光闪耀特效就越多；反之，值越大，产生星光闪耀的区域亮度要求就越高；Threshold Soft（软阈值）是用来柔和高亮和低亮区域之间的边缘；选中 Use Mask（使用蒙版）选项可以使用一个内置的圆形蒙版，可以设置 Mask Radius（蒙版半径）、Mask Feather（蒙版羽化）、Mask Position（蒙版位置）参数，如图 10-23（a）所示。
- Streak Length（光线长度）和 Boost Light（提升亮度）：设置各个方向上光线的长度和亮度。
- Individual Lengths（单个长度）：设置各个方向上光线的长度，如图 10-23（b）所示。
- Individual Colors（单个颜色）：设置各个方向上光线的颜色，如图 10-24 所示。但是只有两种颜色映射方案 Colormap A 和 Colormap B。
- Colormap A（颜色映射 A）：该选项的 Preset（预设）中可以选择各种预设颜色方案；选定方案后可以对 Highlights（高光）、Midtones（中间调）和 Shadows（阴影）部分进行颜色设置，如图 10-25（a）所示。

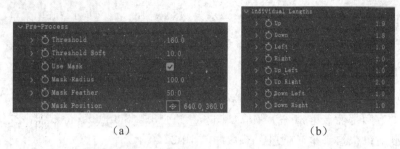

图 10-23

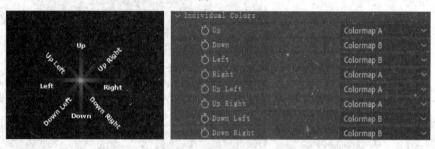

图 10-24

- Shimmer（微光）：该选项的 Amount（数量）可以设置微光的数量；Detail（细节）可以设置微光的细节；Phase（相位）可以设置微光的当前相位，给这个参数加上关键帧就可以得到一个动画的微光；Use Loop（使用循环）选项可以强迫微光产生一个无缝的循环效果；Revolutions in Loop（循环旋转数目）选项是设置循环情况下相位旋转的总体数目，如图 10-25（b）所示。

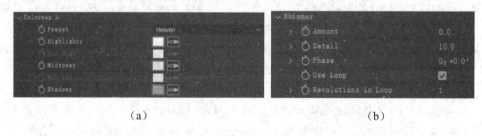

图 10-25

- Source Opacity（源不透明度）：设置源素材的不透明度。
- Starglow Opacity（星光不透明度）：设置星光效果的不透明度。
- Transfer Mode（传输模式）：设置星光闪耀特效和源素材的画面叠加方式。

5. Optical Flares（光学耀斑）

Optical Flares（光学耀斑）是一款由 Videocopilot 出品的颠覆性的 After Effects 插件，用于 After Effects 动画逼真镜头耀斑。以惊人的速度和简单性建立、编辑和定制镜头耀斑。在"效果控件"面板中可以对耀斑的基本属性进行设置，如图 10-26 所示。单击 Optical Flares 效果的 Options 按钮即可打开耀斑设置对话框，如图 10-27 所示。

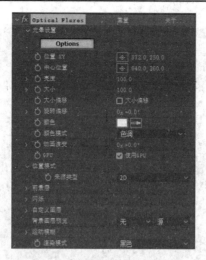

图 10-26

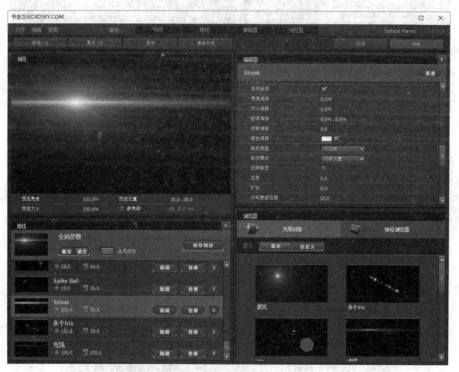

图 10-27

耀斑设置对话框中的"堆栈"选项是光线的各个组件,可将各个组件进行隐藏、独奏或删除。选中"堆栈"选项中一个组件,在右上方的"编辑器"窗口中可以对该组件的参数进行编辑,如图 10-27 所示;在右下方"浏览器"选项中可单击添加其他的组件,在"预设浏览器"选项中选择预设文件夹中的预设光线,可以使用这些预设光线,如图 10-28 所示。

245

图 10-28

6. Light Factory（光线工厂）

Light Factory 是一款集各种光晕和光源功能强大的光效滤镜插件。这些光源和光效可以随意搭配，形成各种不同的光效效果，如图 10-29 所示。在"效果控件"面板中单击 Light Factory 效果的"选项"即打开 Knoll Light Factory Lens Designer（光线工厂镜头设计）对话框。

图 10-29

在 Knoll Light Factory Lens Designer（光线工厂镜头设计）对话框可以进行光线组件的隐藏、参数设置，如图 10-30 所示。单击右侧的"导入"按钮可以导入预设光线，如图 10-31 所示。（注意：预设光线文件在插件的安装文件夹下，如 C:\Program Files > Adobe > Adobe

项目 10 《VDE 影像社》宣传片头制作

After Effects CC 2019 > Support Files > Plug-in > Light Factory > Knoll Custom Lenses）

图 10-30

图 10-31

7. 实例制作 1：星空文字

（1）新建合成，预设为 PAL D1/DV，持续时间为 6 秒。利用文本工具输入文字 "AFTER EFFECTS"，参数设置：字体为 Arial Black，无填充，描边颜色为白色，描边宽度为 2，字号为 60。

(2）右键单击新建的文本图层，在弹出的快捷菜单中选择"效果"|"RG Trapcode"|"Starglow（星光）"命令，为该图层添加 Starglow（星光）效果。在"效果控件"面板中设置效果属性：展开 Pre-Process（预设）设置 Threshold（发光阈值）为 40，Threshold Soft（软阈值）为 40，Colormap A 为单一橙色，Colormap B 为单一红色，参数设置效果如图 10-32 所示。

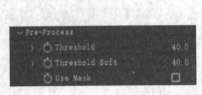
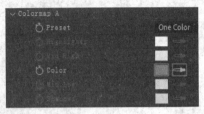

图 10-32

（3）将时间线设置在 2 秒 10 帧处，设置 Starglow（星光）效果的 Streak Length（光线长度）和 Boost Light（提升亮度）为 40 和 15，打开这两个属性的关键帧开关，在 3 秒处设置这两个属性值均为 2，制作光线长度和亮度动画效果。继续制作该图层的不透明度动画：在 5 帧处设置不透明度为 0，10 帧处设置为 100，制作渐显动画；在 2 秒 15 帧处不透明度为 100，3 秒处设置为 0，制作逐渐消失动画。

（4）复制文本图层，生成 AFTER EFFECTS 2 图层，修改填充色为白色，删除该图层的 Starglow（星光）效果和不透明度关键帧。右键单击复制的文本图层，在弹出的快捷菜单中选择"效果"|"风格化"|"发光"命令，为该图层添加"发光"效果。在"效果控件"面板中设置"发光颜色"为"A 和 B 颜色"，"发光阈值"为 80%，"发光半径"为 29，"发光强度"为 2，"颜色 A"和"颜色 B"分别为黄色和红色，在 2 秒处打开"发光阈值""发光强度""颜色 A""颜色 B"的关键帧开关，在此处设置关键帧，参数如图 10-33（a）所示，效果如图 10-33（b）所示。在 2 秒 15 帧处设置"发光阈值""发光强度""颜色 A""颜色 B"的参数值分别为 100%、7、白色、白色；在 3 秒处设置"发光阈值""发光强度""颜色 A""颜色 B"的参数值分别为 80%、2、黄色、红色，制作文字发光增强至消失动画效果。

(a)   (b)

图 10-33

（5）制作 AFTER EFFECTS 2 图层的不透明度动画效果，从 2 秒至 2 秒 10 帧，该图层的"不透明度"属性值从 0 至 100 变化。

（6）制作粒子从左至右撒过效果。新建黑色纯色图层 star1 图层，右键单击该图层，在弹出的快捷菜单中选择"效果"|"RG Trapcode|Particle（粒子）"命令，为该图层添加 Particle（粒子）效果。在"效果控件"面板中展开 Emitter（发射器）：设置 Particles/sec（粒子/秒）为 400，Emitter Type（发射器类型）为 Sphere（球形），Position XY（位置）为（0,256,50），X Rotation（X 轴旋转）为 45，Y Rotation（Y 轴旋转）为 45，Velocity（速度）为 200，Velocity Random（速度随机）为 80，Velocity from Motion（跟随发射器运动速度）为 10，参数设置如图 10-34（a）所示。

（7）继续展开 Particle（粒子）进行属性设置：Lifte[sec]（粒子生命）为 1，Life Random（生命随机）为 50，Sphere Feather（球形羽化）为 0，Size（粒子大小）为 4，Size Random（大小随机）为 90，Blend Mode（混合模式）为 Add，参数设置如图 10-34（b）所示。在 0 秒处设置 Emitter（发射器）选项下的 Position XY（位置）为（0,256），设置 Particle（粒子）选项下的 Life[sec]（粒子生命）为 1；在 11 帧处设置 Position XY（位置）为（720,256,50），Life[sec]（粒子生命）为 0。

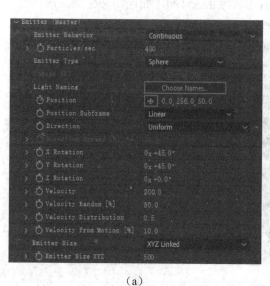 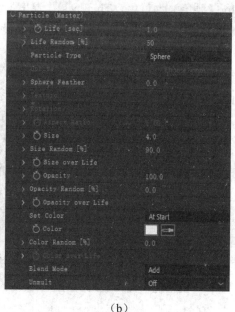

(a)　　　　　　　　　　　　　　　(b)

图 10-34

（8）右键单击 star1 图层，在弹出的快捷菜单中选择"效果"|"RG Trapcode"|"Starglow（星光）"命令，为该图层添加 Starglow（星光）效果。在"效果控件"面板中设置 Colormap A 为预设中的 Desert Sun，Colormap B 为预设中的 Enlightenment。

（9）新建空对象图层，打开两个文本图层和空对象图层的三维图层开关，并设置两个文本图层的父级为"空 1"图层。选择"空 1"图层，在 0 秒处打开该图层的"缩放"和

"Y轴旋转"的关键帧开关，设置其属性分别为（80,80,80%）和-265，如图10-35所示。在1秒15帧处设置其属性值分别为（110,110,110%）和0。

图10-35

8. 实例制作2：旋转光线

（1）在项目窗口中导入"素材与源文件\Chapter10\Plug-in"文件夹下的space.jpg，按住鼠标左键将其拖动到窗口下方 ▣ （创建新合成）按钮上，产生一个合成，设置合成持续时间为5秒。

（2）新建黑色纯色图层，使用钢笔工具绘制图10-36（a）所示的路径。右键单击该图层，在弹出的快捷菜单中选择"效果"|"RG Trapcode（3D描边）"|"3D Stroke（3D描边）"命令，为纯色图层添加3D Stroke（3D描边）效果。在"效果控件"面板中设置：Color（颜色）为黄色，Thickness（厚度）为15，Feather（羽化）为100，在0秒处打开Offset（偏移）的关键帧开关，在5秒处设置该属性值为100，如图10-36（b）所示。

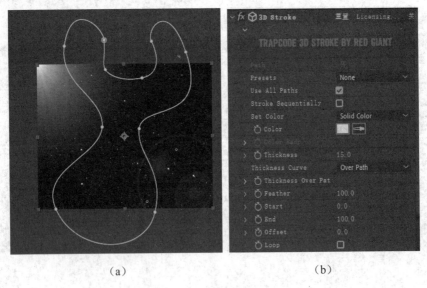

(a)　　　　　　　　　　(b)

图10-36

（3）在"效果控件"面板中展开3D Stroke（3D描边）效果的Taper（锥化）选项，选中Enable（启用）选项；展开Transform（变换）选项，设置Bend（弯曲）为6，Bend Axis（弯曲轴）为90，选中Bend Around Center（沿中心弯曲），在0秒处打开X Rotation（X轴旋转）属性的关键帧开关，在5秒处设置该属性值为1x+0.0，参数效果如图10-37（a）所示。

(4) 在"效果控件"面板中展开 3D Stroke（3D 描边）效果的 Repeater（重复）选项，选中 Enable（启用）选项，设置 X Rotation、Y Rotation、Z Rotation（X、Y、Z 轴旋转）属性值分别为 333、74、12，参数效果如图 10-37（b）所示。

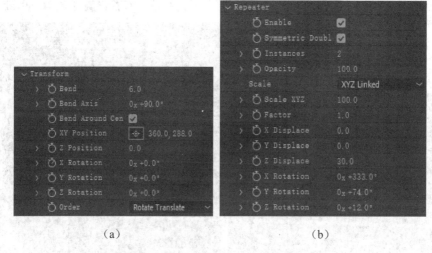

图 10-37

(5) 在"效果控件"面板中展开 3D Stroke（3D 描边）效果的 Advanced（高级）选项，设置 Internal Opacity（内容不透明度）属性为 20，Low Alpha Hue Rotation（低 Alpha 色相旋转）属性值为 121，参数设置如图 10-38（a）所示，效果如图 10-38（b）所示。

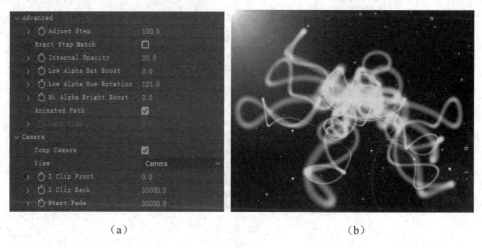

图 10-38

(6) 右键单击黑色纯色图层，在弹出的快捷菜单中选择"效果"|"风格化"|"发光"命令，为纯色图层添加"发光"效果。在"效果控件"面板中设置："发光阈值"为 35，"发光半径"为 30，"发光颜色"为"A 和 B 颜色"，"颜色 A"为橙色，"颜色 B"为白色，参数设置如图 10-39（a）所示。

（7）右键单击黑色纯色图层，在弹出的快捷菜单中选择"效果"|"RG Trapcode"|"Shine（发光）"命令，为纯色图层添加 Shine（发光）效果，在"效果控件"面板中设置：Ray Length（光线长度）为 0，Base On...（基于）为 Red（红色），Highlights（高光）为白色，Midtones（中间调）为绿色，Shadows（暗部）为绿色，参数设置如图 10-39（b）所示。

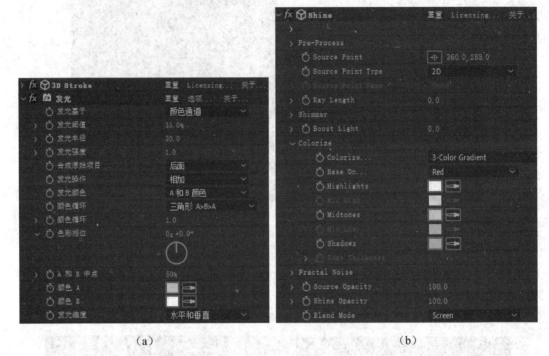

图 10-39

（8）新建预设为"35 毫米"的摄像机，在 0 秒处打开"目标点"和"位置"属性的关键帧开关，在 4 秒处设置属性值如图 10-40 所示（可以使用摄像机工具调整，制作镜头推进和旋转动画）。

图 10-40

9. 实例制作 3：光效文字

（1）新建合成，预设为 HDV/HDTV 720 25，持续时间为 5 秒。新建黑色纯色图层，使用钢笔工具绘制图 10-41（a）所示的路径。右键单击该纯色图层，从弹出的快捷菜单中选择"效果"|"生成"|"勾画"命令，添加"勾画"效果。

（2）在"效果控件"面板中设置"勾画"的属性："描边"属性中选择"蒙版/路径"，

"片段"选项卡中设置"片段"为1,"正在渲染"选项卡中设置"颜色"为蓝色(#3194CD),"宽度"为3.2,"起始点不透明度"为0,"中点不透明度"为-0.5,"结束点不透明度"为1,参数设置如图10-41(b)所示。

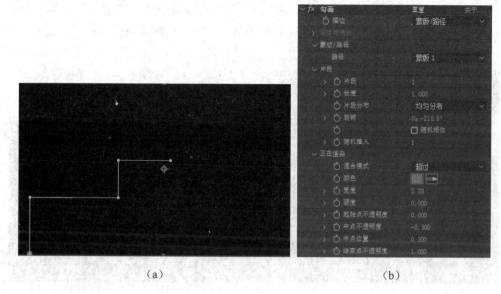

图 10-41

(3)设置光线旋转动画:在0秒处设置"片段"选项卡中"旋转"属性值为-215,在结束处设置属性值为2x+145。复制4个纯色图层,按S键展开其"缩放"属性,按图10-42(a)所示进行设置,使之产生翻转,并更改图层的"模式"为"相加";修改复制图层的旋转关键帧,也可以适当调整各个图层的位置,效果参考图10-42(b)所示。

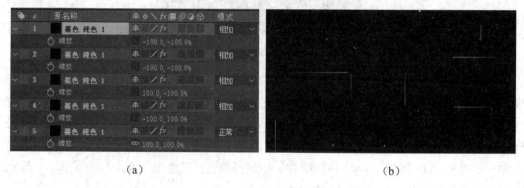

图 10-42

(4)选中所有的纯色图层,按Shift+Ctrl+C组合键进行预合成,并命名为line。右键单击line图层,从弹出的快捷菜单中选择"效果"|"风格化"|"发光"命令,添加"发光"效果。在"效果控件"面板中设置"发光"的属性:"发光阈值"为41.6%,"发光半径"为6,"发光强度"为4,"发光颜色"为"A和B颜色","颜色A"为#19EDF5,"颜色B"为#0B74CE,如图10-43(a)所示。

（5）在项目窗口中导入"素材与源文件\Chapter10\Plug-in"文件夹下的 logo.psd 并拖到时间线中，输入文本如图 10-43（b）所示的文字，字体为"微软雅黑"，字号为 80。选择 logo.psd 图层和文字图层进行预合成并命名为 logo。为 logo 图层添加矩形蒙版，在 3 秒处打开"蒙版路径"的关键帧开关，在 2 秒处双击蒙版路径，将蒙版收缩成一条线，制作蒙版收缩动画。设置"蒙版羽化"属性值为（65,0），注意要打开链接，如图 10-44 所示。

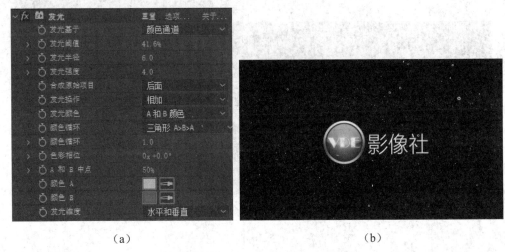

（a） （b）

图 10-43

图 10-44

（6）新建黑色纯色图层，命名为 light，右键单击该图层，在弹出的快捷菜单中选择"效果"|"Knoll Light Factory"|"Light Factory"命令，添加 Light Factory 效果。在"效果控件"面板中单击 Light Factory 效果的"选项"，弹出 Knoll Light Factory Lens Designer 对话框，在该对话框中单击"辉光球""圆盘"等组件右侧的 Unhide（隐藏），只保留"条纹"组件，在右侧 Built-in Element（内置组件）中选择蓝色"辉光球"双击添加，单击"确定"按钮完成光线的组装，如图 10-45 所示。

（7）设置 light 图层的"位置"属性为（498,574），旋转属性为 90，图层"模式"为"相加"，设置该图层的入点在 2 秒处，然后复制该图层，为两次光线图层设置位移动画，在 2 秒 10 帧处设置关键帧属性如图 10-46 所示，在 3 秒处两条光线分别移至窗口之外，效果如图 10-47 所示。

项目10 《VDE影像社》宣传片头制作

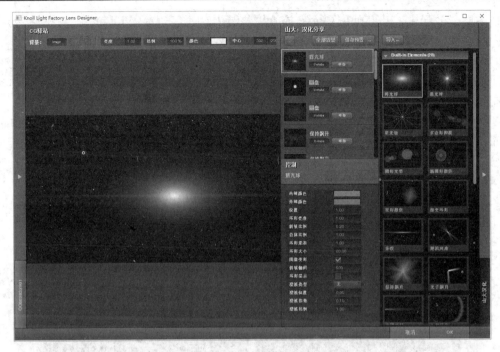

图 10-45

图 10-46

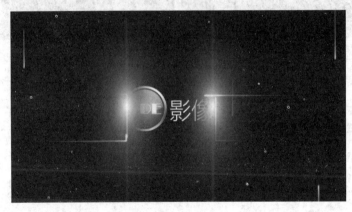

图 10-47

10.2.3 运动跟踪

1. 运动跟踪的作用

运动跟踪的作用：① 跟踪镜头中的目标对象的运动，然后将跟踪的运动数据应用于其他图层或效果中，让其他图层元素或效果与镜头中的运动对象进行匹配。② 将跟踪镜头中的目标物体的运动数据作为补偿画面运动的依据，从而达到稳定画面的作用。

为了让运动跟踪效果更加平滑，需要使选择的跟踪目标必须具备明显的特征，这要求在前期拍摄时有意识地为后期跟踪做好准备。例如，在电影中经常看到魔法师手持火球，观众无须关心火球能否烧伤魔法师的手，因为在实拍时，魔法师手里只拿一个亮灯泡。使用灯泡一是在暗色场景里非常明显，易于跟踪；二是考虑到后期合成中模拟火球发出的环境光，如图 10-48 所示。

图 10-48

良好的被跟踪特性具有以下特征：在整个拍摄中可见；具有与搜索区域中的周围区域明显不同的颜色；搜索区域内的一个与众不同的形状；在整个拍摄中一致的形状和颜色。

2. 运动跟踪范围

在运动跟踪之前，首先需要定义一个跟踪范围，跟踪范围由两个方框和一个十字线构成，如图 10-49 所示。选择的跟踪类型不同，跟踪范围框数目也不同。可以在 After Effects 中进行一点跟踪、两点跟踪、三点跟踪和四点跟踪。

图 10-49

（1）跟踪点

跟踪点由十字线构成，跟踪点与其他图层的轴心点或效果点相连。当跟踪完成后，跟踪结果将以关键帧的方式记录到图层的相关属性。跟踪点在整个跟踪过程中不起任何作用，只用来指定目标的附加位置（图层或效果控制点），以便与跟踪图层中的运动特性进行同步。After Effects 使用一个跟踪点来跟踪位置，使用两个跟踪点来跟踪缩放和旋转，使用 4 个跟踪点来执行使用边角定位的跟踪。

（2）特征区域

图 10-49 中里面的方框为特征区域，由封闭的框架构成，并带有 8 个控制点，通过移动控制点可以调整特征区域的范围。特征区域用于定义跟踪目标的范围。系统记录当前特征区域内的对象明度和形状特征，然后在后续帧中以这个特征进行匹配跟踪。对影像进行运动跟踪，要确保特征区域有较强的颜色或亮度特征，与其他区域有高对比反差。在一般情况下，前期拍摄过程中，要准备好跟踪特征物体，以使后期可以达到最佳的合成效果。特性区域应当围绕一个与众不同的可视元素，最好是现实世界中的一个对象。不管光照、背景和角度如何变化，After Effects 在整个跟踪持续期间都必须能够清晰地识别被跟踪特性。

（3）搜索区域

图 10-49 中外面的方框为搜索区域，也是由封闭的框架构成，并带有 8 个控制点，通过移动控制点可以调整搜索区域的范围。搜索区域用于定义下一帧的跟踪区域，搜索区域的大小与需要跟踪的物体的运动速度有关。一般情况下被跟踪素材的运动速度越快，两帧之间的位移越大，这时，搜索区域也要跟着增大，要让搜索区域包含两帧位移所移动的范围，当然，搜索区域的增大会带来跟踪时间的增加。被跟踪特性只需要在搜索区域内与众不同，不需要在整个帧内与众不同。将搜索限制到较小的搜索区域可以节省搜索时间并使搜索过程更为轻松，但存在的风险是所跟踪的特性可能完全不在帧之间的搜索区域内。

如果要将两个框移动到一起，将它们放入内部框的中间。开始移动之后，特征区域会扩大 400%以帮助用户看清细节。要修改框的大小，拖动它们侧边或者角上的调节手柄。

3. 运动跟踪参数设置

（1）"跟踪器"面板

选择"窗口"|"跟踪器"命令，打开"跟踪器"面板，如图 10-50（a）所示。可以通过"跟踪器"面板设置、启动和应用运动跟踪；可以在时间线窗口中修改、动态化、管理和链接跟踪属性；可以通过在"图层"面板中设置跟踪点来指定要跟踪的区域。

- Track Camera/Warp Stabilizer/Track Motion/Stabilize Motion：跟踪摄像机/变形稳定器/跟踪运动/稳定运动。
- 运动源：设置被跟踪的图层。
- 当前跟踪：当有多个跟踪器时，可以在其下拉列表中指定当前操作的跟踪器。
- 跟踪类型：设置使用的跟踪模式，不同的跟踪模式可以设置不同的跟踪点，并且将不同跟踪模式的跟踪数据应用到目标图层或目标滤镜的方式也不一样。
- 编辑目标：设置运动数据要应用到的目标对象。
- 选项：设置跟踪器的相关选项参数，单击该按钮可以打开"动态跟踪选项"对话框。
- 重置：单击该按钮，将把所有参数和设置恢复到默认状态。
- 应用：单击该按钮，将把计算的数据传递给目标图层，以完成计算的操作。

（2）跟踪器的类型

在"跟踪器"面板的"跟踪类型"下拉列表框中分别有"稳定""变换""平行边角定位""透视边角定位""原始"5 种类型的跟踪器，根据不同的情况和要求，可以选择不同的跟踪类型，如图 10-50（b）所示。

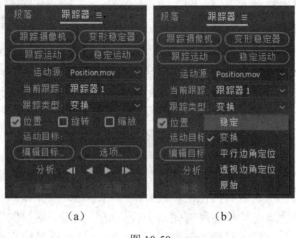

图 10-50

- 稳定：通过跟踪"位置""旋转""缩放"的值来对源图层进行反向补偿，从而起到稳定源图层的作用。
- 变换：通过跟踪"位置""旋转""缩放"的值将跟踪数据应用到其他图层中。
- 平行边角定位：该模式只跟踪平面中的倾斜和旋转变化，不具备跟踪投诉的功能，也只能将计算结果传递给目标对象。
- 透视边角定位：该模式可以跟踪到源图层的倾斜、旋转和透视变化，将计算结果传递给目标对象。
- 原始：该模式只能跟踪源图层的"位置"变化，通过跟踪产生的跟踪数据不能直接使用"应用"按钮将跟踪数据应用到其他图层中，但是可以通过复制粘贴或表达式的形式将其连接到其他动画属性上。

（3）"动态跟踪选项"对话框

在"跟踪器"面板中单击"选项"按钮，会弹出"动态跟踪器选项"对话框，如图 10-51 所示。

- 轨道名称：设置跟踪器的名字，也可以在时间线窗口中修改跟踪器的名字。
- 跟踪器增效工具：在该下拉列表框中选择采用哪一种跟踪器增效工具。默认情况下只有"内置"。如果有其他跟踪器增效工具，可以单击右侧的"选项"按钮，会弹出其参数设置对话框。
- 通道：设置后续帧中跟踪对象的比较方法。RGB 设置跟踪影像的红、绿、蓝颜色通道；"明亮度"设置在跟踪区域比较亮度值；"饱和度"以饱和度为基准进行跟踪。

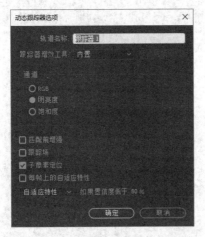

图 10-51

- 匹配前增强：可以在跟踪前对影像进行模糊或锐化处理，以增强搜索能力。
- 跟踪场：对隔行扫描的视频进行逐帧插值，以便于进行跟踪。
- 子像素定位：将特征区域像素进行细化处理，可以得到更精确的跟踪效果，但是会耗费更多的运算时间。
- 每帧上的自适应特征：根据前一帧的特征区域来决定当前帧的特征区域，而不是最开始设置的特征区域，这样可以提供跟踪精度，但同时也会耗费更多的运算时间。
- 如果置信度低于：当跟踪分析的特征区域匹配率低于设置的百分比时，该选项用来设置相应的跟踪处理方式，包含"继续跟踪""停止跟踪""预测运动""自适应特征"4 种方式。

10.2.4　运动跟踪实例

1. 位置跟踪

位置跟踪方式将其他图层或者本图层中具有位置移动属性的效果参数连接到跟踪对象的跟踪点上，只有一个跟踪区域。

（1）在项目窗口中导入"素材与源文件\Chapter10\Tracker\Position"文件夹下的"魔幻球背景.mp4"，按住鼠标左键将其拖动到窗口下方 ■ （创建新合成）按钮上，产生一个合成。

（2）在时间线窗口中选中"魔幻球背景.mov"图层，右键单击该图层，在弹出的快捷菜单中选择"效果"|"Knoll Light Factory（Knoll 光线工厂）"|"Light Factory（光线工厂）"命令，为该图层添加 Light Factory（光线工厂）效果。

（3）在"效果控件"面板中单击"选项"按钮，打开 Knoll Light Factory Lens Designer（Knoll 光线工厂镜头设置）对话框，单击组合光线的各个部分并设置属性，如图 10-52 所示。

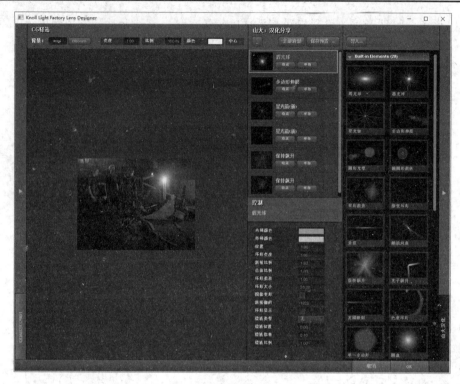

图 10-52

（4）在时间线窗口中双击"魔幻球背景.mp4"图层，打开图层窗口。选择"窗口"|"跟踪器"命令，在打开的"跟踪器"面板中单击"跟踪运动"按钮，确定是对画面进行运动跟踪，选中"位置"复选框，确定只对对象的位移进行跟踪，如图 10-53（a）所示。

（5）单击"选项"按钮，在弹出的"动态跟踪器选项"对话框中选中"明亮度"单选按钮和"子像素定位"复选框，如图 10-53（b）所示。

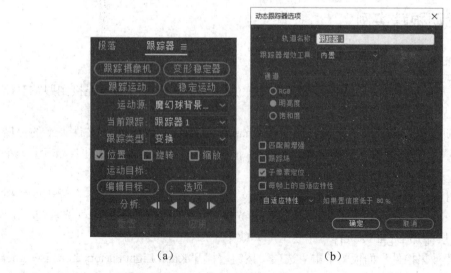

(a)　　　　　　　(b)

图 10-53

（6）将时间线指针移动到 0 帧处，将跟踪点移动到画面中的光亮小球处，如图 10-54 所示。在"跟踪器"面板中单击▶按钮开始跟踪。

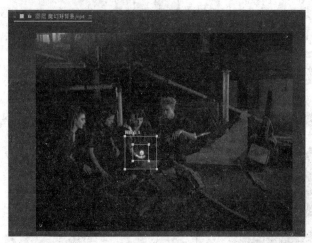

图 10-54

（7）在"跟踪器"面板中单击"编辑目标"按钮，选择接受跟踪结果的对象，直接把跟踪数据应用给效果控制点，如图 10-55（a）所示。回到"跟踪器"面板后单击"应用"按钮，在弹出的对话框中进行设置，如图 10-55（b）所示。具体参数可以参照"素材与源文件\Chapter10\Tracker\Position"文件夹下的 Position.aep 源文件。

(a)　　　　　　　　　　　　(b)

图 10-55

2. 位置旋转跟踪

（1）在项目窗口中导入"素材与源文件\Chapter10\Tracker\Position & Rotation"文件夹下的 sky.mov 和 sky.jpg，按住鼠标左键将 sky.mov 拖动到窗口下方■（创建新合成）按钮上，产生一个合成。将项目窗口中的 sky.mov 拖曳到时间线中两次，如图 10-56 所示。

图 10-56

（2）在时间线窗口中选中第 1 层的 sky.mov 图层，右键单击该图层，在弹出的快捷菜单中选择"效果"|"颜色校正"|"色光"命令，为该图层添加"色光"效果。在"效果控件"面板中调整参数，设置"输出循环"的颜色为黑白渐变，如图 10-57（a）所示，此时合成窗口效果如图 10-57（b）所示。

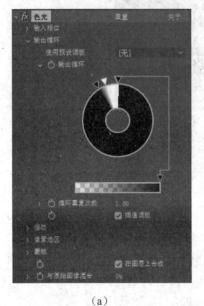

（a）　　　　　　　　　　　　　　（b）

图 10-57

（3）在时间线窗口中选择第 2 层的 sky.mov 图层，设置该图层以上层为"亮度反转遮罩"，关闭第 3 层的 sky.mov 图层的显示属性，时间线窗口如图 10-58（a）所示，合成窗口效果如图 10-58（b）所示。

（a）　　　　　　　　　　　　　　（b）

图 10-58

（4）在时间线窗口中右键单击，在弹出的快捷菜单中选择"新建"|"空对象"命令，新建一个"空 1"图层。双击第 1 层的 sky.mov 图层，打开图层预览窗口，选择"窗口"|"跟踪器"命令，打开"跟踪器"面板，单击"跟踪运动"按钮，对画面进行运动跟踪，如图 10-59（a）所示。在图层预览窗口中调整跟踪点，如图 10-59（b）所示。

(a)　　　　　　　　　　　　　(b)

图 10-59

（5）单击"编辑目标"按钮，在弹出的对话框中选择"空 1"图层，如图 10-60（a）所示，单击"跟踪器"面板中的▶按钮进行跟踪，图层预览窗口的效果如图 10-60（b）所示。单击"应用"按钮将跟踪的数据应用为"空 1"图层。

(a)　　　　　　　　　　　　　(b)

图 10-60

（6）在项目窗口中将 sky.jpg 文件拖曳到时间线窗口中的第 4 层，设置其 Opacity（不透明度）属性值为 52%，打开最底层 sky.mov 图层的显示属性，并设置 sky.jpg 图层的"父级和链接"属性为"空 1"图层，如图 10-61 所示。

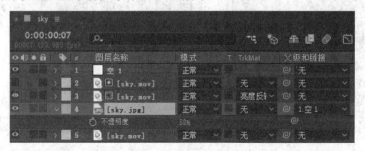

图 10-61

（7）选择上面两个 sky.mov 图层，按 Shift+Ctrl+C 组合键，将选中的两个图层预合成一个图层，选择该图层并右键单击该图层，在弹出的快捷菜单中选择"效果"|"遮罩"|"遮罩阻塞工具"命令，为其添加"遮罩阻塞工具"效果，在"效果控件"面板中调整参数，如

图 10-62（a）所示。按数字键盘上的 0 键进行预览，合成窗口效果如图 10-62（b）所示。具体参数可以参照"素材与源文件\Chapter10\Tracker\Position&Rotation"文件夹下的 Position&Rotation.aep 源文件。

（a）

（b）

图 10-62

3. 透视边角跟踪

（1）在项目窗口中导入"素材与源文件\Chapter10\Tracker\Perspective Corner Pin"文件夹下的 matrix.mov 和"书.mp4"，按住鼠标左键将"书.mp4"拖动到窗口下方 ■（创建新合成）按钮上，产生一个合成。从项目窗口中拖曳 matrix.mov 至时间线窗口中的"书.mp4"图层的上方。

（2）双击"书.mp4"图层，打开图层预览窗口，选择"窗口"|"跟踪器"命令，打开"跟踪器"面板，单击"跟踪运动"按钮，对画面进行运动跟踪，在"跟踪类型"下拉列表框中选择"透视边角定位"，如图 10-63（a）所示。在图层预览窗口中定义跟踪区域，分别将 4 个跟踪区域定义在跟踪点上，如图 10-63（b）所示。

（a）

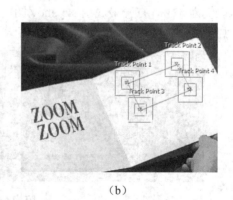
（b）

图 10-63

（3）在"跟踪器"面板上单击"选项"按钮，打开"动态跟踪器选项"对话框，参数设置如图 10-64（a）所示。

（4）在"跟踪器"面板中单击▶按钮进行跟踪，单击"编辑目标"按钮，在弹出的对话框中选择 matrix.mov 图层，如图 10-64（b）所示，单击"跟踪器"面板中的"应用"按钮将跟踪的数据应用到 matrix.mov 图层。选择 matrix.mov 图层，设置该图层的"缩放"属性值为 113%。最终效果如图 10-65 所示。具体参数可以参照"素材与源文件\Chapter10\Tracker\Perspective Corner Pin"文件夹下的 Perspective.aep 源文件。

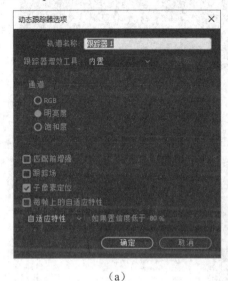

（a） （b）

图 10-64

图 10-65

10.2.5 3D 摄像机跟踪

（1）在项目窗口中导入"素材与源文件\Chapter10\Tracker\3D Camera Tracker"文件夹下的 clouds.jpg 和"大海.avi"，按住鼠标左键将"大海.avi"拖动到窗口下方 ■（创建新合成）按钮上，产生一个合成，重命名为"跟踪场景"。

（2）选择"窗口"|"跟踪器"命令，打开"跟踪器"面板。选择"大海.avi"图层，单击"跟踪器"面板中的"跟踪摄像机"按钮，添加"3D 摄像机跟踪器"效果，系统开始对素材进行跟踪运算，如图 10-66（a）所示。等待一段时间后，进入摄像机分析阶段，直至出现很多的跟踪点，如图 10-66（b）所示。

(a) (b)

图 10-66

（3）运算完毕，拖曳时间线查看跟踪点的情况。选取合适的跟踪点并右键单击，从弹出的快捷菜单中选择"创建实底和摄像机"命令，如图 10-67 所示。

图 10-67

（4）在时间线窗口中，可以看到添加的纯色图层和摄像机，如图 10-68 所示。

图 10-68

（5）拖曳 clouds.jpg 素材到时间线并放置于顶层，打开该图层的 3D 开关。在时间线窗口中展开 clouds.jpg 图层和纯色图层的"位置"属性，复制纯色图层的"位置"属性并粘贴到 clouds.jpg 图层，如图 10-69（a）所示。

（6）调整 clouds.jpg 图层的"位置"属性，再向远处移动，然后调整其"缩放"属性为（169,169,169%），如图 10-69（b）所示。

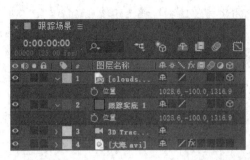 

(a) (b)

图 10-69

（7）选择 clouds.jpg 图层，选择钢笔工具，绘制蒙版，按两次 M 键展开蒙版属性，设置蒙版的"蒙版羽化"属性值为 180，效果如图 10-70 所示。

图 10-70

（8）选择 clouds.jpg 图层，打开"蒙版路径"左侧的关键帧开关，拖曳时间线指针，调整蒙版路径。最终效果如 10-71 所示。具体参数可以参照"素材与源文件\Chapter10\Tracker\3D Camera Tracker"文件夹下的 3D Camera Tracker.aep 源文件。

图 10-71

10.2.6 变形稳定

（1）在项目窗口中导入"素材与源文件\Chapter10\Tracker\Stabilize"文件夹下的 Stabilizer.avi，按住鼠标左键将其拖动到窗口下方 ▣（创建新合成）按钮上，产生一个 Composition（合成）。

（2）右键单击 Stabilizer.avi 图层，在弹出的快捷菜单中选择"跟踪和稳定"|"变形稳定器 VFX"命令，应用"变形稳定器 VFX"效果。也可以在"跟踪器"面板中直接单击"变形稳定器"按钮应用"变形稳定器 VFX"效果。

（3）应用"变形稳定器 VFX"效果后，合成窗口中出现"在后台分析"提示，系统开始自动分析影片中的场景信息，这是稳定工作的第一步，如图 10-72（a）所示。在"效果控件"面板中会自动应用"变形稳定器 VFX"效果，并显示计算进度，如图 10-72（b）所示。

 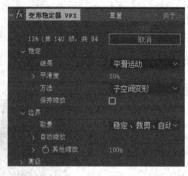

（a） （b）

图 10-72

（4）场景信息分析完毕后，系统会自动进行第二步，即对画面进行稳定操作，如图 10-73 所示。画面上的橙色条消失后，稳定完成。不需要进行任何设置，完全由系统自动完成。播放影片观看效果，镜头的抖动被消除了。

图 10-73

（5）如果稳定效果不是很好，还可以对"变形稳定器 VFX"效果的参数做进一步调整，跟进素材的不同来改善效果。注意：当修改参数后，系统仅重做稳定的第二步。

（6）在"结果"下拉列表框中可以选择如何应用稳定结果。一般情况下都使用"光滑运动"选项，不然画面会偏差得厉害。在"方法"下拉列表框中可以设定用何种方法来进行稳定。系统提供了 4 种方法：①"位置"（即位移画面），②"位置、缩放、旋转"（即位移、缩放、旋转画面），③"透视"（即改变画面透视关系），④"子空间变形"

（即拉伸像素处理稳定）。默认处理方式是"子空间变形"，抖动比较厉害时，用这种方法处理效果会比较好。"取景"下拉列表框用于设置稳定后如何处理画面。

10.3 项目实施

10.3.1 导入素材

（1）启动 After Effects CC 2019，选择"编辑"|"首选项"|"导入"命令，打开"首选项"对话框，设置"静止素材"的导入长度为 10 秒。

（2）在项目窗口中双击，打开"导入文件"对话框，选择"素材与源文件\Chapter 10\Footage"文件夹中的 back.psd、logo.psd、vde.psd、world.psd 和 VDEtext.psd 文件，在"导入种类"下拉列表框中选择 Footage 选项，将相应素材以"素材"方式导入。

10.3.2 镜头一制作

（1）在项目窗口中的空白处右键单击，在弹出的快捷菜单中选择"新建合成"命令，在打开的"合成设置"对话框中进行设置，新建"镜头一"合成，如图 10-74 所示。

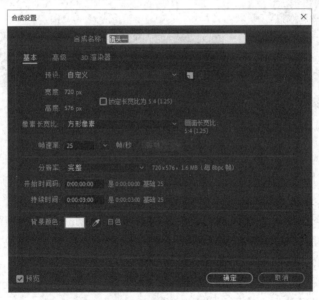

图 10-74

（2）从项目窗口中拖动 back.psd 素材至"镜头一"合成中，在 back.psd 图层上方新建蓝色纯色图层（#71BCE5），给该图层更名为 blue，使用矩形蒙版工具在纯色图层上绘制矩形蒙版，如图 10-75（a）所示。在 blue 图层的上方新建文字图层，输入"10 多媒体 2 班"，文字属性设置如图 10-75（b）所示，按 P 键展开文字图层的"位置"属性，设置属性值为（394,314）。

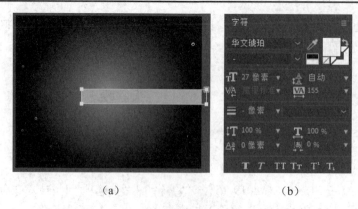

图 10-75

（3）在属性列名称上右键单击，在弹出的快捷菜单中选择"列数"|"父级和链接"命令，展开"父级和链接"列，如图 10-76（a）所示。设置文字图层的父图层为 blue 图层，如图 10-76（b）所示。

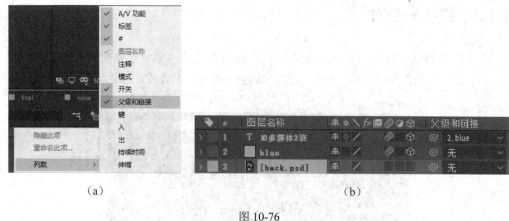

图 10-76

（4）选择 blue 图层，按 P 键展开该图层的"位置"属性，移动时间线至 1 秒处，单击"位置"属性左侧的关键帧开关，在此处建立了一个关键帧。移动时间线至 0 秒处，设置"位置"的属性值为（800,288），制作左移动画。

（5）在文字图层的上方新建白色纯色图层，更名为 white。使用矩形蒙版工具在纯色图层上绘制矩形蒙版，如图 10-77（a）所示。在 white 图层的上方新建文字图层，输入"影像社"，文字颜色为#004184，其他属性设置同"10 多媒体 2 班"图层。按 P 键展开"影像社"文字图层的位置属性，设置属性值为（300,260），如图 10-77（b）所示。

（6）设置"影像社"文字图层的父图层为 white 图层。选择 white 图层，按 P 键展开该图层的"位置"属性，移动时间线至 1 秒处，单击"位置"属性左侧的关键帧开关，在此处建立了一个关键帧。移动时间线至 0 秒处，设置"位置"属性值为（-55,288），制作右移动画。

（7）从项目窗口中拖动 logo.psd 至"镜头一"合成的最顶层，设置该图层的"位置"属性为（198,254）。在 back.psd 图层的上方新建白色纯色图层，更名为 white1。右键单击

white1 图层，在弹出的快捷菜单中选择"效果"|"模拟"|"CC Particle World（CC 粒子世界）"命令，为该图层添加 CC Particle World（CC 粒子世界）效果。

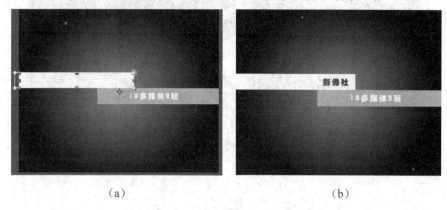

图 10-77

（8）选择 white1 图层，在"效果控件"面板中设置效果属性：设置 Birth Rate（出生率）为 2.0，Longevity（sec）（生命周期）为 0.41，展开 Producer（发生器）属性，设置 Position X 为-0.23，如图 10-78（a）所示。展开 Physics（物理）属性，设置 Gravity（重力）属性值为 0；展开 Particle（粒子）属性栏，设置 Particle Type（粒子类型）为 Lens Convex，如图 10-78（b）所示。

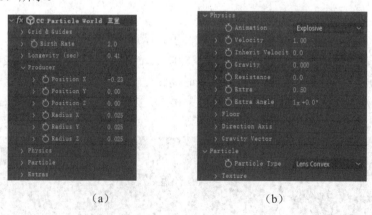

图 10-78

（9）右键单击 white1 图层，在弹出的快捷菜单中选择"效果"|"风格化"|"发光"命令，为该图层添加"发光"效果。在"效果控件"面板中设置效果属性："发光阈值"为 35%，"发光强度"为 1.5，"发光颜色"为"A 和 B 颜色"，"颜色 A"为白色，"颜色 B"为#78A7FE，参数设置如图 10-79（a）所示，效果如图 10-79（b）所示。

（10）设置 white 图层和 blue 图层的父图层为 logo.psd 图层，打开 logo.psd 图层至 blue 图层之间所有图层的 3D 开关和运动模糊开关，如图 10-80 所示。单击时间线窗口，为设置了"运动模糊"开关的所有图层启用"运动模糊"按钮。选择 logo.psd，按 R 键展开该图层的"旋转"属性，移动时间线至 2 秒处，单击"Z 轴旋转"属性左侧的关键帧开关，移动时间线至 0:00:02:10 处，设置"Z 轴旋转"属性值为 0x+90，制作 Z 轴旋转动画，其他几个图层跟随该图层一起做旋转动画。

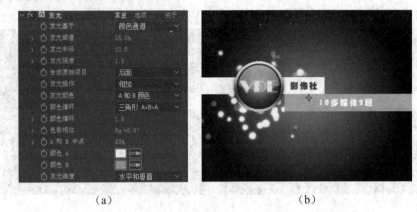

图 10-79

图 10-80

（11）在"镜头一"合成中新建摄像机图层，图层设置如图 10-81 所示。移动时间线至 2 秒处，设置"目标点"属性值为（360,288,0）、"位置"属性值为（360,288,-1094.4），并单击这两个属性左侧的关键帧开关。移动时间线至 0:00:02:10 处，设置"目标点"属性值为（360,288,872）、"位置"属性值为（360,288,-222.4），制作镜头推进动画。

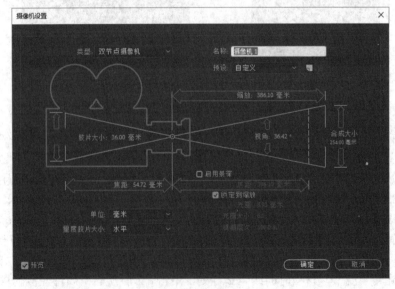

图 10-81

10.3.3 镜头二制作

（1）在项目窗口中新建"镜头二"合成，持续时间为 8 秒，其他参数同"镜头一"合成。

（2）从项目窗口中拖动 back.psd 素材至"镜头二"合成中，在 back.psd 图层上方新建白色纯色图层，右键单击该白色纯色图层，在弹出的快捷菜单中选择"效果"|"模拟"|"CC Particle World（CC 粒子世界）"命令，为该图层添加 CC Particle World（CC 粒子世界）效果。

（3）选择白色纯色图层，在"效果控件"面板中设置效果属性：设置 Birth Rate（出生率）为 8.3，Longevity（sec）（生命周期）为 3，展开 Producer（发生器）属性，设置 Radius X、Radius Y、Radius Z 分别为 9.2、19.89、24.31，如图 10-82（a）所示。展开 Physics（物理）属性，设置 Animation（动画）属性值为 Vortex，Velocity（速度）属性值为 0.07，Gravity（重力）属性值为 0；展开 Particle（粒子）属性栏，设置 Particle Type（粒子类型）为 Lens Convex，Birth Size（出生大小）属性值为 0.4，Death Size（消亡大小）为 0.7，如图 10-82（b）所示。

（a） （b）

图 10-82

（4）在白色纯色图层的上方新建黑色纯色图层，右键单击该黑色纯色图层，在弹出的快捷菜单中选择"效果"|"Knoll Light Factory（Knoll 光线工厂）"|"Light Factory（光线工厂）"命令，为该图层添加 Light Factory（光线工厂）效果，该图层的模式设置为"相加"。

（5）选择黑色纯色图层，在"效果控件"面板中设置效果属性。展开"位置"属性栏，设置"光源位置"为（360,288）。展开"镜头"属性栏，设置"亮度"为 159，"比例"

为1，如图10-83所示。

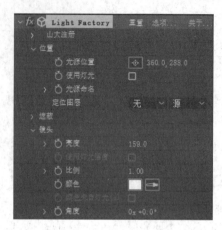

图10-83

（6）在"效果控件"面板中单击 Light Factory 效果名称右侧的 Options（选项），弹出 Knoll Light Factory Lens Designer（光线工厂镜头设计）窗口，在右侧的 Built-in Elements（内置元素）中单击"条纹"，将"条纹"光线元素添加进来，单击如图10-84所示的"条纹"右侧的 Hide all other elements（隐藏其他元素）按钮（图10-84中小方框中标注的按钮），隐藏其他元素只显示"条纹"元素。在"控制条纹"面板中设置"条纹"属性："亮度"属性值为 0.56，"长度"属性值为 0.9，"柔和"属性值为 19.01，"外部颜色"为（R:40,G:110,B:255），"中心颜色"为（R:74,G:138,B:255）。

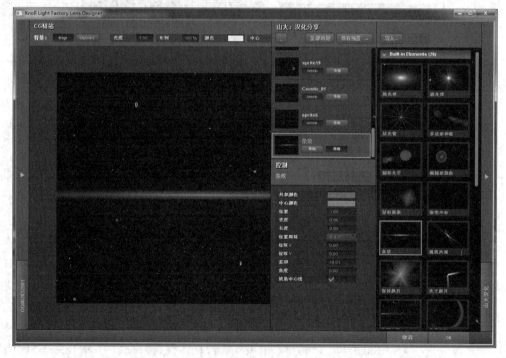

图10-84

（7）选择黑色纯色图层，按 S 键展开该图层的"缩放"属性，在 0 秒处打开"缩放"属性的关键帧开关，设置其属性值为（1629%,1629%），在 1 秒处更改属性值为（100,100%），在 2 秒处为"缩放"属性创建 1 个关键帧，在 2 秒 10 帧处更改属性值为（1629%,1629%），在 2 秒 19 帧处更改属性值为（100%,100%）。复制 2 秒开始及其后面的共 3 个关键帧，在 3 秒 19 帧处粘贴关键帧，时间线移至 5 秒 13 帧处复制关键帧，制作光线的转换动画效果。

（8）在黑色纯色图层的上方创建文字图层，输入文字"勇于创新"，文字参数设置如图 10-85（a）所示。选择"勇于创新"文字图层，打开该图层的 3D 开关和运动模糊开关。按 P 键展开该图层的"位置"属性，按 Shift+T 快捷键展开"不透明度"属性，移动时间线至 0:00:00:17 处，单击"位置""不透明度"属性左侧的关键帧开关，设置属性值分别为（219,301,-812）和 0%，如图 10-85（b）所示。

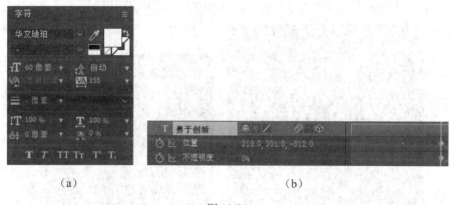

图 10-85

（9）移动时间线至 1 秒处，设置"位置""不透明度"属性值分别为（219,301,0）和 100%，如图 10-86 所示，制作缩小显示动画。移动时间线至 2 秒处，为"不透明度"属性建立一个关键帧，移动时间线至 0:00:02:10 处，设置"不透明度"属性值为 0%。

图 10-86

（10）在"勇于创新"文字图层上方新建"追求完美"文字图层，文字参数设置同"勇于创新"文字图层，该图层的入点为 0:00:01:20；同理，新建"协同合作"文字图层，入点为 0:00:03:15；新建"共创未来"文字图层，入点为 0:00:05:10，打开这 3 个文字图层的 3D 开关和运动模糊开关。

（11）选择"勇于创新"文字图层，按 U 键展开该图层的设置关键帧动画的属性，移动时间线至 0:00:00:17 处，选择"位置"和"不透明度"属性，按 Ctrl+C 快捷键复制两个属性的关键帧，选择"追求完美"文字图层，移动时间线至 0:00:02:12 处，按 Ctrl+V 快捷键复制这两个属性的关键帧。同理，选择"协同合作"文字图层，移动时间线至 0:00:04:07 处，按 Ctrl+V 快捷键复制这两个属性的关键帧。选择"共创未来"文字图层，移动时间线至 0:00:06:03 处，按 Ctrl+V 快捷键复制这两个属性的关键帧。

10.3.4 定版画面制作

（1）在项目窗口中新建 noise 合成，持续时间为 10 秒，其他参数同"镜头一"合成。

（2）在 noise 合成中新建黑色纯色图层，更名为 Black1，右键单击该黑色纯色图层，在弹出的快捷菜单中选择"效果"|"杂色和颗粒"|"分形杂色"命令，为该图层添加"分形杂色"效果。

（3）选择 Black1 图层，在"效果控件"面板中设置效果属性："亮度"属性值为-31，展开"变换"属性栏，设置"缩放"属性值为 20，"偏移（湍流）"属性值为（640,360），如图 10-87（a）所示。展开"子设置"属性栏，设置"子影响"属性值为 100，"子缩放"属性值为 30，"演化"属性值为 0x+98，如图 10-87（b）所示。

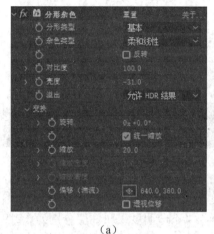 

(a) (b)

图 10-87

（4）在 Black1 图层的上方新建黑色纯色图层，更名为 Black2，右键单击该黑色纯色图层，在弹出的快捷菜单中选择"效果"|"生成"|"梯度渐变"命令，为该图层添加"梯度渐变"效果。在"效果控件"面板中设置效果属性，其中"起始颜色"为白色，"结束颜色"为黑色，如图 10-88 所示，设置该图层的模式为"相乘"。

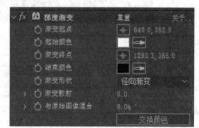

图 10-88

（5）在项目窗口中新建"定版"合成，持续时间为 10 秒，其他参数同"镜头一"合成。

（6）从项目窗口中拖动 noise 合成至"定版"合成中，在 noise 图层的上方新建黑色纯色图层，其中"宽度"为 1280，"高度"为 720。选择黑色纯色图层，为该图层添加"梯度渐变"效果，设置效果参数如图 10-89 所示，其中"梯度渐变"的"起始颜色"为黑色，"结束颜色"为#245B86。

（7）在黑色纯色层的上方新建粉色纯色图层（颜色为#9110FF），该图层的大小同黑色纯色图层，右键单击该图层，在弹出的快捷菜单中选择"效果"|"颜色校正"|"色相/

饱和度"命令,为该图层添加"色相/饱和度"效果。在"效果控件"面板中设置效果属性:"主色相"属性值为 0x+303。使用椭圆工具在粉色纯色图层上创建椭圆蒙版,如图 10-90 所示,按两次 M 键展开"蒙版"属性,设置"蒙版羽化"属性值为(273,273)像素,蒙版的模式为"相减"。最后设置该图层的"不透明度"属性值为 20%。

 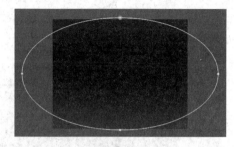

图 10-89　　　　　　　　　　　　　　图 10-90

(8)从项目窗口中拖动 back.psd 至"定版"合成中粉色纯色图层的上方,按 T 键展开该图层的"不透明度"属性,移动时间线至 0:00:03:22 处,设置"不透明度"属性值为 0%;移动时间线至 0:00:05:08 处,设置"不透明度"属性值为 100%;移动时间线至 0:00:07:00 处,设置"不透明度"属性值为 82%。

(9)从项目窗口中拖动 vde.psd 至 back.psd 图层的上方,右键单击该图层,在弹出的快捷菜单中选择"效果"|"模拟"|"卡片动画"命令,为该图层添加"卡片动画"效果。

(10)在"效果控件"面板中设置"卡片动画"属性:"行数"和"列数"值均为 40,"渐变图层 1"为 noise;展开"Z 位置"属性栏,设置"源"为"强度 1","乘数"为 100,"偏移"为 140,如图 10-91(a)所示。展开"X 轴缩放"属性栏,设置"源"为"强度 1","乘数"为 0.5;展开"Y 轴缩放"属性栏,设置"源"为"强度 1","乘数"为 0.5;展开"摄像机位置"属性栏,设置"Z 轴旋转"为 0x+100,"Z 位置"为 10.50,"焦距"为 74,如图 10-91(b)所示。

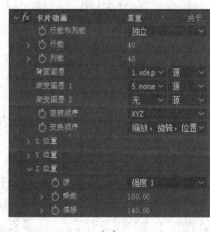 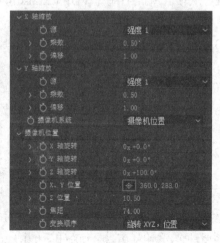

(a)　　　　　　　　　　　　　　(b)

图 10-91

(11)移动时间线至 0 秒处,单击"Z 位置"下的"乘数"和"偏移","X 轴缩放"下的"乘数","Y 轴缩放"下的"乘数","摄像机位置"下的"Z 轴旋转"和"Z 位置"属性左侧的关键帧开关,如图 10-92(a)所示。移动时间线至 6 秒处,设置这些属性值分别为 0、0、0、0、0x+0.0、2.09,如图 10-92(b)所示。选择所有的关键帧并右键单击,在弹出的快捷菜单中选择"关键帧插值"命令,在弹出的"关键帧插值"对话框中设置差值方式为"贝塞尔曲线"。

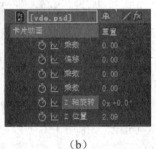

(a)　　　　　　　　　(b)

图 10-92

(12)从项目窗口中拖动 VDE text.psd 至 vde.psd 图层的上方,右键单击该图层,在弹出的快捷菜单中选择"效果"|"模拟"|"卡片动画"命令,为该图层添加"卡片动画"效果。

(13)在"效果控件"面板中设置"卡片动画"效果属性:"行数"和"列数"值均为 40,"渐变图层 1"为 noise;展开"Z 位置"属性栏,设置"源"为"强度 1","乘数"为 100,"偏移"为 152.3,如图 10-93(a)所示。展开"X 轴缩放"属性栏,设置"源"为"强度 1","乘数"为 0.5;展开"Y 轴缩放"属性栏,设置"源"为"强度 1","乘数"为 0.5;展开"摄像机位置"属性栏,设置"Z 轴旋转"为 0x+100,"X,Y 位置"为(337.5,288),"Z 位置"为 10.50,"焦距"为 74,如图 10-93(b)所示。

(14)移动时间线至 0:00:00:14 处,单击"Z 位置"下的"乘数"和"偏移","X 轴缩放"下的"乘数","Y 轴缩放"下的"乘数","摄像机位置"下的"Z 轴旋转"和"Z 位置"属性左侧的关键帧开关,如图 10-94(a)所示。移动时间线至 0:00:05:14 处,设置这些属性值分别为 0、0、00、0x+0.0、2.2,如图 10-94(b)所示。同上,设置这些关键帧的"时间插值"为"贝塞尔曲线"类型。

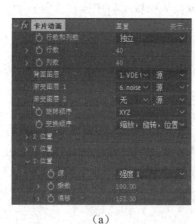 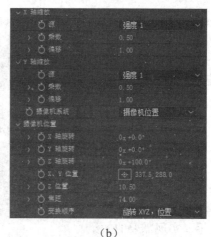

图 10-93

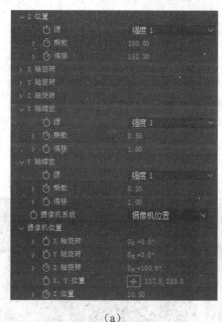 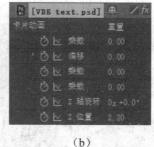

图 10-94

（15）从项目窗口中拖动 world.psd 至 VDE text.psd 图层的上方，设置该图层的入点为 0:00:00:10 处，设置该图层的"位置"属性值为（566,338）。选择 VDE text.psd 图层，移动时间线至 0:00:00:14 处，复制该图层的"卡片动画"效果；选择 world.psd 图层，移动时间线至 0:00:00:10 处，粘贴该效果。打开 world.psd、VDE text.psd、vde.psd 和 back.psd 图层的运动模糊开关及时间线上运动模糊的总开关，如图 10-95 所示。

（16）在项目窗口中新建 final 合成，持

图 10-95

续时间为 0:00:20:12，其他参数同"镜头一"合成。从项目窗口中拖动"镜头一""镜头二""定版"合成至 final 合成中，设置"镜头一"的入点在 0 秒处，设置"镜头二"的入点为 0:00:02:21，设置"定版"的入点为 0:00:10:13。

10.4　项目小结

本项目中又继续学习了不少内置效果和外挂插件，但是相比较 After Effects CC 2019 的众多效果来说，仍然是九牛一毛，读者要在项目中体会学好效果的使用目标与方法：熟练掌握、多动脑子。只有熟练掌握各种效果，才能对它们的功能了然于胸，这样在制作中才能得心应手，实现需要的效果。

10.5　扩展案例

1．案例描述

该案例讲述的是 VDE 影像社的演绎动画，通过粒子的运动勾勒 logo 的形状，粒子消散显示 VDE 影像社的 logo，整个场景都以粒子的演绎为主。

2．案例效果

本案例效果如图 10-96 所示。

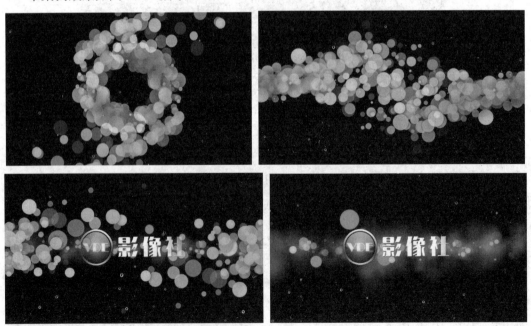

图 10-96

3. 案例分析

（1）新建 lizi 合成，合成设置：预设 HDTV 1080 25，持续时间为 15 秒。在该合成中新建黑色纯色图层 bg。新建灯光图层，名称为 Emitter，灯光类型为"点"，颜色为白色，强度为 345%。同理再次新建灯光图层，名称为 2Emitter，其他参数相同。在 0 秒至 4 秒 15 帧制作灯光图层的路径动画，Emitter 图层的路径运动轨迹如图 10-97（a）所示，2Emitter 图层的路径运动轨迹如图 10-97（b）所示。

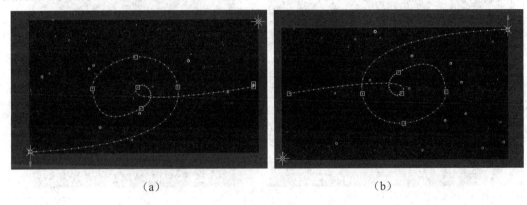

图 10-97

（2）新建白色纯色图层，命名为 lizi1，右键单击该图层，在弹出的快捷菜单中选择"效果"｜"RG Trapcode"｜"Particle（粒子）"命令，为该图层添加 Particle（粒子）效果。在"效果控件"面板中展开 Particle 效果的 Emitter（发射器）选项进行设置：在 4 秒处打开 Particles/sec（粒子数/秒）的关键帧开关，设置该属性为 100，在 4 秒 08 处设置该属性值为 0；设置 Emitter Type（发射类型）为 light(s)（灯光），单击 Choose Names（选择名称）按钮，在弹出的对话框中输入灯光的名称 Emitter；设置 Velocity（速度）为-170；设置 Emitter Size XYZ（发射器大小）为 176，如图 10-98（a）所示。

（3）在"效果控件"面板中展开 Particle 效果的 Particle（粒子）选项进行设置：设置 Life[sec]（寿命[秒]）为 1，Life Random（随机寿命）为 100，Sphere Feather（球形羽化）为 0，Size（大小）为 30，Size Random（随机大小）为 100，Opacity Random（随机不透明度）为 100，Color（颜色）为橙色（#FBAC4E），如图 10-98（b）所示。

（4）右键单击 lizi1 图层，在弹出的快捷菜单中选择"效果"｜"风格化"｜"发光"命令，为该图层添加"发光"效果。在"效果控件"面板中设置"发光阈值"为 50%，"发光半径"为 26，"发光强度"为 0.2，如图 10-99（a）所示。同理为 lizi2 图层添加 Particle（粒子）效果和"发光"效果。

（5）新建 logo 合成，参数设置同上。从项目窗口中拖动 logo.psd 至时间线上，设置该图层的合适的位置以及"缩放"属性值，输入"影像社"文字，文字设置：字体为"造字工房朗倩"，字号为 174，字符间距 171，白色。右键单击文字图层，在弹出的快捷菜单中选择"图层样式"｜"斜面和浮雕"命令，为文字图层添加"斜面和浮雕"图层样式，如图 10-99（b）所示。

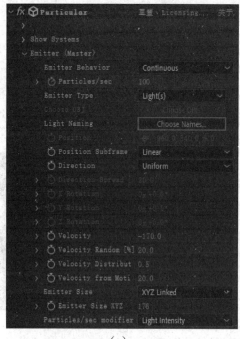 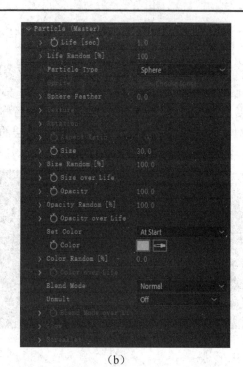

　　　　　　(a)　　　　　　　　　　　　　　　　(b)

图 10-98

　　　　(a)　　　　　　　　　　　　　　　(b)

图 10-99

（6）在 lizi 合成中，从项目窗口中拖动 logo 合成至 lizi1 图层下方，选择矩形工具在该图层绘制矩形蒙版，设置"蒙版羽化"为（205,0）像素，在 4 秒 15 帧至 6 秒之间制作蒙版逐渐展开的关键帧动画。

（7）在 lizi 合成中新建黑色纯色图层，命名为 clouds，入点在 4 秒 16 帧。右键单击该图层，在弹出的快捷菜单中选择"效果"|"RG Trapcode"|"Particle（粒子）"命令，为该图层添加 Particle（粒子）效果。在"效果控件"面板中展开 Particle 效果的 Emitter（发射器）选项进行设置：Particles/sec（粒子数/秒）设置为 52，Emitter Type（发射器类型）设置为 Box，Velocity（速度）设置为 20，Emitter Size（发射器大小）设置为 XYZ Indvidual

（XYZ 独立），Emitter Size X、Emitter Size Y、Emitter Size Z 分别为 1550、70、3618，Random Seed（随机种子）设置为 100180，如图 10-100（a）所示。

（8）在"效果控件"面板中展开 Particle 效果的 Particle（粒子）选项进行设置：设置 Life Random（随机寿命）为 21，Particle Type（粒子类型）设置为 Cloudlet（云朵），Sphere Feather（球形羽化）设置为 100，Size（大小）设置为 48，Size Random（随机大小）设置为 72，Opacity（不透明度）设置为 11，Opacity Random（随机不透明度）设置为 67，Color（颜色）设置为橙色（#F29129），如图 10-100（b）所示。

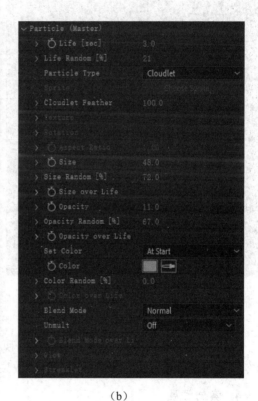

(a)　　　　　　　　　　　　(b)

图 10-100

（9）在 lizi 合成中新建黑色纯色图层，命名为 lizi3，入点在 4 秒 16 帧。右键单击该图层，在弹出的快捷菜单中选择"效果"｜"RG Trapcode"｜"Particle（粒子）"命令，为该图层添加 Particle（粒子）效果。在"效果控件"面板中展开 Particle 效果的 Emitter（发射器）选项进行设置：Emitter Type（发射器类型）设置为 Box，Velocity（速度）设置为 94，Emitter Size（发射器大小）设置为 XYZ Indvidual（XYZ 独立），Emitter Size X、Emitter Size Y、Emitter Size Z 分别为 1550、70、3618，如图 10-101（a）所示。

（10）在"效果控件"面板中展开 Particle 效果的 Particle（粒子）选项进行设置：设

置 Life[sec]（寿命[秒]）为 1，设置 Life Random（随机寿命）为 21，Sphere Feather（球形羽化）设置为 0，Size（大小）设置为 16，Size Random（随机大小）设置为 72，Opacity Random（随机不透明度）设置为 100，Color（颜色）设置为橙色（#FF921E），如图 10-101（b）所示。

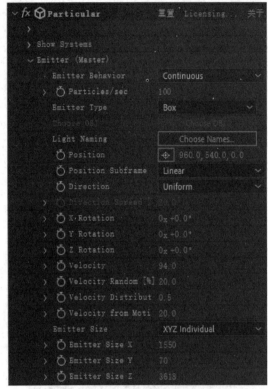
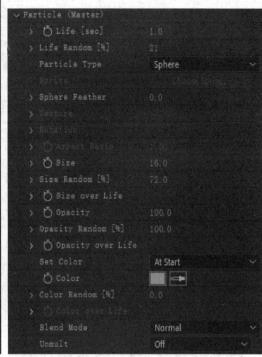

(a)　　　　　　　　　　　　　　(b)

图 10-101

（11）右键单击 lizi3 图层，在弹出的快捷菜单中选择"效果"|"风格化"|"发光"命令，为该图层添加"发光"效果。在"效果控件"面板中设置"发光半径"为 19。

4. 案例扩展

利用各种特效（内置特效或者外挂插件）制作企业或者社团的 logo，演绎动画。

本项目素材与源文件请扫描下面二维码。

项目 11

MG 动画制作

11.1 项目描述及效果

1. 项目描述

本项目是通过 MG 动画来完成 VDE 影像社 Logo 的演绎。即通过形状图层进行矩形和矩形线框的交叉融合，从中展开新窗口透出 Logo，展示了该社团向同学们提供一个新的窗口、新的视角去观察社会，透视人生。由于该社团的 Logo 使用蓝色调，所以整个演绎也采用蓝色调，但核心是增加橙色暖色调，把大家的目光聚焦到 Logo 上。

2. 项目效果

本项目效果如图 11-1 所示。

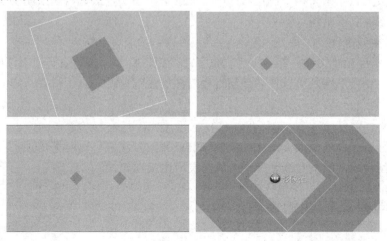

图 11-1

11.2 项目知识基础

11.2.1 调整渲染顺序

1. 默认的渲染顺序

(1) 根据合成图像中的排列顺序进行渲染

对于整个合成图像来说,After Effects 根据图层在合成图像中的排列顺序进行渲染,从最底部的图层开始渲染。例如,合成图像中包括图层 1、2、3,渲染时首先渲染图层 3,最后渲染图层 1。

(2) 图层的属性从顶部属性开始渲染

对于每个图层来说,After Effects 从出入时间线窗口的顶部属性开始渲染。首先,After Effects 处理"蒙版"属性,使素材在蒙版外的区域透明;接下来处理"效果"属性,渲染应用的效果;最后处理"变换"属性,根据指定的"变换"属性,将前面处理完成的图像进行变换属性处理。当该图层处理完毕,After Effects 将其与下一个图层融合。

(3) 对于每一项属性根据属性出现的顺序进行渲染

对于每一项属性来说,After Effects 根据作用在属性中出现的顺序进行渲染。例如,对一个图层应用了多个特效,则系统依据特效在图层中出现的顺序进行渲染。首先渲染最先应用的特效,最后渲染最后应用的特效。

2. 改变渲染顺序

(1) 调整图层

由于 After Effects 先对处于底部的图层进行渲染,所以可以为应用效果的图层建立一个调节图层,来改变渲染顺序。系统首先渲染图层的变化属性,最后渲染调节图层的效果,并应用到图层上。如果要调节图层只影响下面的某个图层,必须将调节图层与应用调节图层效果的图层嵌套或重组。

(2) 变换效果

After Effects 在"扭曲"特效夹中提供了"变换"特效,该特效类似于图层的"变换"属性。使用"变换"特效可以在特效属性中对图层进行如轴心点、位置、旋转、不透明度等属性的调节。

(3) 预合成

利用嵌套或预合成是改变图层渲染顺序的最有效办法。可以对应用了某项属性的图层进行嵌套或预合成,然后对嵌套或预合成图层应用某项属性。

11.2.2 渲染工作区的设置

制作完成一部影片,最终需要将其渲染,而有些渲染的影片并不一定是整个工作区的影片，有时只需要渲染其中的一部分，这就需要设置渲染工作区。渲染工作区位于时间线窗口中，由"开始工作区"和"结束工作区"两点控制渲染区域，如图11-2所示。

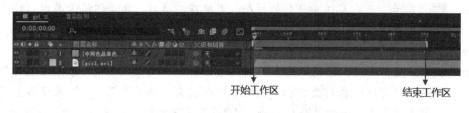

图 11-2

1. 手动调整渲染工作区

手动调整渲染工作区的操作方法很简单，只需要将开始和结束工作区的位置进行调整即可。在时间线窗口中，将鼠标指针放在开始工作区位置或结束工作区位置，当指针变成双箭头时按住鼠标左键向左或向右拖动，即可修改开始工作区或结束工作区的位置。

2. 利用快捷键调整渲染工作区

在时间线窗口中，拖动时间滑块到需要的时间位置，确定开始工作区时间位置，然后按 B 键，即可将开始工作区位置调整到当前位置。

在时间线窗口中，拖动时间滑块到需要的时间位置，确定结束工作区时间位置，然后按 N 键，即可将结束工作区位置调整到当前位置。

11.2.3 渲染输出

1. "渲染队列"面板

要进行影片的渲染，首先要启动"渲染队列"面板，在"项目"面板中，选择要进行渲染的合成，然后选择"合成"|"添加到渲染队列"命令，即可打开"渲染队列"面板，如图11-3所示。

图 11-3

（1）渲染队列

After Effects 在"渲染队列"面板中进行渲染和输出设置。在渲染开始前，可以在"渲染队列"面板下方查看渲染队列。在渲染队列中依次排列等待渲染的影片。可以拖动影片位置改变渲染顺序。每个待渲染影片显示影片渲染输出的一些信息。

- ▶ ■（标签）：用来为影片设置不同的标签颜色，单击某个影片前面的土黄色色块，可以为标签选择不同的颜色。
- ▶ #（序号）：对应渲染队列的排序。系统在渲染时，总是依编号属性从位于前列的影片开始渲染，可以拖动待渲染的影片，改变其在渲染队列中的排列顺序。
- ▶ 合成名称：显示渲染影片的合成名称。
- ▶ 状态：显示影片的渲染状态。一般包括 5 种，"未加入队列"表示渲染时忽略该合成，只有选中其前面的 ☑ 复选框才可以渲染；"用户已停止"表示在渲染过程中单击"停止"按钮即停止渲染；"完成"表示已经完成渲染；"正在渲染"表示影片正在渲染中；"队列"表示选中了合成前面的复选框，正在等待渲染影片。

（2）渲染信息

单击"渲染队列"面板右上方的 ■渲染■ 按钮，开始渲染影片。"渲染队列"面板下方显示渲染信息。

- ▶ 消息：显示渲染影片的任务及当前渲染的影片。
- ▶ RAM（内存）：显示当前渲染影片的内存使用量。
- ▶ 渲染已开始：显示开始渲染影片的时间。
- ▶ 已用总时间：显示渲染影片已经使用的时间。

（3）渲染进度

进度栏中的蓝色区域显示已经渲染的影片内容，黑色区域显示尚未渲染的影片内容。整个进度栏的长度等于渲染影片长度。

2. "渲染设置"对话框

在渲染影片前，需要对其渲染与输出设置进行调节以满足最终影片输出要求。After Effects CC 2019 为影片设置了一些基本模板，单击图 11-4 中"渲染设置"右侧的下三角按钮弹出下拉列表，打开模板选项，选择相应的模板以供用户使用。

图 11-4

- ▶ 最佳设置：使用最好的质量进行渲染。
- ▶ DV 设置：以 DV 的分辨率和帧数进行渲染。
- ▶ 多机设置：联机渲染。
- ▶ 当前设置：以当前合成图像的分辨率进行渲染。
- ▶ 草图设置：使用草稿级的渲染质量。

➘ 自定义...：选择该选项可以打开"渲染设置"对话框。
➘ 创建模板：制作模板。

（1）渲染设置

单击图 11-3 中"渲染队列"面板中"渲染设置"右侧的当前渲染设置（如最佳设置），在弹出的"渲染设置"对话框中可以对渲染相关选项进行自定义设置，如图 11-5 所示。

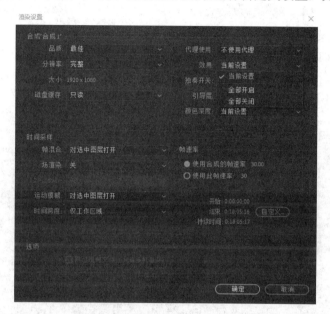

图 11-5

"渲染设置"对话框中主要参数含义如下。

➘ 品质：设置渲染影片的输出质量。
➘ 分辨率：决定渲染影片的分辨率设置，一般情况下选择 Full。
➘ 帧混合：决定影片的帧混合设置，选择"对选中图层打开"仅对在时间线窗口中开关面板上使用帧混合的图层进行帧融合处理；选择"对所有图层关闭"忽略合成图像中的帧混合设置。
➘ 场渲染：设置渲染合成时是否使用场渲染技术。如果渲染非交错场，选择"关"；渲染交错场影片时，选择"高场优先"或"低场优先"。
➘ 运动模糊：决定影片的运动模糊设置。选择"对选中图层打开"仅对在时间线窗口中开关面板上使用运动模糊的图层进行运动模糊处理；选择"对所有图层关闭"忽略合成图像中所有图层的运动模糊设置。
➘ 时间跨度：决定渲染合成的内容。选择"仅工作区域"渲染工作区域范围内的合成，而选择"合成长度"渲染整个合成。
➘ 代理使用：设置影片渲染的代理。包括"使用所有代理""仅使用合成代理""不使用代理"3 个选项。
➘ 效果：设置渲染影片时是否关闭特效。包括"全部开启""全部关闭"。
➘ 独奏开关：设置渲染影片时是否关闭独奏。

- 引导图层：设置渲染影片是否关闭所有的引导图层。
- 颜色深度：设置渲染影片的每一个通道颜色深度为多少为色彩深度。包括"每通道8位""每通道16位""每通道32位"3个选项。
- 帧速率：设置渲染影片的帧速率。选中"使用合成的帧速率"单选按钮则使用"合成设置"对话框中指定的帧速率；选中"使用此帧速率"单选按钮则需要输入一个新的帧速率，渲染以该帧速率进行。

（2）定制渲染设置模板

After Effects CC 2019 可以将用户的自定义设置存储为一个模板，便于经常使用。选择"编辑"|"模板"|"渲染设置"命令或直接在基本模板下拉菜单中（见图11-4）选择"创建模板"命令，打开"渲染设置模板"对话框，如图11-6所示。

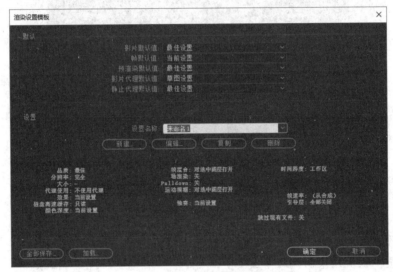

图 11-6

在"影片默认值"下拉列表框中可以选择渲染设置的默认设置。在"设置"栏中，在其下拉列表可以调入已有的渲染模板，单击"新建"按钮可以新建一个模板；单击"编辑"按钮可以对选定的模板进行编辑；单击"复制"按钮可以复制选定的模板；单击"删除"按钮可以将选定的模板删除。当前模板的设置信息会在下方的信息栏中显示。单击"全部保存"按钮存储当前定制模板为一个.ars文件。单击"加载"按钮可以导入存储的模板文件。定制完成的模板，可以在渲染设置的基本模板下拉菜单中得到。

3. 输出设置对话框

After Effects CC 2019 的输出设置包括对渲染影片的视频和音频输出格式以及压缩方式等的设置。

（1）输出设置

单击图11-3中"渲染队列"面板中"输出模块"右侧的当前输出设置（如无损），弹出"输出模块设置"话框，如图11-7（a）所示。

① 输出格式设置
- 格式：输出格式，指定输出影片文件或序列文件的格式。
- 渲染后动作：激活该选项，系统在渲染完毕后将完成影片导入项目。

② 视频输出设置
- `格式选项` 按钮：压缩格式设置，单击该按钮将打开当前输出格式选项对话框（如 AVI 选项对话框），在"视频编解码器"下拉列表框中可以选择不同的压缩编码进行压缩，如图 11-7（b）所示。

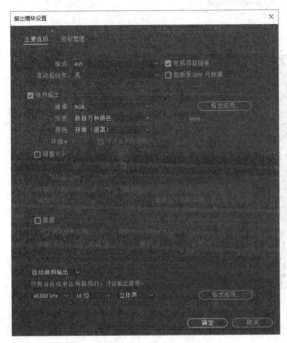 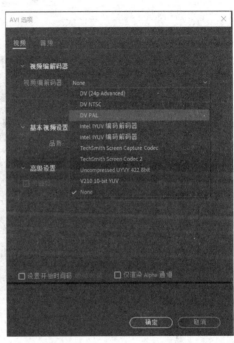

（a）　　　　　　　　　　　　　　（b）

图 11-7

- 通道：通道选项，用于为输出的影片指定通道。可以不带 Alpha 通道，也可以只渲染 Alpha 通道，还可以选择 RGB+Alpha 方式。
- 深度：指定颜色的深度。
- 颜色：指定颜色的类型。
- 调整大小：设置输出的影片的分辨率大小。
- 裁剪：决定是否修剪边缘及修剪多少像素。

③ 声音输出设置
- `格式选项` 按钮：单击该按钮可以打开相应的音频编码设置。

（2）定制输出设置模板

选择"编辑"|"模板"|"输出设置"命令或直接在"渲染队列"面板中单击"输出模板"右侧的下三角按钮，在弹出的下拉列表中选择"创建模板"，如图 11-8（a）所示，打开"输出模块模板"对话框，如图 11-8（b）所示，参数设置和"渲染设置模板"对话框相似。

(a)

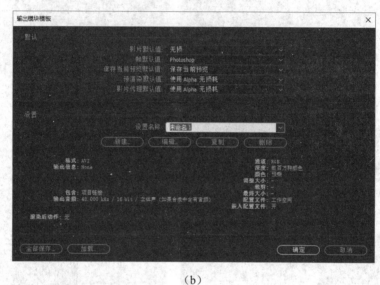

(b)

图 11-8

11.2.4 输出不同要求的影片

1. 输出单帧图像

（1）打开"素材与源文件\Chapter11\output.aep"素材文件，将时间线拖到需要输出单帧图像的位置，然后选择"合成"|"帧另存为"|"文件"命令，打开"渲染队列"面板，如图 11-9 所示。

图 11-9

（2）单击"输出模块"后的文字，打开"输出模块设置"对话框，如图11-10所示，设置"格式"为"JPEG序列"。

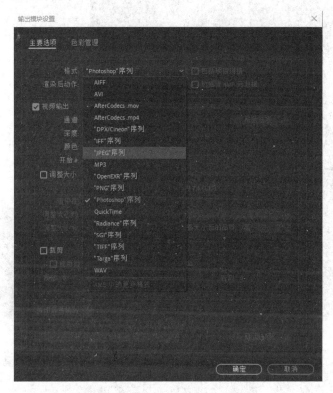

图 11-10

（3）在"渲染队列"面板中设置"输出到"的路径和文件名，单击"渲染"按钮，开始渲染。等待渲染结束后，可以看到渲染路径下出现了一个JPG格式的图片文件。

2. 输出序列

（1）打开"素材与源文件\Chapter11\output.aep"素材文件，选择时间线窗口，然后选择"合成"|"添加到渲染队列"命令，将合成添加到"渲染队列"面板中。

（2）在"渲染队列"面板中，选择"输出模块"后面的选项，在打开的"输出模板设置"对话框中设置"格式"为"Targa序列"，接着在弹出的对话框中设置"分辨率"为"24位/像素"，如图11-11所示，单击"确定"按钮。

（3）在"渲染队列"面板中设置"输出到"的路径和文件名，然后单击"渲染"按钮，进行渲染。等待渲染结束后，可以看到渲染路径下出现了渲染出的序列文件，如图11-12所示。

3. 输出压缩AVI格式视频

（1）打开"素材与源文件\Chapter11\output.aep"素材文件，选择时间线窗口，然后选择"合成"|"添加到渲染队列"命令，打开"渲染队列"面板。

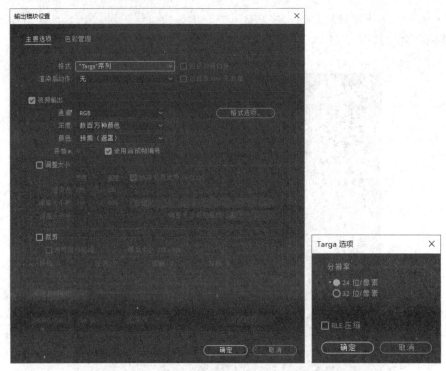

图 11-11

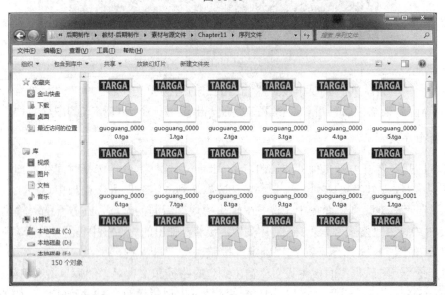

图 11-12

（2）在"渲染队列"面板中，单击"输出模块"后面的文字，在弹出的对话框中设置"格式"为 AVI，选中"调整大小"复选框，并设置"调整大小到"为 PAL D1/DV，如图 11-13（a）所示。单击"格式选项"按钮，在弹出的"AVI 选项"对话框中设置"视频编解码器"为 DV PAL，如图 11-13（b）所示。

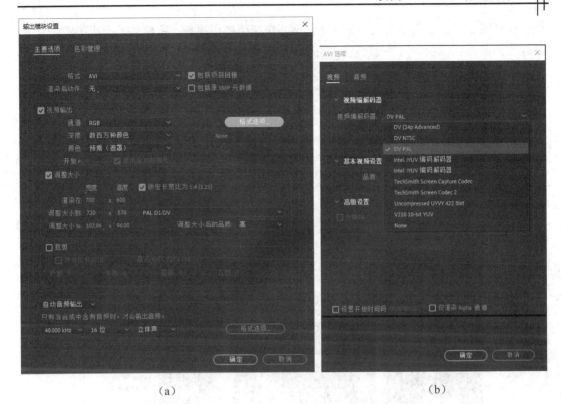

图 11-13

(3) 在"渲染队列"面板中设置"输出到"的路径和文件名,然后单击"渲染"按钮,进行渲染。等待渲染结束后,可以看到渲染路径下出现了一个视频文件,如图 11-14 所示。

图 11-14

11.3 项目实施

11.3.1 制作光线效果

(1) 启动 After Effects CC 2019,新建 HDV/HDTV 720 25 预设、时长 10 帧的 line 合

成。在时间线窗口空白处右键单击,在弹出的快捷菜单中选择"新建"|"形状图层"命令,新建空白的形状图层,选中该图层,使用钢笔工具绘制如图11-15(a)所示的路径,展开该图层"内容"下的"形状1"选项,删除"填充1"选项,效果如图11-15(b)所示。

(2)单击形状图层"内容"选项右侧的"添加"选项旁的▶,在弹出的菜单中选择"修剪路径",如图11-15(c)所示。展开该图层的"修剪路径"选项,在0秒处打开"开始"的关键帧开关,时间线移动到9帧处,更改"开始"的数值为100,制作从中心向外的修剪动画(如果方向不一致,可以制作"结束"的关键帧动画)。

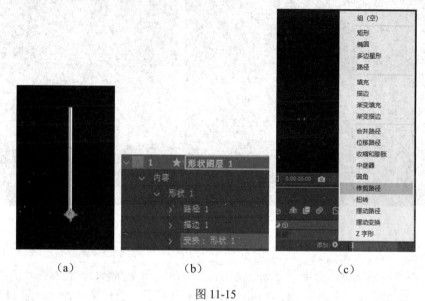

图 11-15

(3)继续单击形状图层"内容"选项右侧的"添加"选项旁的▶,在弹出的菜单中选择"中继器",展开"中继器1"选项,更改"副本"为6,展开"变换:中继器1"选项,更改"旋转"属性值为60,如图11-16所示。

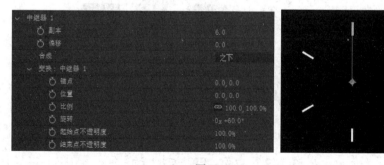

图 11-16

11.3.2 制作合成效果

(1)新建HDV/HDTV 720 25预设、时长3秒7帧的mg合成,新建和合成大小一致的青色（#67D0E6）纯色图层作为背景图层。在时间线窗口新建空白的形状图层，更名为"矩形 1"，单击形状图层"内容"选项右侧的"添加"选项旁的 ，在弹出的菜单中选择"矩形"，展开"内容"选项下的"矩形路径 1"选项，设置"大小"属性为（1280,1280），继续添加"填充"属性，设置填充颜色为#F0842E，属性设置如图 11-17 所示。

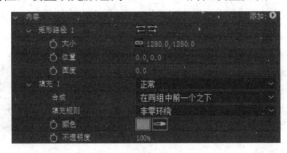

图 11-17

（2）选中"矩形 1"形状图层，按 S 键展开该图层的"缩放"属性，继续按 Shift+R 快捷键展开其"旋转"属性，在 0 秒处打开"缩放"和"旋转"的关键帧开关，设置属性值分别为（110,110%）、45，移动时间线至 20 帧处，更改属性值分别为（5,5%）、-45。继续设置"缩放"关键帧属性，在 1 秒 22 帧处建立一个关键帧，在 2 秒 02 帧处设置其属性值为（40,40%），在 2 秒 05 帧处设置其属性值为（85,85%），在 2 秒 18 帧处设置其属性值为（112,112%）。

（3）复制"矩形 1"形状图层，生成图层更名为"矩形 2"，选中"矩形 1"和"矩形 2"图层，按 P 键展开其"位置"属性，在 22 帧处打开两个图层的"位置"属性的关键帧开关，时间线移动至 1 秒 5 帧处，更改"矩形 1"图层的"位置"属性值为（795,360），"矩形 2"图层的"位置"属性值为（495,360），在 1 秒 22 帧处为两个图层再建立关键帧，时间线移动至 2 秒 5 帧处，更改两个图层的"位置"属性值均为（640,360），实现两个矩形逐渐分开，然后又放大重叠的动画，参数如图 11-18 所示。

图 11-18

（4）新建空白的形状图层，更名为"线框 1"，单击形状图层"内容"选项右侧的"添加"选项旁的 ，在弹出的菜单中选择"矩形"，展开"内容"选项下的"矩形路径 1"选项，设置"大小"属性为（1280,1280），继续添加"描边"属性，设置"描边宽度"为 5，"颜色"为白色。设置该图层的入点在 10 帧处，展开该图层的"缩放"和"旋转"属性，在 10 帧处打开两个属性的关键帧开关，设置其属性值分别为（110,110%）和 45，在 20 帧处设置属性值分别为（37%,37%）和-45。继续设置"缩放"的关键帧，在 1 秒处设置"缩放"的属性值为（30,30%），制作线框的旋转和缩放动画。

（5）复制"线框 1"图层，生成图层更名为"线框 2"，分别单击两个形状图层"内容"选项右侧的"添加"选项旁的■,在弹出的菜单中选择"修剪路径"属性,展开"线框 1"图层"修剪路径 1"属性,在 1 秒 02 帧处设置"开始"和"结束"分别为 50%和 100%,在 1 秒 15 帧处分别设置为 75%和 75%,如图 11-19(a)所示,设置"修剪路径 1"属性下的"偏移"属性值为 180。同理制作"线框 1"图层"修剪路径 1"属性下的关键帧,在 1 秒 02 帧处设置"开始"和"结束"分别为 100%和 50%,在 1 秒 15 帧处分别设置为 75%和 75%,效果如图 11-19(b)所示。

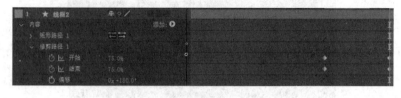

(a)

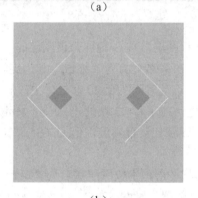

(b)

图 11-19

(6)在 1 秒 12 帧处,从项目窗口拖动 line 合成至时间线中,按 P 键展开其"位置"属性,设置属性值为(495,360),即在左侧橙色方块中心,按 S 键展开其"缩放"属性,在 1 秒 12 帧处展开关键帧开关,设置属性值为(0,0%),在 1 秒 20 帧处设置属性值为(50,50%)。复制该图层,更改其位置为(795,360),即在右侧橙色方块中心,效果如图 11-20 所示。

图 11-20

(7)新建空白的形状图层,更名为"中心线框",单击形状图层"内容"选项右侧的"添加"选项旁的■,在弹出的菜单中选择"矩形",展开"内容"选项下的"矩形路径 1"选项,设置"大小"属性为(1280,1280),继续添加"描边"属性,设置"描边宽度"为

5,"颜色"为白色。在2秒处单击"["键设置2秒处为入点。按R键展开该图层的"旋转"属性,设置属性值为-45。继续按S键展开其"缩放"属性,在2秒处打开属性关键帧开关,设置属性值为(0,0%),在2秒2帧处设置属性值为(6,6%),在2秒18帧处设置属性值为(112,112%),制作线框扩展动画。

(8)新建空白的形状图层,更名为"中心方块",单击形状图层"内容"选项右侧的"添加"选项旁的 ,在弹出的菜单中选择"矩形",展开"内容"选项下的"矩形路径1"选项,设置"大小"属性为(100,100),继续添加"填充"属性,设置填充颜色为青色(#67D0E6)。设置该图层的入点为2秒3帧处,设置"旋转"属性值为45,按S键展开该图层的"缩放"属性,打开该属性的关键帧开关,设置属性值为(0,0%),在2秒18帧处设置属性值为(1418,1418%),制作方块扩展动画。

(9)从项目窗口中拖动素材 logo.psd 至时间线窗口,位置属性设置为(452,358),使用文本工具输入"影像社",属性设置为:字体"幼圆",字号为132,颜色为白色,"位置"属性设置为(542,410),两个图层的入点在2秒处。选中两个图层,选择"图层"|"预合成"命令,对两个图层进行预合成。设置该预合成图层的"缩放"关键帧动画,在2秒3帧处属性值为(0,0%),2秒12帧处属性值为(100,100%)。

(10)从项目窗口拖动line合成到时间线上3次,入点分别为2秒13帧、2秒18帧、2秒22帧。设置"位置"属性值分别为(372,346)、(446,280)、(525,341),如图11-21所示。

图 11-21

(11)打开形状图层"矩形1""矩形2""线框1""线框2""中心线框""中心方块"的运动模糊开关。

11.3.3 渲染输出

(1)拖动工作区的结束点至3秒7帧处,如图11-22所示。

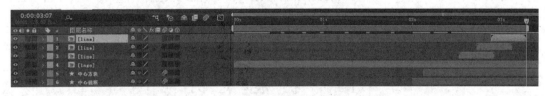

图 11-22

(2)选择"合成"|"添加到渲染队列"命令,打开"渲染队列"面板,然后单击"输出模块"右侧的文字,打开"输出模块设置"对话框,在"格式"下拉列表框中选择AfterCodecs.mp4,如图11-23所示,单击"确定"按钮,单击"输出到"右侧的文字,指

定文件的保存位置，单击"渲染"按钮即可以开始进行渲染。

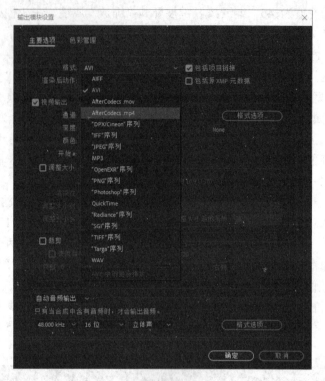

图 11-23

注意：如果没有 AfterCodecs.mp4 选项，需要安装"AE PR 视频输出插件 AfterCodecs"插件。

11.4　项目小结

　　本项目中通过形状图层完成一个简单的 MG 动画制作，MG 动画的用途非常广泛，可以制作一些电影电视的片头片尾，如漫威电影《美国队长》的片头片尾；可以制作广告、进行演示动画；制作短片；还可以应用在手机、网页、UI 设计中。所以我们要首先掌握 MG 动画最基本的内容——形状图层的应用，其次要和其他的矢量软件或三维软件相结合，最重要的是如何展现主题思想。只有熟练掌握软件的使用，才能将独特的想法淋漓尽致地进行展现，实现特效的效果。

11.5　扩展案例

1．案例描述

　　该案例讲述的是一个甜品的动画展示，利用形状图层、特效、蒙版来实现可爱的卡通效果；此案例仅是抛砖引玉，大家可以开阔思路制作风格各异的 MG 动画效果，加深对 After Effects 各部分知识的理解和加深。

2. 案例效果

本案例效果如图 11-24 所示。

图 11-24

3. 案例分析

我们着重分析奶酪展示效果的制作，其他的画面效果大家可以举一反三，进行扩展，制作更加可爱的甜品展示效果。

（1）以"合成-保持图层大小"方式导入素材"物件.ai"，新建合成"奶酪"，参数设置：预设为 HDTV 1080 25，持续时间为 30 秒。从项目窗口中拖到"奶酪/物件.ai"素材至合成中，如图 11-25（a）所示。

（2）右键单击"奶酪/物件.ai"图层，在弹出的快捷菜单中选择"创建"|"从矢量图层创建形状"命令，如图 11-25（b）所示。调整该图层的变换属性，如图 11-26（a）所示，展开"内容"下的"组 10"选项，删除"路径 1""合并路径 1""填充 1"，单击"内容"选项右侧的"添加"选项旁的 ，在弹出的菜单中选择"描边"，添加"描边"效果，然后继续添加"修剪路径"，如图 11-26（b）所示。

（3）设置"描边 1"中的参数，"颜色"为白色，"描边宽度"为 10；在 13 秒处打开"修剪路径 1"中的"开始"的关键帧开关，在 14 秒处更改"开始"属性的关键帧值为 0，如图 11-27（a）所示，制作奶酪外边线描边显示动画。除"组 1"和"组 2"外的其他部分设置和"组 10"相同，制作"修剪路径"动画效果。

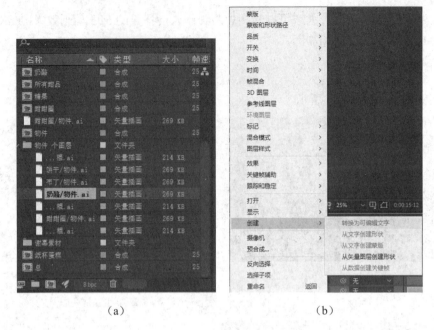

图 11-25

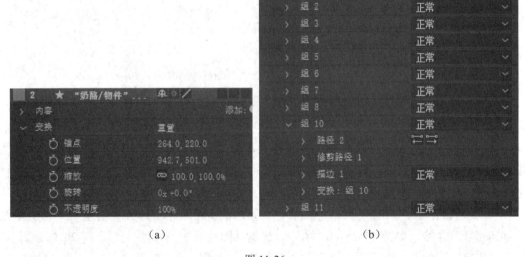

图 11-26

（4）展开"组1"属性下的"变换：组1"，在15秒08帧单击"比例"属性的关键帧开关，取消"约束比例"，设置属性值为（0%,0%），移动时间线至15秒16帧处，设置"比例"属性值为（100%,100%）。在15秒23帧处建立关键帧，移动时间线至16秒处，设置"比例"属性值为（100%,0%），复制最后的两个关键帧，移动时间线至16秒02帧，粘贴关键帧，最后在16秒06帧处设置"比例"属性值为（100%,100%），制作眨眼动画效果，如图11-27（b）所示。"组2"的制作方法和"组1"的相同。

项目11　MG 动画制作

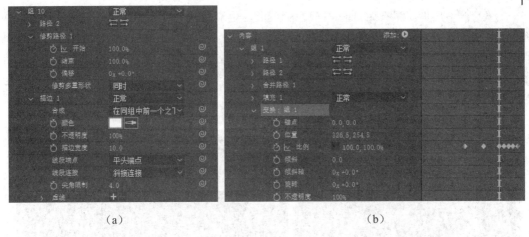

图 11-27

（5）新建文字图层，输入文字"Cheese"，字体为 BlockFont，字号为 147，右键单击该文字图层，在弹出的快捷菜单中选择"创建"|"从文字创建蒙版"命令，系统自动隐藏文字图层，并创建"Cheese 轮廓"纯色图层。

（6）右键单击"Cheese 轮廓"纯色图层，在弹出的快捷菜单中选择"效果"|"生成"|"描边"命令，为该图层添加"描边"效果，在"效果控件"面板中设置"画笔硬度"为 100%、"间距"为 0%，"结束"为 0%，选中"所有蒙版"选项，如图 11-28（a）所示。在 18 秒处打开"结束"属性的关键帧开关，移动时间线至 19 秒 04 帧处，设置"结束"属性值为 100%，制作描边文字动画。

（7）右键单击"Cheese 轮廓"纯色图层，在弹出的快捷菜单中选择"效果"|"生成"|"填充"命令，为该图层添加"填充"效果，在"效果控件"面板中选中"所有蒙版"选项，设置"颜色"为白色、"不透明度"为 0，如图 11-28（b）所示。在 18 秒处打开"不透明度"属性的关键帧开关，移动时间线至 19 秒 04 帧处，设置"不透明度"属性值为 50%，制作文字渐显动画。

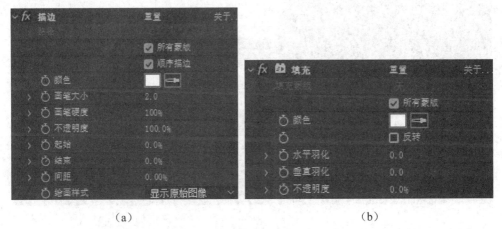

图 11-28

303

（8）使用矩形工具在合成窗口中绘制矩形，矩形路径的"大小"为（2100,348），填充颜色为#FF9D00，如图 11-29（a）所示。使用描点工具将图层的描点移动至该图层的顶端，如图 11-29（b）所示。按 S 键展开该图层的"缩放"属性，取消"约束比例"，在 8 秒处打开"缩放"属性的关键帧开关，设置"缩放"属性为（100,47%），移动时间线至 12 秒处，设置"缩放"属性为（100,390%）。

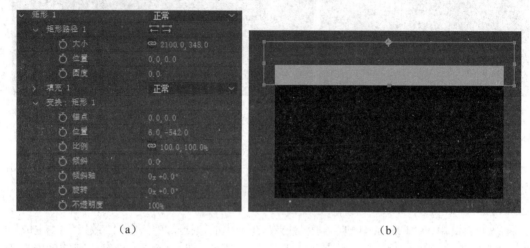

（a）　　　　　　　　　　　　　　　（b）

图 11-29

（9）右键单击"形状图层 1"，在弹出的快捷菜单中选择"效果"|"扭曲"|"液化"命令，为该图层添加"液化"效果，在"效果控件"面板中选择🖉工具，展开"变形工具选项"并进行设置："画笔大小"为 192，"画笔压力"为 81，在 9 秒处单击"扭曲网格"属性的关键帧开关，如图 11-30（a）所示。然后在合成窗口中对图层进行涂抹拉伸，效果如图 11-30（b）所示。在 9 秒 20 帧处涂抹的效果如图 11-31（a）所示，在 10 秒 10 帧处涂抹的效果如图 11-31（b）所示。

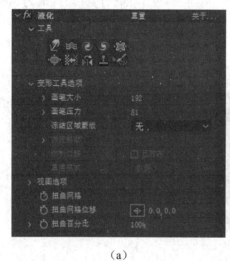
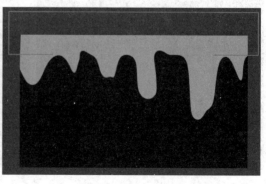

（a）　　　　　　　　　　　　　　　（b）

图 11-30

项目 11　MG 动画制作

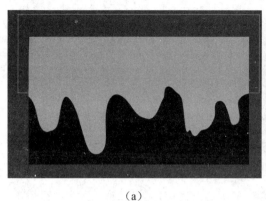　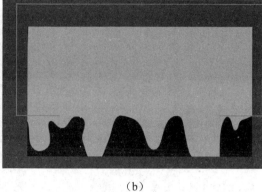

（a）　　　　　　　　　　　　　　　　（b）

图 11-31

4. 案例扩展

（1）其他合成的制作大家可以参考上面讲解的"奶酪"合成的制作，进行自主完成制作，也可以参考扩展案例的源文件。

（2）课外作业：利用本案例的素材制作其他风格的甜品展示动画效果；或为水果店、奶茶店等制作 MG 宣传动画。

本项目素材与源文件请扫描下面二维码。